初心者から

ちゃんとしたプロになる

HTML+CSS
標準入門

NEW STANDARD FOR HTML+CSS

栗谷幸助
相原典佳
塩谷正樹
中川隼人 共著

改訂
2版

books.MdN.co.jp

MdN
エムディエヌコーポレーション

はじめに

「初心者からちゃんとしたプロになる」シリーズの第2弾である本書も、改訂2版を重ねることとなりました。移り変わりの早いこの時代に、こうしてまた時代に即した内容でみなさんにWebデザインの楽しさをお伝えできることを、とてもうれしく思います。

本書は、WebやHTML/CSSの基本を前半で学び、後半にはイチからWebサイトをコーディングする実践を4章分、4つの作例と共に収録をしています。「学びながらすぐに実践できる」のが特長で、さまざまなタイプのWebサイト制作にチャレンジします。難しい部分もあるかもしれませんが、できあがりをイメージしながら、たくさん手を動かして、制作をしてみてください。

書籍で学習をする際に、みなさんはそこに掲載されているコードの書き方が唯一のものであると思うかもしれません。ただ、コーディングは数学や物理などのように、1つの答えがあるものではありません。

車のドライブで例えると、カーナビは目的地までの標準的なルートを提案してくれますが、ルートは1つだけではありません。景色を楽しみながらゆっくり向かう道もあれば、1分・1秒でも早く到着する道を選びたいときもあるでしょう。コーディングも同様です。ていねいな記述を重ねて行く方法もあれば、効率を重視した書き方もできるわけです。

本書の実践パートでは、先輩ドライバーが「こんなルートはどう?」とさまざまなルートを提案してくれるのです。最初は同じルートを辿り、慣れてきたら、みなさんの思うようにドライブして行きましょう！ 思うようにコーディングできるようになることで、Webサイト制作はどんどん楽しくなります。

シリーズ第1弾である「Webデザイン基礎入門」の【はじめに】では、"お守り"として本を携えてほしいと書きました。お守りを携えて、どんどんWebデザインの旅に出る！ そんなみなさんを著者一同、応援しています！

2024年8月
著者を代表して　栗谷幸助

Contents 目次

はじめに ……………………………………………………………………………… 3

本書の使い方 ………………………………………………………………………… 9

サンプルのダウンロードデータについて ……………………………………… 10

Lesson 1

Webデザインの"いま" …………………………… 11

01 「Webデザイン」のこれまでと現在 …………………………………… 12

02 Webサイトは何でできている？ ……………………………………… 14

03 Webサイトのベースとなる技術 ……………………………………… 17

04 Webページの動的表現を担うJavaScript …………………………… 19

05 Webページでのフォントの表示とWebフォント …………………… 22

06 レスポンシブWebデザインの制作手法 ……………………………… 25

07 Webページのレイアウトとその表現手法 …………………………… 29

08 作業を効率化する技術やツール ……………………………………… 33

Lesson 2

Webサイトを制作する準備 ……………………… 37

01 WebブラウザにWebサイトが表示される仕組み …………………… 38

02 HTMLファイルはどうやって作るの？ ……………………………… 40

03 コーディングに欠かせないテキストエディタ ……………………… 43

04 デベロッパーツールを使いこなそう ………………………………… 50

05 Webサイトの公開にはサーバーが必要 ……………………………… 55

Lesson 3

HTMLとCSSの基礎 ⋯⋯⋯⋯⋯⋯ 59

01 HTMLの基本 ⋯⋯⋯⋯⋯⋯⋯⋯⋯⋯ 60

02 CSSの基本 ⋯⋯⋯⋯⋯⋯⋯⋯⋯⋯ 66

03 コンテンツモデルとボックスモデル ⋯⋯⋯⋯ 70

04 Webページのセクションを作る ⋯⋯⋯⋯ 74

05 画像の配置とさまざまな単位 ⋯⋯⋯⋯ 78

06 メディアクエリでスタイルを切り替える ⋯⋯ 83

07 リンクを作る⋯⋯⋯⋯⋯⋯⋯⋯⋯⋯ 85

08 リストを作る⋯⋯⋯⋯⋯⋯⋯⋯⋯⋯ 89

チャレンジしてみよう！ ページをマークアップしてみよう ⋯⋯⋯⋯⋯ 94

Lesson 4

HTMLとCSSの応用 ⋯⋯⋯⋯⋯⋯ 99

01 Flexboxによる3カラムのレイアウト ⋯⋯⋯⋯ 100

02 背景に関するプロパティを使いこなそう ⋯⋯⋯ 104

03 背景画像を使ってメインビジュアルを表示する ⋯⋯⋯ 108

04 PC用グローバルナビゲーションをデザインする ⋯⋯ 112

05 ハンバーガーメニューを作ろう ⋯⋯⋯⋯⋯ 115

06 フッターをデザインする ⋯⋯⋯⋯⋯⋯ 123

07 要素を水平方向(横方向)の中央に配置する ⋯⋯⋯ 126

Contents 目次

08 要素を垂直方向（縦方向）の中央に配置する ……………………128

09 テーブルをデザインする ………………………………132

10 CSS Gridを使ったレイアウト ……………………………138

11 フォームをデザインする─仕組み編…………………………143

12 フォームをデザインする─HTML編 ………………………145

13 フォームをデザインする─CSS編 …………………………148

14 簡単なアニメーションを取り入れる ………………………153

チャレンジしてみよう！　FlexboxとCSS Gridでレイアウトしてみよう …158

Lesson 5 シンプルなWebページを作る
…………………… 163

01 制作現場のワークフロー …………………………………164

02 事前準備と完成形の確認………………………………166

03 HTMLでマークアップしよう ……………………………170

04 CSSを書いてみよう …………………………………179

05 完成と制作のポイント ………………………………184

Lesson 6

シングルページのサイトを作る …………… 187

01 完成形と全体構造の確認 …………………………… 188

02 HTMLでページの大枠をマークアップする ………… 190

03 HTMLで各セクションを作り込む ………………… 197

04 CSSでモバイル用のスタイルを指定する ………… 204

05 CSSでPC用のスタイルを指定する ……………… 218

Lesson 7

Flexboxを使ったサイトを作る …………… 229

01 完成形と全体構造を確認しよう ………………… 230

02 HTMLでページの大枠をマークアップする ………… 233

03 ページの大枠のスタイルを設定する ……………… 236

04 ヘッダーを作り込む① モバイル表示 …………… 241

05 ヘッダーを作り込む② PC表示 ………………… 251

06 メインコンテンツを作り込む① ………………… 256

07 メインコンテンツを作り込む② ………………… 264

08 フッターを作り込む …………………………… 279

Contents 目次

Lesson 8

CSS Gridを取り入れる ··· 283

01 全体構造をつかんで実装方法を検討しよう ································ 284

02 全体共通のHTML・CSS① ページの大枠とCSS Grid ················ 289

03 全体共通のHTML・CSS② ヘッダーとナビゲーション ··············· 293

04 全体共通のHTML・CSS③ フッター ································· 302

05 トップページ固有のHTML・CSS ································· 303

06 Profileページ固有のHTML・CSS ································· 308

07 Worksページ固有のHTML・CSS ································· 312

用語索引 ··· 321

執筆者紹介 ·· 327

本書の使い方

本書は、WebデザインやWeb制作の初心者の方に向けて、HTML・CSSを使ったWebサイトの作り方を解説したものです。HTML・CSSの基本から学び、制作現場でもよく手掛けるタイプの4つのサイトを作っていきます。本書の構成は以下のようになっています。

① 記事テーマ

記事番号とテーマタイトルを示しています。

② 解説文

記事テーマの解説。文中の重要部分は黄色のマーカーで示しています。

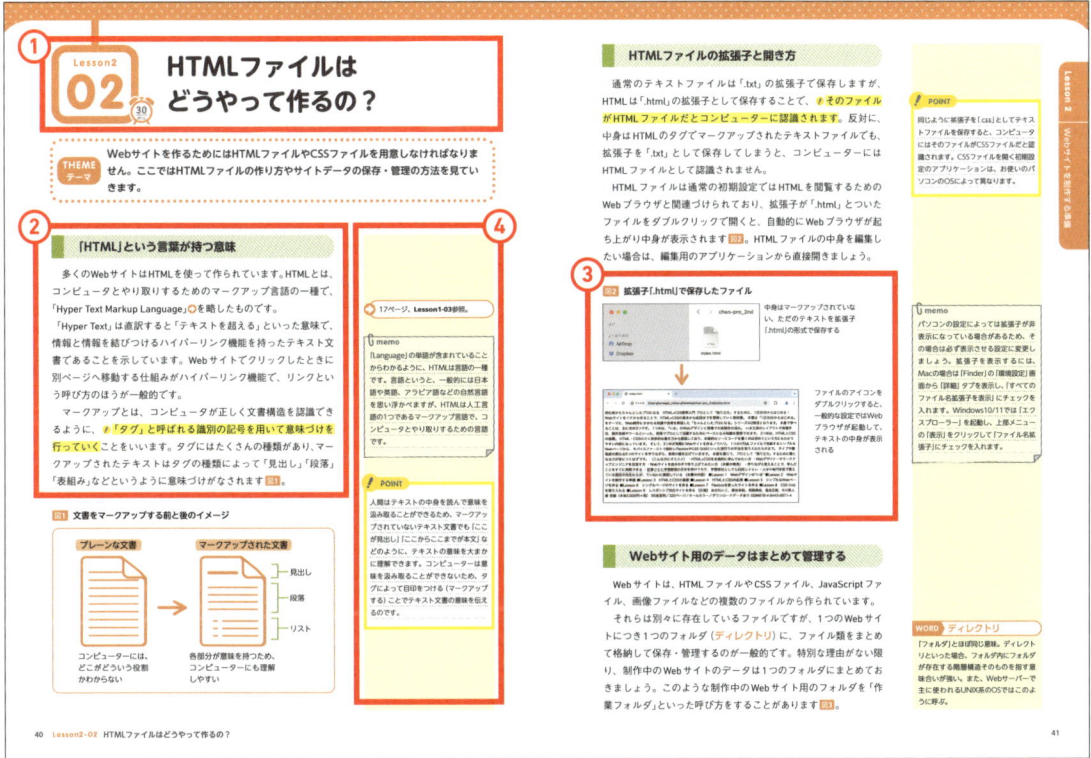

③ 図版

画像やソースコードなどの、解説文と対応した図版を掲載しています。

④ 側注

 **POINT**　解説文の黄色マーカーに対応し、重要部分を詳しく掘り下げています。

 **memo**　実制作で知っておくと役立つ内容を補足的に載せています。

 **WORD**　用語説明。解説文の色つき文字と対応しています。

サンプルのダウンロードデータについて

本書の解説で使用している**HTML・CSS**ファイルなどは、下記の**URL**からダウンロードしていただけます。

https://books.mdn.co.jp/down/3224303003/

Webデザインの
"いま"

Webサイトを制作する技術や閲覧するデバイスの進化とともに、Webデザインの主流や流行も移り変わります。Webサイトの制作技術や表現手法の変遷をたどりながら、いま主流のWebデザインを見てみましょう。

読む ▶ 練習 ▶ 制作 ▶

「Webデザイン」の これまでと現在

THEME テーマ インターネットが広く利用されるようになってから四半世紀、その間にはWebデザインの手法も移り変わりがありました。ここではWebデザインを行うために必要なものと合わせて、Webデザインのこれまでと現在について理解をしましょう。

スキューモーフィズムとフラットデザイン

一般家庭でいわゆる「ホームページ」が閲覧されるようになったのは1990年代半ば頃からだといわれています。WindowsやMacなどの**OS**はインターネットにアクセスする機能が強化され、1994年から1995年にはNetscape Navigator（ネットスケープナビゲーター）やInternet Explorer（インターネットエクスプローラー）といった**Webブラウザ**も登場。またインターネットへの接続を提供してくれる商用**ISP**がスタートをしたのもこの頃で、Webサイトの閲覧が広く行われるようになりました。

その当時のWebデザインは「スキューモーフィズム」という手法に則ったデザインがとられていました。Webページ内のアイコン

WORD OS

「Operating System（オペレーティング・システム）」の略で、パソコンやモバイル端末などのデバイスを管理・制御し、ユーザーが使用しやすくするためのソフトウェアを指す。

WORD Webブラウザ

Webページを表示するソフトウェア。パソコンやスマートフォンなどからWebサーバーに接続し、Webサイトを閲覧する際に使用する。

図1 Apple社（日本）のWebサイトの新旧比較 (https://www.apple.com/jp/)

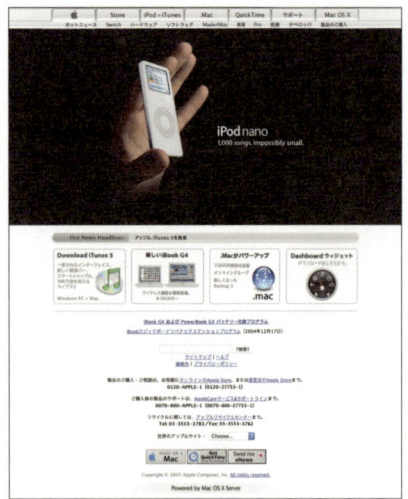

2005年9月頃のWebデザイン。ナビゲーションや見出し、バナー画像などに立体感のある「スキューモーフィズム」の手法がとられている

2024年7月現在のWebデザイン。立体的な効果がなく、大胆な色使いにシンプルなタイポグラフィを組み合わせた「フラットデザイン」の手法がとられている

やボタンなどのデザイン要素に、影、重なり、質感といった効果を適用し、私たちの身の周りにあるものにできる限り似せる（近づける）ことで、情報の理解や使い勝手のよさを促進していました。

ただ、2010年代に入ってくると「フラットデザイン」という手法に則ったデザインが行われるようになりました。立体的な表現をなくし、ベタ塗りを基調とした配色にシンプルなタイポグラフィを合わせるこの手法は、タッチ端末との相性が良いこともありWebデザインにも急速に採用されました 図1 。

現在もこのシンプルなデザインの流れは続いていますが、若干の影や重なりの効果を加えることでデザイン的な美しさを保ちながら使用感も上げていくフラットデザイン2.0やマテリアルデザインといった手法が主流となっています。

WORD ISP

「Internet Service Provider（インターネットサービスプロバイダ）」の略で、いわゆる「プロバイダ」と呼ばれるインターネット接続事業者のこと。

WORD マテリアルデザイン

2014年6月にGoogleが発表したデザインの概念で、フラットな要素に光や影、奥行き、重なりを微妙に適用したデザイン手法を指す。

memo

最近では、フラットな表面に押し出しや窪みを表現する「ニューモーフィズム」といった手法も見られるようになりました。

Webページを形にするための2つのデザイン

デザインという言葉は「設計」と訳すことができます。したがって、Webデザインとは「Webサイトを設計する」ことでもあります。Webページを形にするためには、まず「見た目の設計」を行わなければなりません。どのような見栄えでWebページを表示したいのかをPhotoshopやIllustratorといったグラフィックツールやFigmaなどのプロトタイピングツールを使用してデザインします。そしてテキスト情報や画像などの素材を用意し、Webブラウザで表示するための「構造の設計」を行います。HTMLを使用して文書を構造化し、CSSで見た目や配置を指定してデザインします。

この2つのデザインによって、Webページは多くのユーザーに閲覧してもらえることになります 図2 。本書は、主に後者のデザインに関するさまざまな方法を学ぶものとなります。

図2 Webページを形にするための2つのデザイン

Photoshopなどのグラフィックツールを使用して見た目のデザインを行った後（左図）、Webブラウザで表示するための構造のデザインを行うことによって（右図）、Webページはユーザーに閲覧してもらえる形になる

Webサイトは何でできている？

Lesson1 02 ③30min

THEME テーマ　現在のWebサイトにはテキスト情報や画像はもちろんのこと、音声や動画といった素材も利用されています。Webサイトがどんな風に形作られているのか、それぞれの素材はどんな形式になっているのかを見ていきましょう。

文字情報以外に使われている素材

　Webサイトは Web ブラウザを通して、さまざまな情報を発信しています。文字情報（テキスト）や写真・画像以外にも、音声や動画といった素材が利用されることもあります。それらの各素材は、ブラウザが HTML と CSS を読み込むことで、私たちが閲覧できる Web サイトとして表示されます 図1 。

　文字情報については HTML ファイルの中に直接記述しますが、画像や音声・動画などについてはそれぞれを Web サイトに適したファイル形式で用意をした上で、HTML ファイルの中に読み込むための記述を行うことになります 図2 。

図1 Webサイトを構成する素材

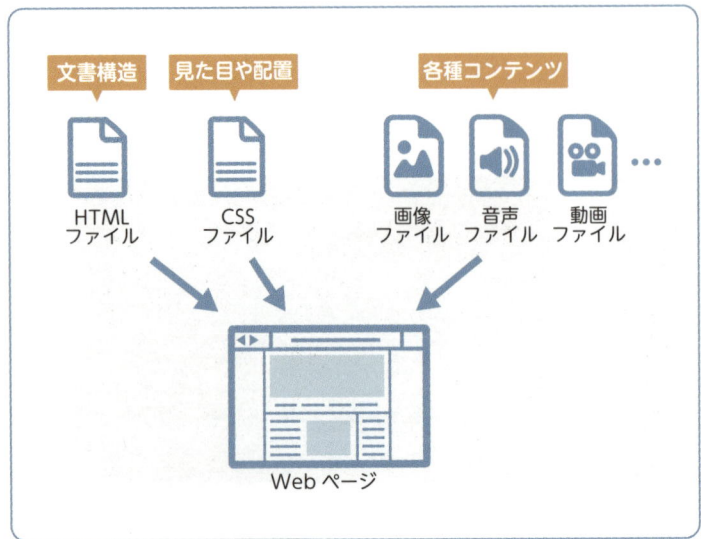

図2 素材の種類と代表的なファイル形式

素材	ファイル形式（拡張子）
HTML	HTML（.html）
CSS	CSS（.css）
画像	JPEG（.jpegまたは.jpg）／ PNG（.png）／ GIF（.gif）／ SVG（.svg）
音声	MP3（.mp3）／ WAV（.wav）／ MIDI（.midi）他
動画	MP4（.mp4）／ MOV（.mov）／ WebM（.webm）／ AVI（.avi）／ WMV（.wmv）／ YouTube動画の埋め込みなど
動的な効果	JavaScript（.js）

HTMLやCSSのファイル形式

HTMLやCSSの中身はテキストでできています。HTMLは拡張子「.html」、CSSは拡張子「.css」の形式で保存すれば、コンピュータやブラウザはHTMLファイル・CSSファイルとして扱います。

また、コンピューターで入力されるテキストは「文字コード」と呼ばれるルールにもとづいて表示されています。日本語を扱う文字コードとしては「UTF-8」「Shift_JIS」「EUC-JP」などがありますが、日本語のWebサイトを作成するのであれば、文字コードは「UTF-8」を指定しておけば、ほぼ問題ありません。HTMLファイルやCSSファイルの中に文字コードを指定する記述を行い、ファイルの保存時にも同一の文字コードで保存するようにしましょう。

画像の単位と色の扱い

Webサイトはデバイスの種類を問わずディスプレイで表示をすることになるため、画像のサイズ（幅や高さ）に関しては「ピクセル（pixel）」と呼ばれる単位（px）で管理します。1インチ（2.54cm）あたりにいくつのピクセルを並べるのかを示すものを「解像度」と呼び、「ppi（ピーピーアイ）」という単位で表します。Webサイトで使用する画像の一般的な解像度は「72ppi」となります。

また、Webサイトで使用される画像のファイル形式については「JPEG（ジェイペグ）」「PNG（ピング）」「GIF（ジフ）」の3種類が主に使用されます。使用したい用途に合わせて適切なファイル形式

> **WORD** 拡張子
>
> index.htmlの「.html」、file.txtの「.txt」部分。ファイルの種類を表す。

> **POINT**
>
> 解像度の単位であるppiは「pixel per inch」の略でコンピューターで使われる単位です。また、印刷物の解像度を表す単位であるdpiは「dots per inch」の略ですが、どちらもほぼ同じ意味で捉えて問題ありません。

を選択する必要があるので、それぞれの特徴を理解しておきましょう 図3。

図3 画像形式ごとの特徴

ファイル形式	圧縮方式	色数	透明	適した用途	デメリット
JPEG	非可逆圧縮	16,777,216 色	扱えない	・写真 ・色数の豊富なもの	・元の画像に戻せない ・透過を扱えない
PNG-8	可逆圧縮	256 色	扱える	・色数の少ないもの （ロゴ、アイコンなど） ・透過の必要なもの	・扱える色数が限られる
PNG-24	可逆圧縮	16,777,216 色	扱える	・色数が豊富で透過の必要なもの（イラストなど） ・画質を落としたくないもの	・容量が重くなりがち
GIF	可逆圧縮	256 色	背景透過	・色数の少ないもの ・GIF アニメーション	・扱える色数が限られる ・カラープロファイルを埋め込めない

そして、Web ブラウザで表示できるベクター画像（計算処理によって色や曲線を表現する画像）のファイル形式として、近年使用されることが多いのが「SVG（エスブイジー）」です。SVG は「拡大縮小をしても画質が粗くならない」などの特長から、さまざまな端末用の画像を 1 つのファイルで補えるメリットがありますので、必要に応じて使用しましょう 図4。

図4 「PNG（ビットマップ画像）」と「SVG（ベクター画像）」の比較

「PNG」などのビットマップ画像は、拡大するとギザギザに粗くなってしまう

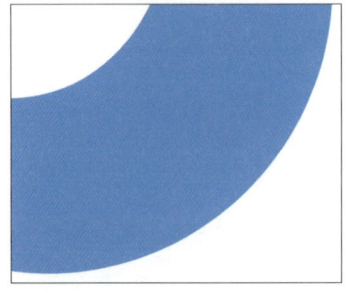

「SVG」はベクター画像のため、拡大しても粗くならない

さらにカラーモード（色の表現の仕組み）については、ディスプレイが光で色を表現することから光の三原色である「**RGB**」モードを使用します。Web サイトで使用する写真やロゴ・イラストなどの画像データはすべて RGB で作成し、また CSS などで色指定をする場合も RGB の値を使用するようにしましょう。

WORD ▶ **RGB**

光の三原色である「Red：赤」「Green：緑」「Blue：青」の頭文字で表記するカラーモードのこと。印刷物の場合には、色の三原色である「Cyan：シアン」「Magenta：マゼンタ」「Yellow：イエロー」に「Key plate：黒」を加えた頭文字で表記する「CMYK」モードを使用する。

Lesson1

03

15 min

Webサイトの ベースとなる技術

THEME テーマ

WebページをWebブラウザで表示するためには、すべての情報をHTMLを使って文書構造化し、CSSで見た目や配置を指定する必要があります。ここでは、HTMLやCSSの仕組みなどについて理解をしていきましょう。

HTMLの標準仕様の策定

　Webブラウザに情報を表示するためには、情報構造や意味を伝えるための文書である「HTML（HyperText Markup Language）」が必要となります。

　HTMLはバージョンを重ねて来た歴史がありますが、以前はHTMLの標準仕様には **W3C** と **WHATWG** という2つの団体が別々に公開しているものが併存しており、しかも一部の仕様がそれぞれで異なっていたため混乱を招いていました。

　ところが両者の歩み寄りがあり、W3CはHTMLと **DOM** に関する標準策定をやめ、今後はWHATWGが策定するリビングスタンダードがHTMLとDOMの唯一の標準となる合意を、2019年5月に発表しました。現在はWHATWGのリビングスタンダードを参照してWeb標準を進めています 図1 。

WORD ▶ W3C

ダブリュースリーシー。「World Wide Web Consortium」の略。World Wide Web（WWW）の考案者の一人であるティム・バーナーズ＝リー氏によって設立された団体。

WORD ▶ WHATWG

ワットダブルジー。「Web Hypertext Application Technology Working Group」の略。Webブラウザを開発するApple、Google、Microsoftなどに所属するメンバーで構成される団体。

WORD ▶ DOM

「Document Object Model」の略で、HTMLやXML文書のためのプログラミングインターフェイスのことを指す。プログラムが文書構造、スタイル、内容を変更することができる。

✎ memo

HTML標準仕様の策定について、W3CとWHATWGが合意したことを伝える公式記事が、W3Cのサイトで閲覧できます。
・HTML標準仕様の策定について W3CとWHATWGが合意（英文）
https://www.w3.org/blog/news/archives/7753

図1 WHATWGのリビングスタンダード（英文）

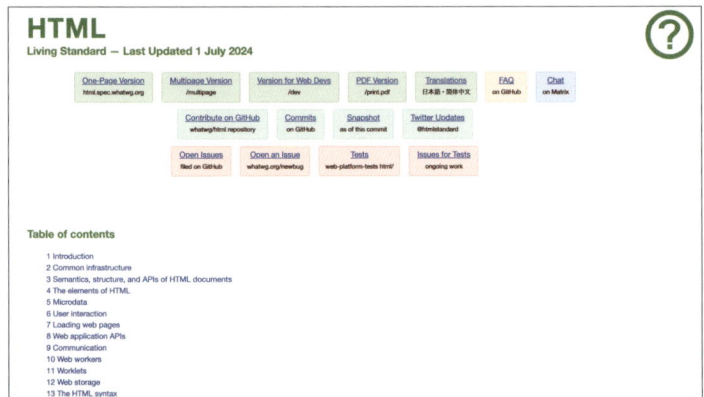

WHATWGが定めるHTMLの標準仕様
「HTML Living Standard」（https://html.spec.whatwg.org/multipage/）

ベースの技術であるHTMLとCSS

Webページのすべての情報はさまざまな意味を持ったHTMLタグでマークアップすることで、人間だけでなくコンピューターにも理解できるものとなります。そして、それらの情報へ装飾・配置を施して視覚的にもわかりやすくするものが「CSS（Cascading Style Sheets）」です。前述の通り、Web標準の仕様に関してはWHATWGが策定するリビングスタンダードを参照することになりますが、最新の仕様にあるものすべてが一様に、あらゆるWebブラウザに対して有効であるかといえば、そうではありません。

HTMLやCSSの解釈は、Webブラウザの種類やバージョンにより異なります。使用したいHTMLやCSSの記述がどのWebブラウザでサポートされているのかについて調べることができるWebサイトもあるので、しっかりとチェックした上で使用するようにしましょう。

また、この数年で策定された新しい仕様のCSSについては、古いバージョンのWebブラウザではサポートが十分ではありません。したがって、プロパティや値の先頭に「ベンダープレフィックス」**図2** **図3** と呼ばれる接頭辞をつけて記述することで、Webブラウザごとの対応をする場合があります。

> **memo**
> HTMLやCSSのサポート状況について、各ブラウザのバージョン別にチェックできる代表的なサイトが下記です。
> ・Can I use... Support tables for HTML5, CSS3, etc
> https://caniuse.com/

> **memo**
> これから新しく制作するWebサイトの場合、Internet Explorer10・11といった古いWebブラウザに対応するケースは少ないと思われますが、リニューアルなどのWebサイトを改修する案件ではベンダープレフィックスの記述を目にすることがあるかもしれません。

図2 ベンダープレフィックスと対応ブラウザ

接頭辞	対応ブラウザ
-webkit-	Google Chrome、Safari、Microsoft Edge
-moz-	Firefox
-ms-	Internet Explorer

図3 ベンダープレフィックスの書き方

```
.content {
  display: -webkit-flex;
  display: -moz-flex;
  display: -ms-flex;
  display: flex;
}
```

ベンダープレフィックスをつけない記述を一番最後に書く。ここでは解説上、すべてのベンダープレフィックスを記述しているが、現在「display: flex;」は各ブラウザの最新バージョンでサポートされているため、ベンダープレフィックスは不要。IE10に対応させるには「-ms-」だけを記述する

04

15 min

Webページの動的表現を担う JavaScript

THEME テーマ Webサイトで使われている動的な表現の多くはJavaScriptで実現されています。ここではJavaScriptの概要や、JavaScriptを実装する際に利用されるライブラリやフレームワークがどのようなものかを理解しておきましょう。

Webページで動的表現を実装する定番の技術

　最近のWebサイトには「メインビジュアルとして強調したいコンテンツを**カルーセル**表示する」、「**モーダルウィンドウ**で拡大写真を表示する」、「ページ下部にあるボタンをクリックすると、ページ上部へアニメーションしながら移動する」といった動的表現が使われています 図1。

　JavaScriptの最大のメリットは、 ⚠ **ほぼすべてのWebブラウザで動作をすることです**。Webブラウザに拡張機能などを追加することなく、パソコン・モバイル端末を問わず、ほぼすべてのWebブラウザで同じように動作をすることが長く利用されている理由であり、これは続いていくでしょう。

WORD ▶ カルーセル

回転木馬を意味する「carousel」の日本語表記。同様の意味として「スライドショー」「スライダー」といった言葉を使用することもある。

WORD ▶ モーダルウィンドウ

ウィンドウの内側に開く子ウィンドウで、子ウィンドウの動作を終了させなければ親ウィンドウの操作に戻れないようなものを指す。最近のWebサイトではサムネイル写真をクリックすると、背景が半透明の黒で覆われて、拡大写真のウィンドウが画面中央に表示されるような表現をよく使ってる。

⚠ POINT

CSSの最新仕様ではアニメーションの設定もできるようになりましたが、Webブラウザの種類やバージョンによっては上手く動作するかどうかはまちまちです。安定した動作をさせたいのであれば歴史のあるJavaScriptで実装することになります。

図1 JavaScriptを用いた動的表現例

メインビジュアルのカルーセル表現

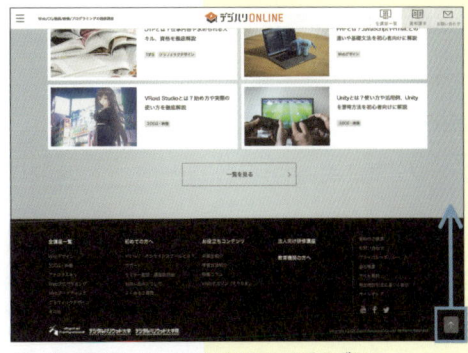

ページ上部にアニメーションスクロールするボタン

JavaScriptの記述で知っておくべきこと

Webページに JavaScript を実装する方法には「直接定義」「外部定義」の２つがあります。直接定義は、HTML ファイルの中に直接 JavaScript の**コード**を記述する方法です 図2。「外部定義」は、JavaScript のコードを記述した JavaScript ファイルを HTML ファイルとは別に作成し（拡張子は「.js」）、そのファイルを HTML ファイルに読み込みます 図3。

WORD コード

略号や記号、暗号を意味する。コンピューター用語としては、プログラミング言語やマークアップ言語などを用いて記述されたもの。「ソースコード」とも呼ぶ。

図2 JavaScriptの直接定義

```
<script>（ここに JavaScript のコードを記述）</script>
```

HTMLファイルの中でscript要素を使って、開始タグと終了タグの間にJavaScriptのコードを記述する

図3 JavaScriptの外部定義

```
<script src="（パスとファイル名を記述）"></script>
```

HTMLファイルとは別に、JavaScriptのコードを記述したJavaScriptファイルを作成して、HTML内でscript要素のsrc属性の値にJavaScriptファイルのある場所のパスとファイル名を記述する

　JavaScript のコードの記述には、半角英数字と「{ }（中カッコ、波カッコ）」や「( )（小カッコ、丸カッコ）」などの記号を使用します 図4。また変数名や関数名に任意の名前を定義する際には、半角英数字と「_（アンダースコア、アンダーバー）」や「$（ドルマーク）」などの記号を使用します（ただし、先頭に数字を使うことはできません）。

　JavaScript は大文字と小文字を区別するので、記述違いのないように気をつけましょう。命令の最後には「;（セミコロン）」を記述します。1つの命令を1行で記述をする場合には省略も可能ですが、バグの原因にもなるので記述するようにしましょう。

図4 JavaScriptの記述例

```
<script>
  function message(){
    alert("Hello,World!");
  }
</script>
```

関数名などの先頭は数字にしない

命令の最後には「;（セミコロン）」を記述する

「警告ウィンドウを表示する」命令だが、「Alert」のように「A」が大文字だと動作しない

「alert()」は『警告ウィンドウを表示する』という動作を促すメソッドという命令です。丸カッコの中には表示をしたいメッセージを「"（ダブルクォーテーション）」で囲んで記述しますが、そのメッセージについては日本語を記述してもかまいません。

ライブラリやフレームワークの利用

　Webページに JavaScript を実装する際、JavaScript のコードをイチから記述して実装する (「フルスクラッチ」と呼びます) こともあれば、**ライブラリ**や**フレームワーク**を利用する方法もあります。代表的な JavaScript ライブラリやフレームワークには「jQuery」「React」「Vue.js」「Angular」などがあります 図5。

　JavaScript を実装する方法には 2 つのやり方があることを前述しましたが、実はライブラリやフレームワークと呼ばれるものは外部定義された JavaScript ファイルとして配布されていて、それらの JavaScript ファイルを HTML に読み込むことによって実装したい動的表現を効率よく組み込みます。

　本書でこの後紹介をしていく、さまざまな Web サイト制作演習の中でもこれらを使用したいくつかの動的表現の実装を行いますので、動きをつけることの楽しさを実感してみてください！

WORD ライブラリ

汎用性の高い複数のプログラムを再利用可能な形でひとまとまりにしたもの。それ単体ではプログラムとして作動させることはできないが、他のプログラムに何らかの機能を提供することができるコードの集まりを指す。

WORD フレームワーク

汎用的で再利用可能なクラスやライブラリ、モジュール、API などと、ソフトウェアの主要部分の雛形 (テンプレート) としてそのまま利用できるものを指す。

図5　代表的なJavaScriptライブラリやフレームワーク4選

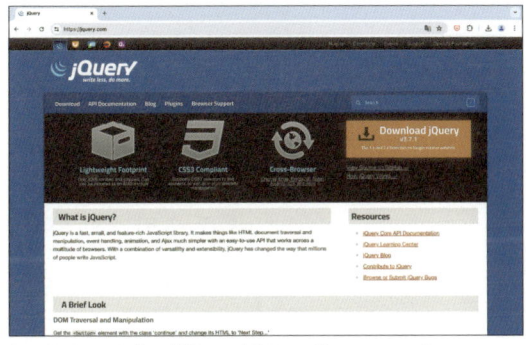

JavaScriptライブラリ「jQuery」(https://jquery.com/)

JavaScriptライブラリ「React」(https://ja.react.dev/)

JavaScriptフレームワーク「Vue.js」(https://ja.vuejs.org/)

JavaScriptフレームワーク「Angular」(https://angular.jp/)

Lesson1
05
15 min

Webページでのフォントの表示とWebフォント

THEME テーマ

文字のデザイン（書体）のことを「フォント」といいます。ここでは、Webページで使われる基本的なフォントの表示の仕組みと、さまざまなメリットがある「Webフォント」について理解をしていきましょう。

Webページ上でのフォントの表示

Webページの文字を特定のフォントで表示するには、CSSでフォント指定を行います。Webブラウザはcssファイル内での指定に従い、端末にインストールされているフォントを呼び出し表示するのですが、端末のOSの種類やバージョンによってあらかじめインストールされているフォントが異なるため、作り手の意図するフォントで表示ができない場面がみられました 図1。そのため、どうしてもデザイン性の高いフォントで文字を表示したい場合には ❗画像にして配置するなどの方法をとっていました。

WORD 端末

広義ではネットワークに接続され、データの入力・出力などの操作を行う装置。Webサイトの制作上は「デバイス」とも呼び、パソコンやタブレット、スマートフォンなどのWebサイトを閲覧する機器を指すことが多い。

❗ POINT

文字を画像にして配置した場合、文言の変更が発生するたびに画像を書き出してファイルを置き換える必要があり、テキストを変更するよりも運用時に手間がかかることになります。

図1 基本的なフォント指定

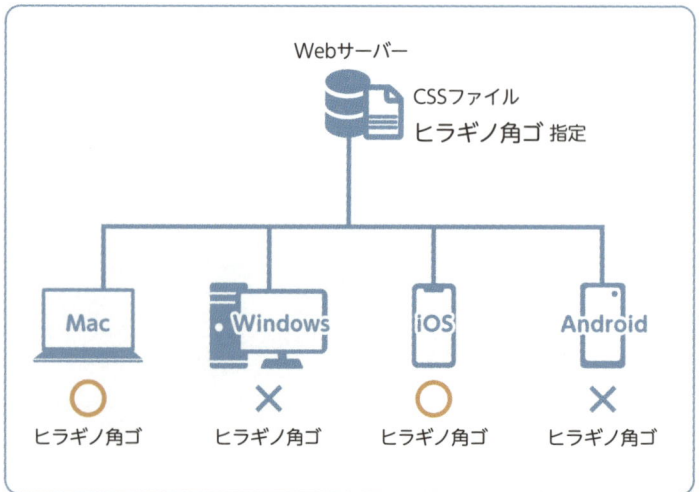

例えばCSSでフォント「ヒラギノ角ゴ」を指定した場合、端末のOSの種類やバージョンにより表示できる端末と表示できない端末が出てしまう

Webフォントの登場

　そのような本来のフォント指定の不便な部分を解決するために登場をしたのが、CSS3から策定された「Webフォント」という技術です。Webフォントは、Webページを読み込む際に同時にネットワーク上にあるフォントデータをダウンロードすることにより、どの端末で見ても指定したフォントで表示することができる手法です 図2。Webフォントを使用することで、画像に頼らずデザイン性の高いフォント表現を行うことができます。

　文字情報は検索エンジンの**クローラー**が情報収集をしてくれることから **SEO** 的な効果も高く、端末の画面サイズに応じて折り返しなども行われるため、Webフォントを使用するメリットは大きいといえるでしょう。

　Webフォントを使用する際には、基本的にはWebフォントサービスを利用します。Webフォントサービスには有料のもの・無料のものがありますが、有料サービスとしてはフォントメーカーのモリサワが提供する「TypeSquare」や Adobe Creative Cloud の契約者であれば追加料金なしに利用できる「Adobe Fonts」などが挙げられます。無料サービスとして広く利用されているのは Google が提供する「Google Fonts」です。

　無料サービスは手軽に導入できるメリットがありますし、有料サービスはフォントの種類が豊富であるメリットがあります。用

WORD　クローラー

Webサイトのリンクをたどりながら、世界中のWebサイトの情報を検索エンジンのデータベースに収集しているロボットのこと。

WORD　SEO

「Search Engine Optimization」の略で、検索エンジン最適化の意味。Webサイトが検索結果の上位に表示されるような施策を行うことを「SEO対策」と呼ぶ。

図2　Webフォントによるフォント指定

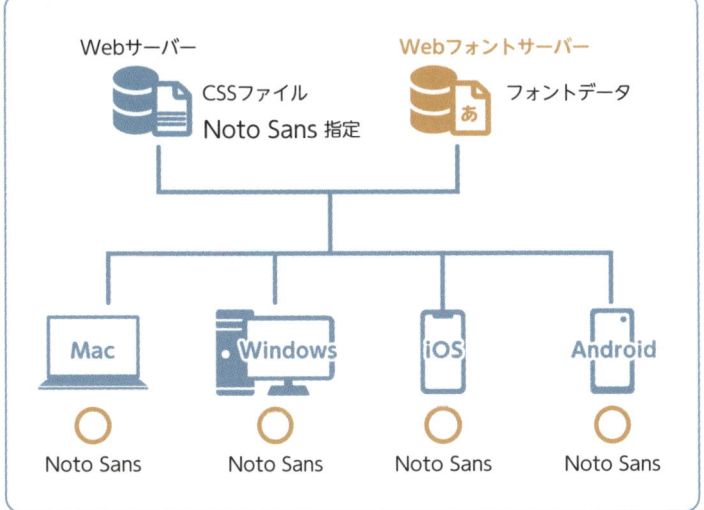

ネットワーク上にあるフォントデータをダウンロードすることにより、どの端末で見ても指定したフォントで表示することができる

途に合わせて選択をするとよいでしょう図3。本書では、**Lesson7-03**（236ページ）以降でGoogle Fontsを使用する方法を紹介して行きます。

図3 代表的なWebフォントサービス

TypeSquare（https://typesquare.com/）

Adobe Fonts（https://fonts.adobe.com/）

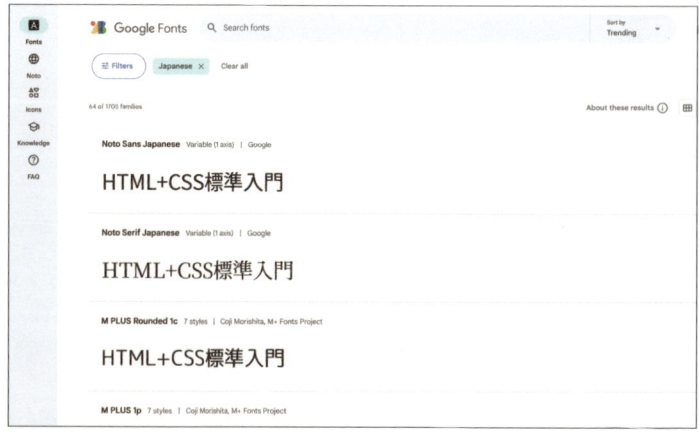

Google Fonts（https://fonts.google.com/）

Lesson1 06
30 min

レスポンシブWebデザインの制作手法

THEME テーマ

閲覧する端末に応じて、Webページのレイアウトを変更したり、コンテンツの表示・非表示を切り替えたりなどの適応を行う技術を「レスポンシブWebデザイン」といいます。その概念や制作手法を見ていきます。

レスポンシブWebデザインとは

Webサイトは当初、デスクトップPCなどのパソコンで閲覧するものでしたが、現在はそれに加えてスマートフォンやタブレットなどのモバイル端末などでも閲覧されるようになりました。

そのように多様化した端末に合わせて個別にWebページを作成することは非常に効率が悪く、手間もかかってしまいます。そこで生まれたWebサイト制作の考え方が「レスポンシブWebデザイン」です。レスポンシブWebデザインは、ひとつのHTMLファイルをCSSファイルで制御することで、端末の画面サイズに合わせたWebデザインで表示を行います 図1 図2 。

図1 レスポンシブWebデザインの仕組み

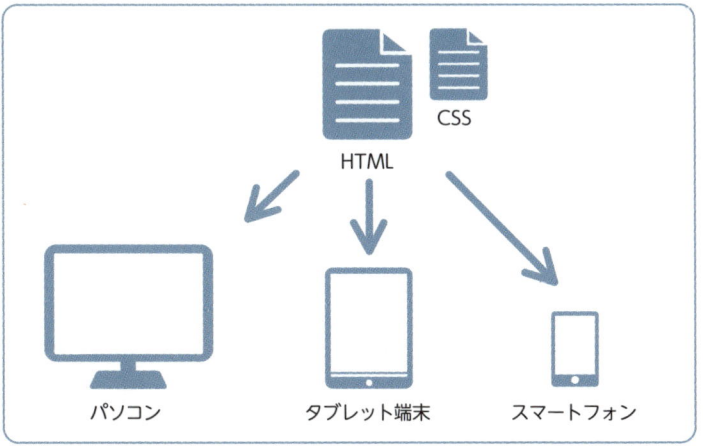

パソコン	タブレット端末	スマートフォン

1つのHTMLファイルをCSSファイルで制御することで、さまざまな端末に適応したWebデザインを表示するのがレスポンシブWebデザイン

図2 レスポンシブWebデザインの表示例（左：スマートフォンでの表示、右：PCでの表示）

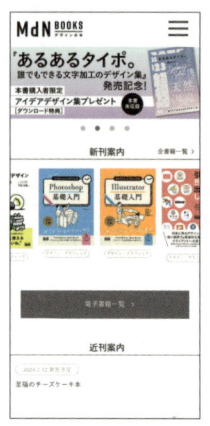

表示する端末に合わせて、レイアウトやナビゲーションが変化しているのがわかる

レスポンシブWebデザインの制作手法

　レスポンシブWebデザインに対応したWebページを制作する上で理解をしておかないといけないものに「ビューポート（viewport）」と「ブレイクポイント」があります。

ビューポートの指定

　ビューポートはWebページを表示する領域のことで、PCのWebブラウザでいえばアドレスバーやタブなどのインターフェイス部分を除くブラウザの画面の領域を指します。

　では、モバイル端末のWebブラウザについてはどうでしょう？モバイル端末の画面はPCに比べて小さいのが一般的です。その小さな画面でPC向けに作られたWebページを表示するとWebページの一部しか表示されず、隠れた部分はスクロールするなどして閲覧しなければならなくなります。そのため、モバイル端末のWebブラウザではビューポートを実際の画面サイズよりも大きく解釈するように設定されており、画面に収まるように全体を縮小して表示するようになっています。ところが、そのことでモバイル端末向けにデザインされたWebページも縮小して表示してしまうことになります。そこで、**図3**のようにHTMLのmeta要素を使って、モバイル端末のWebブラウザでもWebページが等倍で表示されるように指定します。

図3 meta要素でname属性の値に「viewport」を指定する

```
<meta name="viewport" content="width=device-width, initial-scale=1">
```

content属性の値にはビューポートに関するさまざまな値をカンマ区切りで設定することができます。「width」はビューポートの横幅を指定するもので「device-width」はデバイスの画面の横幅を表します。「width=device-width」と記述することで、ビューポートの横幅とデバイスの横幅を揃えます。「initial-scale」は表示倍率を指定するもので「1」の値は等倍で表示することを表します。これらの記述をすることで、モバイル端末のWebブラウザでもWebページが等倍で表示がされるようになるわけです。

memo

content属性で設定できるビューポートに関する値には、他にも「minimum-scale（最小倍率）」「maximum-scale（最大倍率）」「user-scalable（ズーム操作の可否）」などがあります。

ブレイクポイントとメディアクエリ

次に知っておくべきものが「ブレイクポイント」です。ブレイクポイントはレスポンシブWebデザインでレイアウトを切り替える際の画面幅のサイズを指します。ブレイクポイントとして設定すべき幅に絶対的な決まりはありません。というのも、デバイスにはさまざまな種類があり、その画面幅（Webブラウザ上の横幅）についてもさまざまなサイズがあるからです。

スマートフォンの画面幅は320px〜414px、タブレットの画面幅は600px〜834pxのような範囲ですので、それぞれに最適なブレイクポイントを指定するならば、その範囲の中で決定をすればよいでしょう。iPadなどのタブレットで一番多い画面幅が768pxということもあり、モバイル端末用とPC用の大きく2つのレイアウトを切り替えるレスポンシブWebデザインを行う場合には、ブレイクポイントとして768pxを設定することが多いようです。ただ、繰り返しになりますが、ブレイクポイントの数と値に決まりはありませんので、⚠状況に応じていろいろな値を検討してみるとよいでしょう。

そして、こうしたブレイクポイントの値によって適用するスタイルを切り替えるCSSの技術が「メディアクエリ」です。「@media screen and（条件指定）{〜}」のように記述し、{〜}の中に条件に合わせたCSSを記述します 図4 図5 。

本書では、**Lesson6**（188ページ）以降でレスポンシブWebデザインに対応したWebページの制作を行っていきます。

⚠ POINT

スマートフォンやタブレットなどのモバイル端末は横向きで使用することもできます。もしモバイル端末を横向きで使用した場合、縦向きでの画面の高さが画面幅になります。つまりブレイクポイントの候補も増えるということになるわけです。どの程度の画面幅に対応するレスポンシブWebデザインにするかの判断は本当に難しいものだといえます。

図4 メディアクエリの記述の仕方

```
@media screen and (max-width: 767px) {

    ここに画面幅 767px までの CSS を記述

}

@media screen and (min-width: 768px) {

    ここに画面幅 768px 以上の CSS を記述

}

@media screen and (min-width: 375px) and ( max-
width:980px) {

    ここに画面幅 375px 〜 980px の CSS を記述

}
```

「max-width」は領域幅の最大値、「min-width」は領域幅の最小値を指定するもの

図5 メディアクエリの記述例

```
.header {
  position : relative;
  padding : 15px 0 0;
  background-color : #fff;
}

@media screen and (min-width: 768px) {
  .header {
    padding : 0;
  }
}
```

「.header」に対してベースとなるスタイルを記述した後、メディアクエリで幅が「768px以上」
になった場合に上書きするスタイルを指定している

Lesson1 07

Webページのレイアウトと
その表現手法

THEME テーマ Webページのレイアウトにはさまざまな形のものがありますが、定型的なパターンもいくつか存在します。レイアウトを表現する手法は時代とともに変遷していくため、以前主流だった手法なども含めて知ると理解が深まるでしょう。

レイアウトの役割と主なパターン

　Webページをレイアウトする目的は、サイトに掲載する文字や画像・動画などの情報を「視覚的に整理すること」にあります。情報の種類や目的にあった最適なレイアウトを行うことで、情報をよりわかりやすく正確にユーザーへ伝えることができるのです。

　Webページのレイアウトは多種多様ですが、大きくはいくつかのパターンに分けることができます 図1 。

> **! POINT**
> Webデザインを行う上で「どのようなレイアウトにするのか」はとても重要な要件です。コーポレートサイトであれ、ECサイトであれ、すべてのWebサイトに共通する役割は「情報をよりわかりやすく正確に伝えること」にあります。サイトを通して発信したい情報の種類や目的に応じて適切なレイアウトを選ばないと、情報を適切な形で伝えることはできません。

図1 Webページの主なレイアウトパターン

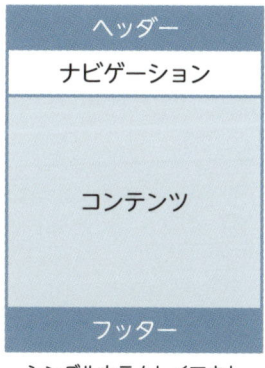

シングルカラムレイアウト

マルチカラムレイアウト

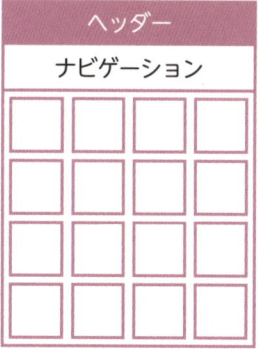

グリッドレイアウト（カードレイアウト）

フルスクリーンレイアウト

シングルカラムレイアウト

　まず、最近よく見られるレイアウトが「シングルカラムレイアウト」です。ヘッダー・ナビゲーション・コンテンツ・フッターなどの領域を縦に並べる配置です。レスポンシブWebデザインが全盛の現在において、PC向け・モバイル端末向けへの対応がしやすく、スクロールしていくことで情報をたどっていける見やすさもあります。質の高いデザインでスクロールに合わせたアニメーション効果なども実装した「高級ペライチ」と呼ばれる縦に長いWebサイトも多く見られます。

マルチカラムレイアウト

　これまでのWebページのレイアウトの定番といえば「マルチカラムレイアウト」でしょう。コンテンツ部分を段組することで、メインコンテンツの領域とサブコンテンツやバナーなどを配置するサイドバーの領域を左右に分ける2カラム、メインコンテンツの両脇にサイドバーの領域を置く3カラムなどのレイアウトがあります。多くの情報を整理した状態で配置できることもあり、コーポレートサイトやブログサイトをはじめ、多くのWebサイトで採用されています。

グリッドレイアウト

　次に挙げられるのが「グリッドレイアウト」です。コンテンツをタイル状に並べるレイアウトで「カードレイアウト」とも呼ばれます。コンパクトにまとめたコンテンツを一瞥できる形で配置することができるので、ギャラリーサイトやECサイト、SNSなどで多く見られます。

フルスクリーンレイアウト

　そして、Webブラウザの画面いっぱいに写真や動画の背景を配置してコンテンツを見せる「フルスクリーンレイアウト」も最近多く見られるレイアウトです。質の高い写真や動画を使用することでブランドイメージを高める効果があり、アーティストのプロフィールサイトや特定の商品やサービスの紹介サイトなどで採用されることが多いレイアウトです。

<aside>
WORD　カラム

「column」の日本語表記で、縦方向の列を意味する。レイアウトにおいてのカラムは、縦方向のまとまりである「段組」を指す。
</aside>

レイアウトの表現手法と流行の変遷

　ここまで紹介をしてきたレイアウトパターンを見ると、レイアウトとはコンテンツごとの領域（ボックス）を作り、それらを縦方向や横方向に並べることで表現していることがわかります。それでは、そのような表現はどのような技術を使って行っているのでしょうか 図2 。

テーブルレイアウト

　まず最初に使用された技術がHTMLのtable要素です。1990年代後半から2000年代初頭にかけては、まだまだCSSが本格的に使用されていない時代でした。そこで、表組みを行うための要素であるtable要素を使い、境界線を非表示にした目に見えない表（テーブル）を作り、その中にコンテンツを配置する手法をとりました。この手法を「テーブルレイアウト」と呼んでいました。

　table要素はWebブラウザの種類やバージョンを問わず解釈できることもあって、クロスブラウザ対応もしやすいものでしたが、そもそもtable要素自体はレイアウトをするためのものではないこと、Webブラウザでの表示負荷が高かったことなどもあり、CSSによるレイアウトが一般的になってくると、一気に「CSSレイアウト」へと切り替わっていきました。

floatレイアウトからFlexboxへ

　そのCSSレイアウトを行う際に使用された技術がCSSのfloatプロパティです。floatプロパティは、指定された要素を左または右に寄せて配置するものです。このfloatプロパティを使用し、コンテンツのボックスを右や左に寄せることで段組を表現しました。この手法は2010年代半ばまで実に10年ほどの長きに渡って使用されてきました。ただ、floatプロパティによる寄せ（回り込み）の解除の際にレイアウト崩れが起こる場合があるなど、CSSの記述が複雑になる面も多く見られました。

　そこに登場してきたのがCSS3からの新機能であるFlexboxです。CSSのdisplayプロパティの値に「flex」を指定することで表現をするFlexboxレイアウトは、コンテンツのボックスを容易に横並びにしたり、左寄せ・中央寄せ・右寄せにしたりといったレイアウトを簡潔な記述で実現できます。2015年頃から使われるようになったFlexboxは現在のWebページのレイアウト手法の主流となっています。

WORD　クロスブラウザ

Webページが主要な複数のWebブラウザに同じように対応していることを指す。1990年代後半から2000年代初頭にかけては「Internet Explorer」と「Netscape Navigator」が二大ブラウザといわれ、その2つのWebブラウザで同じように表示されるWebサイト制作が求められた。

Grid レイアウト

　さらに自由度の高いコンテンツの配置を行うことができる技術がCSS3の新機能であるGridです。CSSのdisplayプロパティの値に「grid」を指定することで表現をするGridレイアウト（CSS Grid）は、「Grid（グリッド）＝格子」が表す通り、縦と横に区切った格子状のコンテンツ配置を指定できる点が優れています。Flexboxは一次元レイアウト・Gridは二次元レイアウトと表現されますが、Flexboxが一方向にボックスを並べることでレイアウトをするのに対して、Gridはコンテンツを配置する領域を横方向・縦方向に分割してレイアウトします。

　現在のWebページのレイアウトは、必要に応じてFlexboxとGridを使い分けてレイアウトしていきます。

memo
本書では、Lesson4（100ページ以降）でFlexboxやGridを詳しく解説していきます。

図2　レイアウト手法の変遷

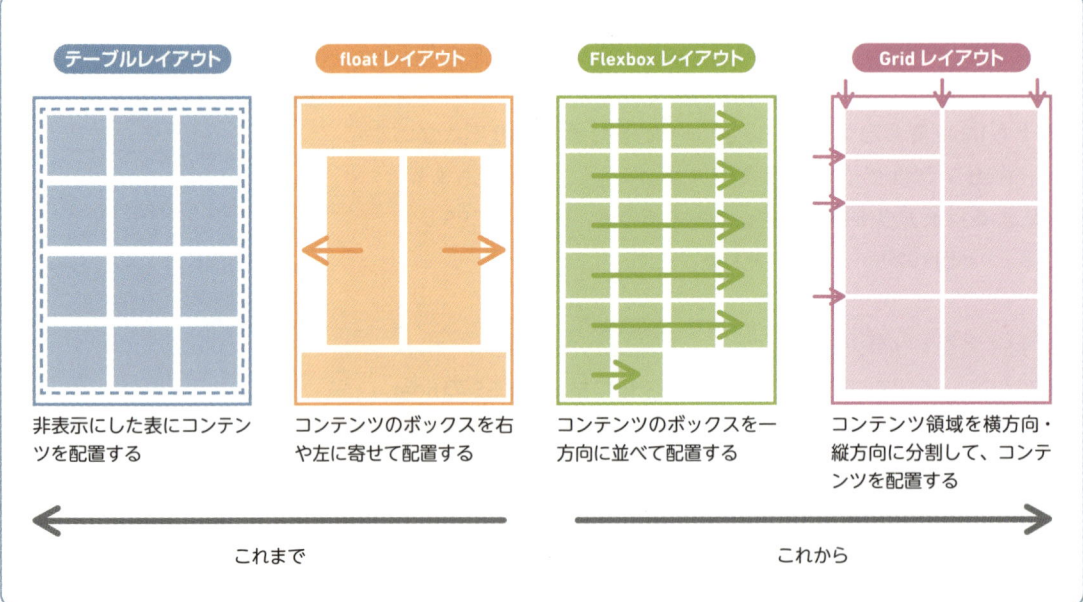

テーブルレイアウト
float レイアウト
Flexbox レイアウト
Grid レイアウト

非表示にした表にコンテンツを配置する

コンテンツのボックスを右や左に寄せて配置する

コンテンツのボックスを一方向に並べて配置する

コンテンツ領域を横方向・縦方向に分割して、コンテンツを配置する

これまで　　　　　　　　これから

memo
ここでは、レイアウトパターンとしての「グリッドレイアウト」と表現手法としての「Gridレイアウト」という同じ読みの言葉が使われていますが、前者は格子状に並べられたレイアウトを表すのに対して、後者はCSS3の機能であるGridを使用したレイアウトを表しています。グリッドレイアウトという言葉が使用されるときには、どちらの意味で使われているのかを文脈から読み取るようにしましょう。

Lesson1 08 作業を効率化する 技術やツール

30 min

> **THEME テーマ**　制作現場では、Webサイトの制作作業を効率化するためにさまざまな技術が取り入れられています。データ管理やCSSコーディングを効率的に行うための技術や、繰り返し作業の効率化を図るツールを紹介します。

データの「バージョン管理」の基本

　Webサイトを制作する過程では、データは常に更新されます。例えば、HTMLやCSSを記述しWebページのベースを完成させる。次にJavaScriptを実装して動的表現を加える。さらに、コンテンツを追加したり更新をしたりする。このような工程の中で、データは更新されていくわけです。

　では、制作の過程で一定の工程までは正しく表示されていたけれども、ある更新を加えた際に表示が崩れたり動作不良を起こしてしまった場合はどうしたらよいでしょうか？ そのような場合には、正しく表示されていたところまで戻って作業をすることになります。そのために、例えば、一日の作業分のデータを、フォルダ名に日付を含めたフォルダに格納してアップし、それを日々繰り返すことでデータを管理していきます 図1 。もし問題が発生した場合には、正しく表示されていた日のデータまで立ち戻り作業を続けていくわけです。これが一番基本的なバージョン管理の方法となります。

図1 基本的なバージョン管理の一例

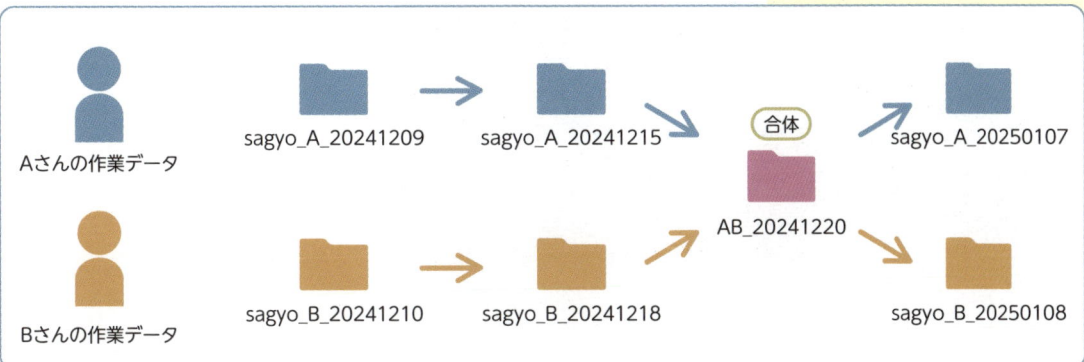

Aさんの作業データ　sagyo_A_20241209　→　sagyo_A_20241215　→　合体　AB_20241220　↗　sagyo_A_20250107

Bさんの作業データ　sagyo_B_20241210　→　sagyo_B_20241218　↗　↘　sagyo_B_20250108

データ管理を効率化するバージョン管理システム

前述のような方法だとファイル数や更新回数が多くなったり、更新に関わる人数も増えてきたりすると、 !ファイルをバージョンごとに正確に管理することが難しくなってしまいます。そこで登場したのが「バージョン管理システム」です。

バージョン管理システムは、作成をしているそれぞれのファイルに加えられていく変更の履歴を自動で記録・管理します。いつ・誰が・どのようにファイルを変更したかをすべて記録するので、ファイルを以前の状態にいつでも戻せるようになります。

代表的なバージョン管理システムとして「Subversion（サブバージョン）」や「Git（ギット）」があります。特に近年は機能性や使い勝手の良さからGitが広く利用されています 図2 。また、Gitを利用する開発者を支援する「GitHub（ギットハブ）」というWebサービスもあります 図3 。無料で利用できるプランもありますので、必要に応じて利用してみるとよいでしょう。

図2 代表的なバージョン管理システム「Git」

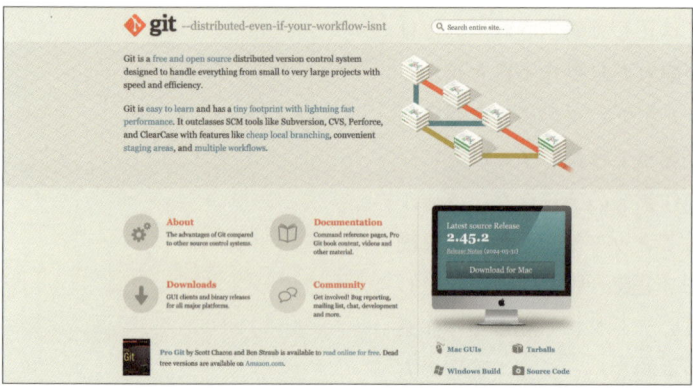

https://git-scm.com/

図3 Gitとともに利用されることの多い「GitHub」

https://github.co.jp/

！ POINT

一定の規模のサイト制作では、扱うファイルやデータの数が増えるだけでなく、同一ファイルに対して複数の人が同時に変更を加えるような場面も出てきます。このような場合、ファイル名やフォルダ名に日付をつけるバージョン管理の方法では立ち行かなくなるでしょう。

WORD Git

ギット。プログラムのソースコードなどが書かれたファイルの変更履歴や内容を記録・追跡するためのバージョン管理システム。大規模なシステムやアプリケーションの開発現場はもちろん、複数人で行うWebサイト制作においても、ファイルのバージョン管理は欠かせないもの。

WORD GitHub

ギットハブ。ソフトウェア開発のプラットフォームサービスで、Gitの仕組みを利用して、プログラムやソースコードを公開・共有できる。世界各国の人々が自分の制作したプログラムやソースコードを公開している。

memo

元々Gitはコマンドによって操作するプログラマ向けのシステムでしたが、最近ではコマンド操作が不慣れな人でもGitを利用できるようなアプリケーションが普及しています。

CSSのコーディングを効率化する「Sass」

「Sass（Syntactically Awesome Style Sheets）」は Ruby 製の CSS メタ言語です。Sass は CSS を効率的に記述できるように設計・開発された言語で、通常の CSS の記法では複雑になってしまうような記述を、わかりやすく簡潔に記述することができます。具体的には次のようなことが可能になります。

- ネスト（入れ子）でのセレクタ ● の記述ができる
- 変数や条件分岐、繰り返しなどが使用できる
- **mixin** が使用できる

コードの書き方としては「SASS 記法」と「SCSS 記法」の 2 つがありますが、SCSS 記法のほうが通常の CSS の記法に近く、また通常の CSS を合わせて書くこともできるので便利です。Sass は Ruby 製の CSS メタ言語であることから、その導入には Ruby をインストールするなど、環境を整える必要があります。

Sass で記述をしたものは、通常の CSS の記述に変換をして Web ブラウザに理解させる必要があります。この変換作業を「コンパイル」といいます。少し複雑な面もありますが無料で用意できるものですので、CSS の記述の効率化を図りたいときには導入を検討してみるとよいでしょう 図4。

66ページ、**Lesson3-02**参照。

WORD mixin

CSSの記述をひとまとまりにしておき、その記述が必要なところから何度でも呼び出すことができる関数のような使い方ができるもの。よく使用するスタイルを@mixinで定義しておけば、何度でも呼び出せることでCSSの記述を簡潔にすることができ、更新性も高まる。

図4 CSSを効率的に記述する「Sass」

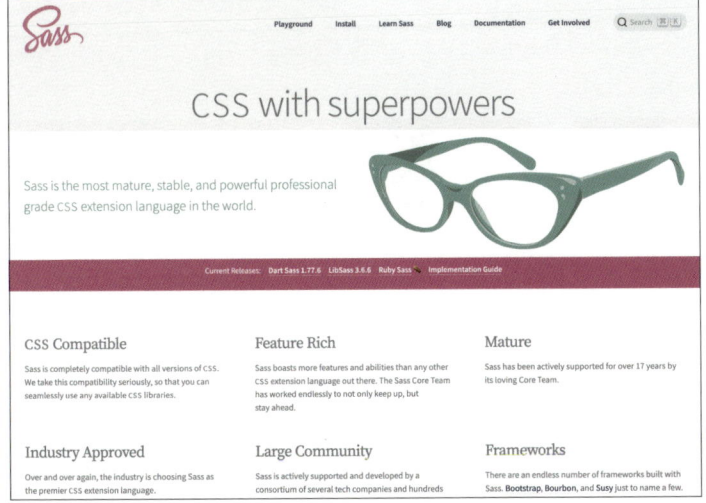

Sass: Syntactically Awesome Style Sheets（https://sass-lang.com/）

繰り返しのタスクを自動化する「タスクランナー」

サイトの制作作業を進める中では、同じような作業（タスク）を繰り返し行う場面があります。Webサイトの規模や数が増えてくれば、そのようなタスクはさらに増えていきます。そこで、繰り返しのタスクを自動化してくれるものが「タスクランナー」です。

タスクランナーを導入することで、次のような繰り返し作業を自動化できます。

- CSSのプロパティを並べかえる
- CSSにプレフィックスをつける →
- Sassをコンパイルする
- 画像・CSS・JavaScriptを圧縮する

→ 18ページ、**Lesson1-03**参照。

また、タスクランナーは自動化の環境を他の人と共有することができるので、複数人でWebサイト制作を行う際にも作業効率が高まります。代表的なタスクランナーとしては「Gulp」「Grunt」などがあります。それぞれに特徴がありますので、自分に合うものを選択して導入してみるとよいでしょう 図5 。

ここで紹介をした「バージョン管理」「Sass」「タスクランナー」は、細かな導入方法や使用方法については本書では扱いませんが、本書で学んだものを効率化していく上で将来的に導入をする場面が出てくるかもしれませんので、概要やメリットについては理解をしておくようにしましょう。

図5 代表的なタスクランナー

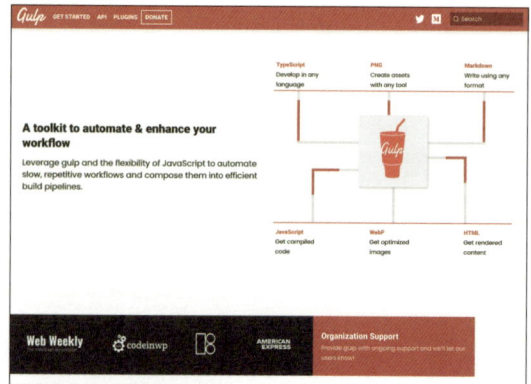

Gulp（https://gulpjs.com/）

Grunt（https://gruntjs.com/）

Webサイトを
制作する準備

HTMLやCSSのソースコードを書きはじめる前に、Webサイトを制作・公開するための仕組みを学びましょう。どんな道具（アプリケーション）を揃えて、何をどのように進めていくかを解説します。

読む　練習　制作

Lesson2 01

WebブラウザにWebサイトが表示される仕組み

THEME テーマ

HTMLファイルやCSSファイルなど、Webサイトのデータを解釈して、私たちが閲覧できるようにするのが「Webブラウザ」です。OSなどによって異なるWebブラウザの種類や違いについて理解しましょう。

開発元やOSでさまざまなWebブラウザがある

WebサイトはHTMLファイルやCSSファイル、JavaScriptファイル、そして画像ファイルなどのデータから構成されていますが、それらのデータを適切に解釈して表示するのが「Webブラウザ」というアプリケーションです。

Webブラウザは1つだけではなく、開発元やOSによってさまざまなものがあります。パソコンかスマートフォンかなどの端末やWindows ／ MacなどのOSでも違いますし、付属する機能や使い勝手もブラウザによってさまざまです。

WebブラウザがHTMLやCSSなどのデータを解釈して表示することを「レンダリング」と呼びます。ブラウザの種類によってレンダリングの解釈に違いがあるため、同じWebページでも閲覧する⚠️ブラウザによって表示に違いが出ることがあります 図1 。

本書で使用するWebブラウザ

Webブラウザの種類について見ていきましょう。パソコン用としてはMacならSafari、WindowsならMicrosoft Edgeなどが代表的で、それらはOSに最初からインストールされているWebブラウザでもあります。また、Mac、Windowsのどちらにも提供されているブラウザとしてGoogle Chrome、Firefoxなどがあります。1台のパソコンに複数のブラウザをインストールして使うことも一般的です。

スマートフォンにもWebブラウザはあり、iPhoneならSafari、AndroidならGoogle Chromeが最初からインストールされています。パソコンと同様に、各スマートフォンOSに対応しているWebブラウザを別途インストールして利用することもできます。

> **⚠️ POINT**
>
> バージョンの古いブラウザや、開発を終えたブラウザでWebサイトを閲覧すると、制作者側が意図していない形でレンダリングされ表示されてしまう場合もあります。

> **📝 memo**
>
> すでに開発を終えているWebブラウザには「NCSA Mosaic」やNetscape、Internet Explorerなどがあり、現在のPCやスマートフォンではインストールができません。特別な理由がない限りは、開発やサポートが終了したブラウザを利用することは避けましょう。

図1 デバイスやブラウザによって表示したときの印象は異なる

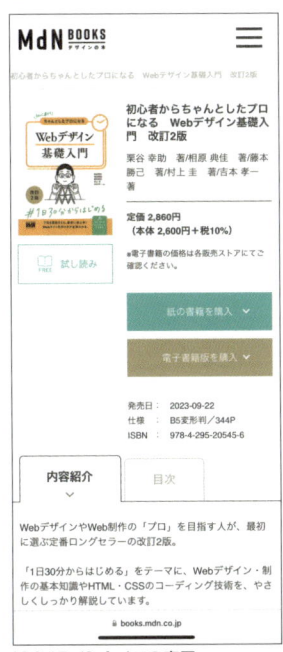

macOS Ventura／Google Chromeでの表示

iOS 17／Safariでの表示

　本書では、WindowsとMacの両方で使えるという観点からも有用な、Google Chrome（以下、Chrome）を使って解説していきます。もしお使いのパソコンにChromeがインストールされていない場合、**図2**のページからChromeをダウンロードしてインストールしてみましょう。

> **memo**
>
> スマートフォン用のChromeはAndroid版だけでなくiPhone版のものも開発されています。開発元もアプリケーション名も同じですが、Android版とiPhone版は中身は別物と考えましょう。

図2 Google Chromeのダウンロードページ

https://www.google.com/intl/ja_jp/chrome/

Lesson2 02

HTMLファイルは どうやって作るの？

THEME テーマ

Webサイトを作るためにはHTMLファイルやCSSファイルを用意しなければなりません。ここではHTMLファイルの作り方やサイトデータの保存・管理の方法を見ていきます。

「HTML」という言葉が持つ意味

多くのWebサイトはHTMLを使って作られています。HTMLとは、コンピュータとやり取りするためのマークアップ言語の一種で、「Hyper Text Markup Language」◯を略したものです。

「Hyper Text」は直訳すると「テキストを超える」といった意味で、情報と情報を結びつけるハイパーリンク機能を持ったテキスト文書であることを示しています。Webサイトでクリックしたときに別ページへ移動する仕組みがハイパーリンク機能で、リンクという呼び方のほうが一般的です。

マークアップとは、コンピュータが正しく文書構造を認識できるように、💡「タグ」と呼ばれる識別の記号を用いて意味づけを行っていくことをいいます。タグにはたくさんの種類があり、マークアップされたテキストはタグの種類によって「見出し」「段落」「表組み」などというように意味づけがなされます 図1。

➡ 17ページ、**Lesson1-03**参照。

memo

「Language」の単語が含まれていることからわかるように、HTMLは言語の一種です。言語というと、一般的には日本語や英語、アラビア語などの自然言語を思い浮かべますが、HTMLは人工言語の1つであるマークアップ言語で、コンピュータとやり取りするための言語です。

POINT

人間はテキストの中身を読んで意味を汲み取ることができるため、マークアップされていないテキスト文書でも「ここが見出し」「ここからここまでが本文」などのように、テキストの意味を大まかに理解できます。コンピューターは意味を汲み取ることができないため、タグによって目印をつける（マークアップする）ことでテキスト文書の意味を伝えるのです。

図1　文書をマークアップする前と後のイメージ

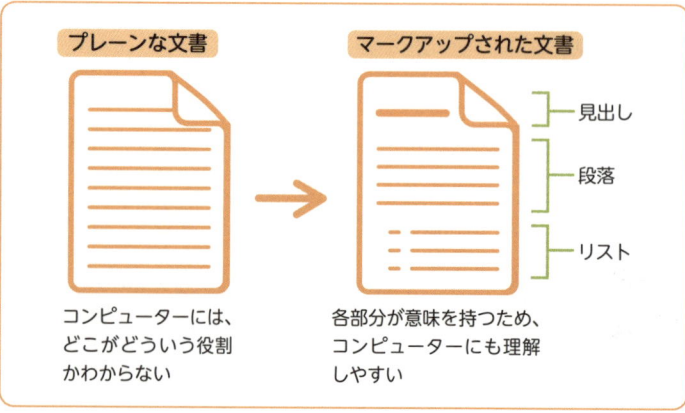

プレーンな文書 → マークアップされた文書

見出し
段落
リスト

コンピューターには、どこがどういう役割かわからない

各部分が意味を持つため、コンピューターにも理解しやすい

HTMLファイルの拡張子と開き方

通常のテキストファイルは「.txt」の拡張子で保存しますが、HTMLは「.html」の拡張子として保存することで、<mark>そのファイルがHTMLファイルだとコンピューターに認識されます</mark>。反対に、中身はHTMLのタグでマークアップされたテキストファイルでも、拡張子を「.txt」として保存してしまうと、コンピューターにはHTMLファイルとして認識されません。

HTMLファイルは通常の初期設定ではHTMLを閲覧するためのWebブラウザと関連づけられており、拡張子が「.html」とついたファイルをダブルクリックで開くと、自動的にWebブラウザが起ち上がり中身が表示されます 図2 。HTMLファイルの中身を編集したい場合は、編集用のアプリケーションから直接開きましょう。

図2 拡張子「.html」で保存したファイル

中身はマークアップされていない、ただのテキストを拡張子「.html」の形式で保存する

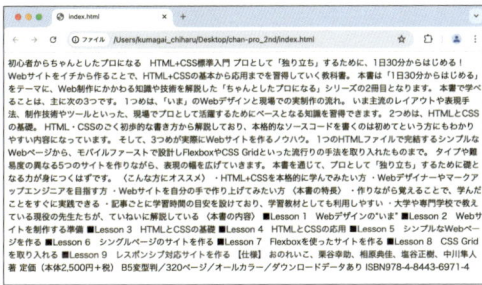

ファイルのアイコンをダブルクリックすると、一般的な設定ではWebブラウザが起動して、テキストの中身が表示される

Webサイト用のデータはまとめて管理する

Webサイトは、HTMLファイルやCSSファイル、JavaScriptファイル、画像ファイルなどの複数のファイルから作られています。

それらは別々に存在しているファイルですが、1つのWebサイトにつき1つのフォルダ（**ディレクトリ**）に、ファイル類をまとめて格納して保存・管理するのが一般的です。特別な理由がない限り、制作中のWebサイトのデータは1つのフォルダにまとめておきましょう。このような制作中のWebサイト用のフォルダを「作業フォルダ」といった呼び方をすることがあります 図3 。

POINT

同じように拡張子を「.css」としてテキストファイルを保存すると、コンピュータにはそのファイルがCSSファイルだと認識されます。CSSファイルを開く初期設定のアプリケーションは、お使いのパソコンのOSによって異なります。

memo

パソコンの設定によっては拡張子が非表示になっている場合があるため、その場合は必ず表示させる設定に変更しましょう。拡張子を表示するには、Macの場合は「Finder」の「環境設定」画面から「詳細」タブを表示し、「すべてのファイル名拡張子を表示」にチェックを入れます。Windows10/11では「エクスプローラー」を起動し、上部メニューの「表示」をクリックして「ファイル名拡張子」にチェックを入れます。

WORD ディレクトリ

「フォルダ」とほぼ同じ意味。ディレクトリといった場合、フォルダ内にフォルダが存在する階層構造そのものを指す意味合いが強い。また、Webサーバーで主に使われるUNIX系のOSではこのように呼ぶ。

Lesson 2 | Webサイトを制作する準備

41

図3 作業フォルダの例

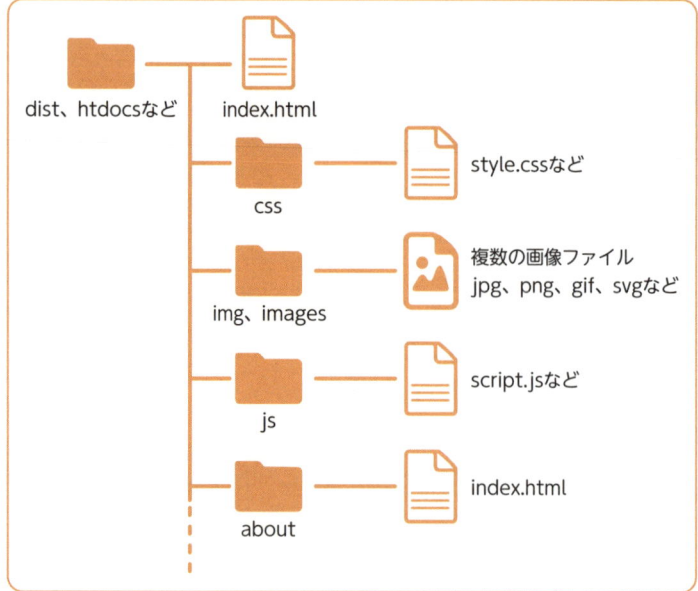

作業フォルダ自体の名前は「dist」(distributionの略)、「htdocs」(Hypertext Documentsの略)などのフォルダ名が使われることが多くある

　HTMLファイル名やWebサイトを制作する際のフォルダ名には、基本的に半角英数字をつけましょう。これは、データが格納されているWebサーバーでは日本語のファイル名に対応していない場合があるからです。

　アルファベットと数字はもちろん可能ですが、多くの記号は使えない場合があります。「.」(ピリオド)、「_」(アンダースコア)、「-」(ハイフン)であれば問題ないので、それらに留めておくのがよいでしょう。

Lesson2 03

60 min

コーディングに欠かせない テキストエディタ

THEME テーマ

Webサイトを作成するときには、HTMLやCSS、JavaScriptなどのソースコードを書くことに特化しているテキストエディタを使用します。そのうちのテキストエディタ「Visual Studio Code」について見ていきましょう。

効率的にコードを書けるテキストエディタ

HTMLやCSS、JavaScriptなどのソースコードはWindowsなら「メモ帳」、Macなら「テキストエディット」といった、OSに最初からインストールされているソフトウェアでも書くことができます。ただ、メモ帳などは単純なメモ書きを目的にしたソフトウェアのため、HTMLなどの**コーディング**には向きません。コーディング用に特化したテキストエディタ（コードエディタ）が多数リリースされていますので、それらを使いましょう。

コードエディタには、無料のものでは「Brackets」「Visual Studio Code」などがあり、有料のものでは「Dreamweaver」「WebStorm」などがあります。それぞれ特徴や機能、拡張性などが違います。

コードエディタは、HTMLやCSSのコードが色分けして表示する「シンタックスハイライト機能」や、コードの入力を補完してくれる「予測変換機能」が搭載されています。このため、メモ帳などのエディタに比べると、コードの可読性が格段に高く、効率的にコーディングが行えるのが特徴です 図1 図2 。

WORD コーディング

WebブラウザにWebページを表示させるために必要なHTMLやCSSのソースコードを書くこと。

memo

統合開発環境（IDE）と呼ばれる種類のテキストエディタ機能を含めたさまざまな機能を一つに統合した種類のものもあり、DreamweaverやWebStormはこれにあたります。

WORD 統合開発環境

IDEは「Integrated Development Environment」の略。ソフトウェアなどの開発に必要なエディタ、コンパイラなどのさまざまなツールを統合的に提供する。IDEとして提供されるエディタは、通常のエディタよりも高機能なことが多い。

図1 Macのテキストエディタ

```
5-ch_step3.txt
k!DOCTYPE html>
<html lang="ja">
<head>
  <meta charset="UTF-8">
  <title>簡単！肉じゃがの作り方</title>
</head>
<body>
<article>
  <h1> 簡単！肉じゃがの作り方</h1>
  <p> 煮崩れしにくい肉じゃがしレシピです。</p>
  <p><img src="recipe.jpg" alt=" 完成した肉じゃがの写真" width="800" height="400"></p>
材料
牛肉
じゃがいも
玉ねぎ
糸こんにゃく
調味料
水
手順
1. 具材を食べやすい大きさにカットします。
2. カットした具材を鍋に入れて炒めます。
3. 調味料と水を鍋に入れ、煮込みます。
4. じゃがいもに味がしみったら完成です。
ポイント：じゃがいもは煮物向きなメークインを使います
キットのご購入はこちら
```

コーディング専用のエディタではないため、コードを色分けして表示するなどの機能はない

図2 Visual Studio Code

コーディングを効率的に行うためのさまざまな機能がついている

Visual Studio Codeの特徴

ここからは、コードエディタとしてWindowsとmacOSの両方に対応しており、制作現場でもよく使われているVisual Studio Code（以下、VS Code）の使い方を紹介します。

VS Codeは、Windowsなどで有名なマイクロソフト社が開発しているプログラミング用のエディタです。多くのプログラミング言語に対応しており、**Python**などを使った本格的なアプリケーション開発はもちろん、本書で取り上げるHTMLやCSSのコーディングにも活用できます。本格的なプログミングをする人にとっては欠かせない**Git**や**GitHub**などとの統合も可能であることから、人気の高いエディタです。

また、VS Codeには最初から含まれている機能以外にも、追加で機能を選んで増やせる「拡張機能」という仕組みがあります。==VS Codeのテキスト編集機能はデフォルト機能だけでも優れたもの==ですが、便利な拡張機能が多数リリースされていますので、必要に応じて導入してみるとよいでしょう。

VS Codeのインストール

VS Codeのダウンロードページにアクセスします 図3 。OSの種類やバージョンで分かれているので、VS CodeをインストールしたいOS（使用しているパソコンのOS）のバージョンを選んでダウンロードし、インストールしてください。

図3 **Visual Studio Codeのダウンロードページ**

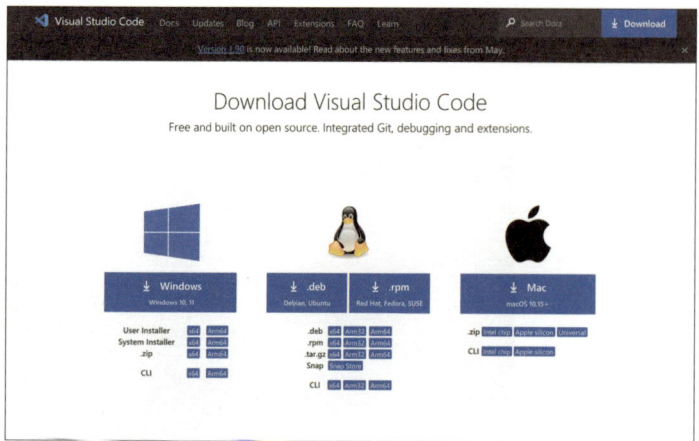

Windows、Linux、macOSそれぞれのバージョンがあるので、選んでダウンロードする
(https://code.visualstudio.com/download)

memo

Visual Studio Codeは、略称として「VS Code」（ヴイ・エス・コード）と呼ばれる場合があります。

WORD **Python**

パイソン。プログラミング言語の一つで、読みやすく書きやすい平易な文法でプログラムが書けることから、WebアプリやAIの開発に活用されている。

WORD **Git**

34ページ、Lesson1-08参照。

WORD **GitHub**

34ページ、Lesson1-08参照。

memo

コーディングに特化したエディタの中でも、よく使われるものは時代によって変遷します。執筆時点（2024年7月現在）ではVisual Studio Codeに人気が集まっています。その時期その時期で、各エディタにどの程度の機能が含まれているかなどの理由で、人気も移り変わるので、「いま人気のエディタ」を試してみるのもよいでしょう。

表示を日本語化する

　VS Codeの初期設定では表示が英語となっているため、日本語の表示に変更してみましょう。日本語化には、拡張機能を利用します。

　画面の左側にあるメニューボタンで「Extenstions」をクリックし、検索欄に「japanese」と入力します。一番上に表示される「Japanese Language Pack for VS Code」を選び、「Install」ボタンをクリックします 図4。ほかの拡張機能も、同様の手順で導入できます。

　インストール後、設定を有効化するには再起動が必要です。インストールした後に画面の右下に表示される「Change Language and Restart」をクリックすると、VS Codeが再起動され、日本語化されます 図5。

図4 「Extenstions」からインストールできる

❶ クリック
❷ 入力
❸ 選択
❹ インストール

図5 再起動すると日本語化が有効になる

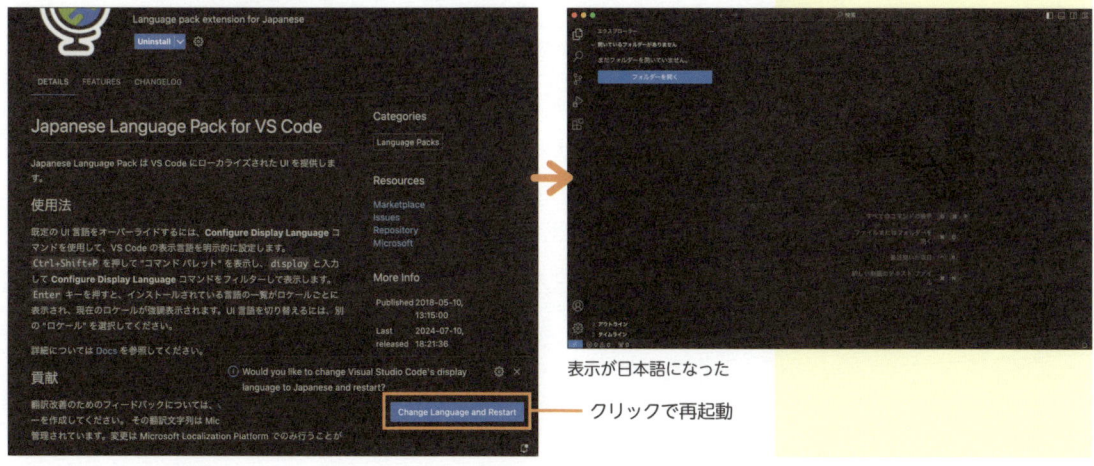

表示が日本語になった

クリックで再起動

設定のカスタマイズ

　VS Code は、自分の好みや使い方に合わせて設定を変更すると
さらに使いやすくなります。設定変更の方法を見ておきましょう。
画面左下の歯車状の「管理」アイコンをクリックし、表示される項
目のうち「設定」をクリックして表示される設定の画面から変更が
できます 図6 。

図6 「管理」から設定を開く

　変更できる設定項目は多岐に渡るため、すべての項目を確認し
ようとすると膨大な時間がかかります。VS Code では「よく使用す
るもの」が上部にまとまっているので、その中から2つ挙げておき
ます。

　まず、「Files: Auto Save」の項目をデフォルトの「off」から
「onFocusChange」に変更しておきます。ファイルの自動保存の設
定で、保存し忘れを防げるようになります 図7 。

　次に、「Editor: Font Size」を「14」以上の数字にします。文字サイ
ズの設定で、設定画面上は変わりませんが、コーディング画面に
戻ると文字サイズの表示が大きくなります 図8 。

　設定画面で、デフォルトから設定変更した項目は、項目名の左
側に線が表示されるため、どの項目が変わったのかを確認できま
す。

図7 「Files: Auto Save」の項目を変更

図8 「Editor: Font Size」を「16」に変更

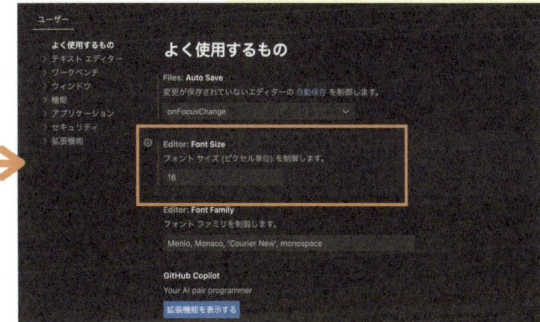

デフォルトから設定を変えたものは、項目名の左側に茶色の線が表示される

画面の構成

VS Codeの画面構成を見ていきます 図9 。画面の一番左にある、先ほど使用した「拡張機能（Extenstions）」など7つのボタンが並んでいるエリアは「アクティビティバー」と呼ばれ、ボタンで使用する機能の切り替えを行います。アクティビティバーで選択している機能によって、画面内の表示される項目が変わります。一番上にある「エクスプローラー」は一番使用頻度の高い機能の一つです。また、ウィンドウの右上にある4つのボタンでは、画面のレイアウトの切り替えを行います。

> **memo**
> 「アクティビティバー」に表示されるアイコンは、導入した拡張機能によっては増えます。

図9 VS Codeの画面構成

アクティビティバー　プライマリサイドバー　　　　編集画面　　　　　　　　　　　　　　　　　　表示レイアウトの切り替え

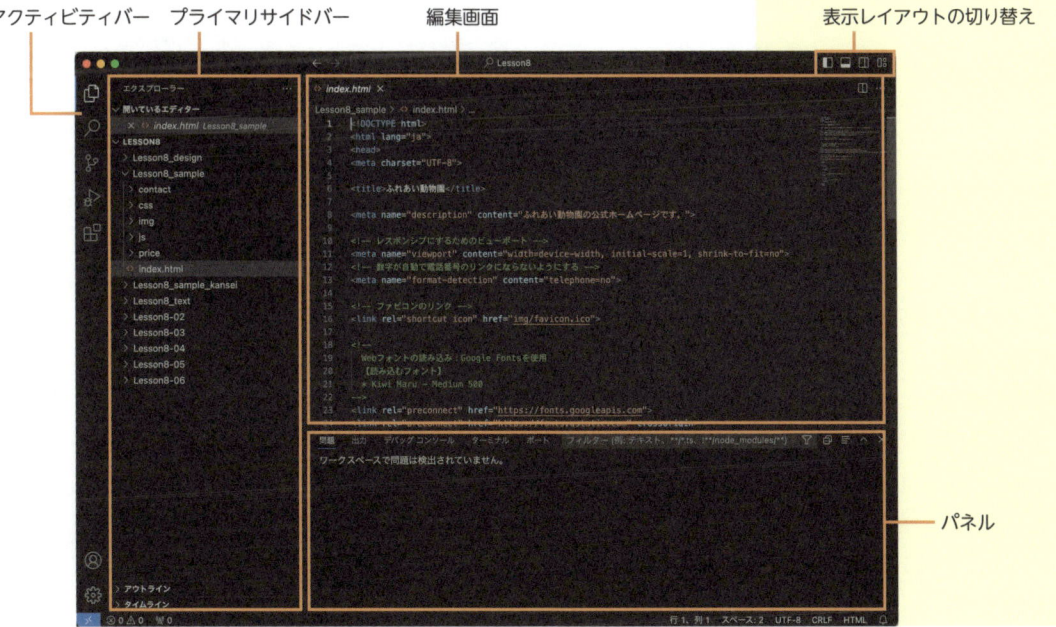

パネル

ファイルの読み込み

Webサイトのコーディングは、自身のパソコン上でサイトのデータを管理するフォルダを決めて、その中で作業することになるため、VS Codeで編集を行う際は作業するフォルダを決めると作業がしやすくなります。

VS Codeを起動し、エクスプローラーをクリックすると、「プライマリサイドバー」の部分に「フォルダーを開く」のボタンが表示されます図10。クリックして、作業するフォルダを選択して開くと、プライマリサイドバーに選択したフォルダと格納されているファイルがツリー状に表示されます。編集したいファイルを選ぶと画面中央でソースコードやテキストの編集を行えるようになります。

> **memo**
>
> フォルダを選択する際、「このフォルダー内のファイルの作成者を信頼しますか?」という確認画面が表示されます。自身で作成されたファイルやファイルの作成者に問題がなければ、「はい、作成者を信頼します」のボタンをクリックしてください。

図10 エクスプローラーからフォルダやファイルを開く

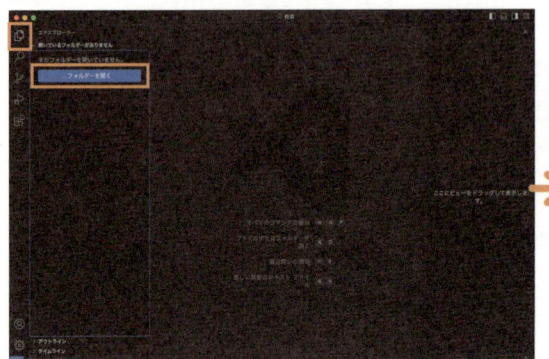 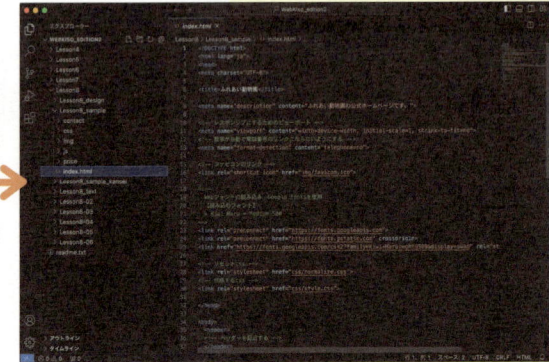

フォルダを選択して、HTMLファイルを開いた画面

HTMLやCSSを入力する

HTMLファイルやCSSファイルを新規作成するには、Ctrl（Macでは⌘）＋Nキーを押します。あるいは画面上部の「ファイル」メニューで「新しいテキストファイル」を選んでください。先にファイル形式を確定させるため、Ctrl（⌘）＋Sキーを押して、ファイル名を任意のものに変え、保存場所・ファイル形式を選択して保存します図11。「ファイルの種類（T）：」（Macでは「Format：」）でHTMLを選ぶと「.html」に、CSSを選ぶと「.css」、JavaScriptであれば「.js」の拡張子がついて保存されます。

HTMLファイルやCSSファイルの場合、ソースコードが内容に応じた色別に表示されます図12。

図11 新しいファイルを作成して保存する

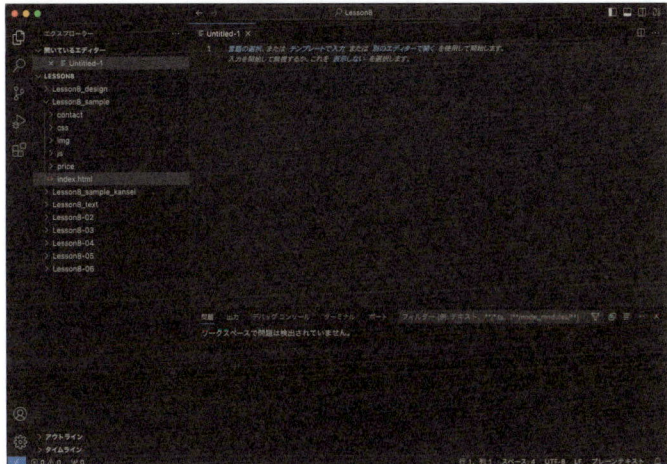

新しいファイルを作成したところ

保存場所・ファイル形式を選択する。ファイル形式によって、拡張子が自動的に変わる

> **! POINT**
>
> フォルダを開いているときに、別のフォルダを開いて作業したい場合、Ctrl（Macでは⌘）＋Shift＋Nキーで新しいウィンドウを作成しましょう。「ファイル」メニュー→「新しいウィンドウ」でも同じ操作が可能です。

図12 CSSファイルの表示

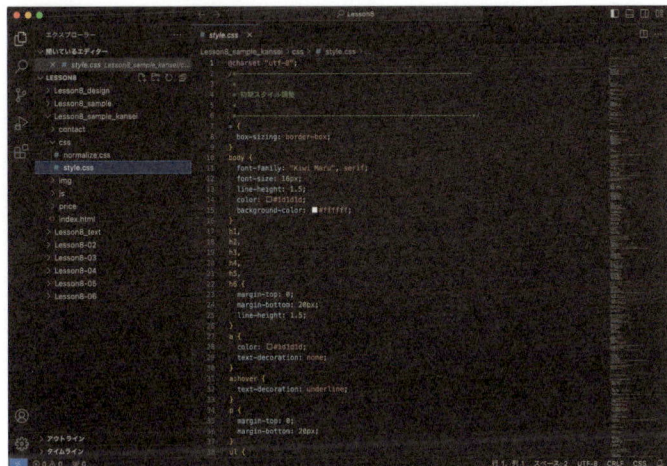

ソースコードの内容に応じて、自動的にテキストの表示色が変わる

シンタックスカラーの変更

VS Codeでは、あらかじめ用意されているいくつかのテーマの中から**シンタックスカラー**の変更も可能です。左下の「管理」から「テーマ」→「配色テーマ」で変更します。また、拡張機能で新しい配色テーマを追加することができます。VS Codeの操作に慣れてきて、より自分好みの配色テーマにカスタマイズしたいときは追加で導入してみるのもいいでしょう。

> **WORD ▶ シンタックスカラー**
>
> コーディングエディタでプログラムのソースコードを表示する際、ソースコードの意味や内容に応じて文字色を区別して表示してくれる機能を「シンタックスハイライト」といい、文字に割り当てられる表示色を「シンタックスカラー」を呼ぶ。

Lesson2 04

45 min

デベロッパーツールを使いこなそう

THEME
テーマ

Google Chromeに付属している「デベロッパーツール」、通称「開発者ツール」の機能や使い方を学んでいきましょう。Webサイトの制作を進める上で役立つ機能が備わっているため、作業の効率化を図れます。

デベロッパーツールの便利な点

Google Chrome（以下、Chrome）にはデベロッパーツール（Developer Tools）というWebサイトを作る際に役立つツールが最初から付属しています。Webサイトの制作過程でデバッグ（検証）を行うための豊富な機能を搭載したもので、他のWebブラウザにも同様の開発者向けツールは備わっていることが多いです。

デベロッパーツールには、HTMLやCSSのコードがどのように書かれているかや、HTMLの要素に対してCSSのスタイルがどのように適用されているのかを、Webブラウザの画面の中で確認できる機能があります。例えば、HTMLに書いたはずのCSSが適用されていないといった場合に、エディタでHTMLやCSSのファイルを開かなくても、すぐに原因を調べることができるため、非常に便利です。

デベロッパーツールを起動してみよう

デベロッパーツールを起動するにはChromeを起ち上げ、チェックしたいWebページを開いている状態で、Ctrl＋Shift＋Iキー（Macでは⌘＋option＋Iキー）のショートカットキーを押すとデベロッ

memo

Chromeの画面内をマウスで右クリックし、コンテキストメニューの中から「検証」を選んでも、デベロッパーツールを起動できます。また、Chromeのアプリケーションメニューで「表示」→「開発/管理」→「デベロッパーツール」を選ぶ方法もあります。

図1 右クリック→コンテキストメニューで「検証」を選ぶ

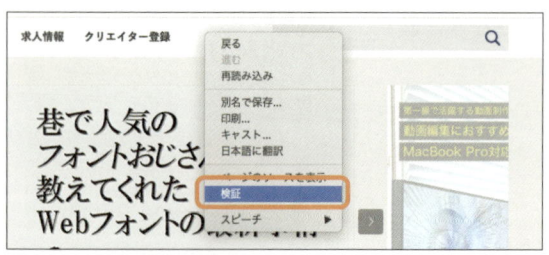

パーツールが起動します図1。

　デベロッパーツールが起動すると、Webページを表示していた画面の下部にコードが表示されるエリアが現れます。このエリアには、タブメニューで表示が切り替わる「パネル」と呼ばれる機能をまとめた画面が並んでいます。

　また、タブメニューの左側には、矢印のアイコンとデバイスモードのオン／オフを切り替えるアイコンが並んでいます図2。矢印アイコンをオンにすると、Webページ上で検証したいHTMLの**要素**をクリックして選択できるようになります。

　デバイスモードのアイコンをオンにすると、デベロッパーツールがデバイスモードになり、表示画面の上部にツールバーが表示されます。このツールバーを使うとスマートフォンやタブレットなど、デバイスの画面幅に応じたWebページの表示状態を確認できるようになります図2。

WORD ▶ 要素

HTMLで、開始タグ・終了タグとその内側の内容をまとめて「要素」と呼びます。詳しくは60ページ、Lesson3-01参照。

図2 デベロッパーツールの画面

デバイスごとの画面幅に表示を切り替えるツールバー

矢印のアイコン

デバイスモードのアイコン

矢印のアイコンとデバイス切り替えのアイコンは、オンで青い表示、オフになっている場合はグレーで表示される

パネル（タブメニュー）

デベロッパーツールの機能

デベロッパーツールにはさまざまな機能がありますが、ここでは「Elementsパネル」についてかんたんに解説します。

Elementsパネルを開くと、HTMLの要素をツリービュー形式で表示した「DOMツリービュー」が左側に表示されます。また、選択中のHTMLの要素に適用されているCSSのスタイルが右側のサイドバーに表示されます 図3 。

DOMツリービューには <body> や <div> などのタグが表示されます。このとき、「▼ <body>」のように、開始タグの手前に下向きの矢印▼や右向きの矢印▶が表示されています。右向き矢印▶は、そのタグの内側にさらに要素が入れ子となっているのを表します。矢印部分をクリックすると内側の要素を開閉でき、開いた状態では矢印が下向き▼に変わります 図4 。

memo

右クリック→コンテキストメニューでデベロッパーツールを起動した場合は、選択している要素が選ばれています。このとき、選択中の要素にCSSのスタイルが適用されていれば、右側のサイドバーにclass名とスタイルが表示されます。

図3 Elementsパネルと右側のサイドバーの役割

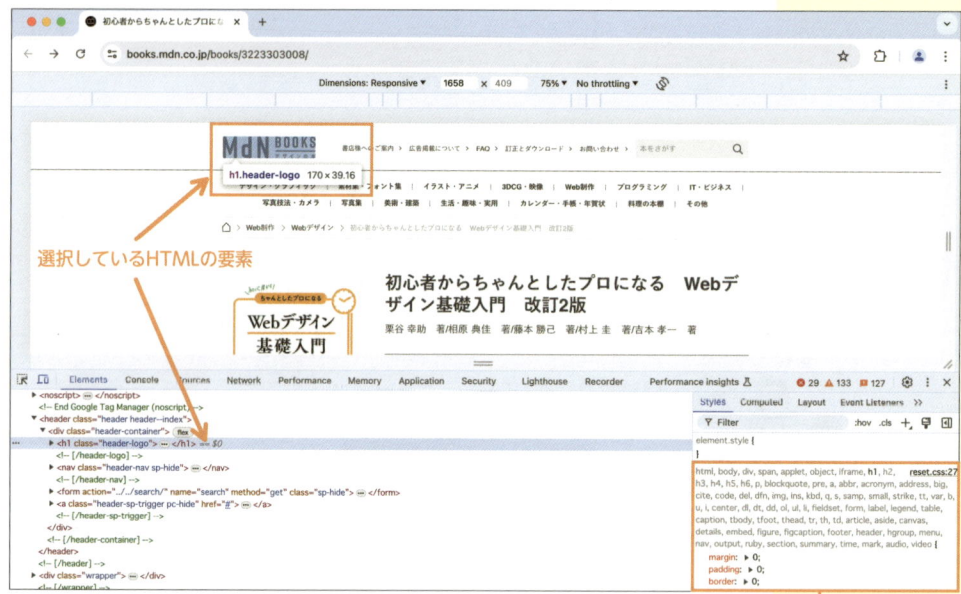

選択しているHTMLの要素

選択中の要素に適用されているCSSのスタイル

図4 内側の要素を開閉する矢印

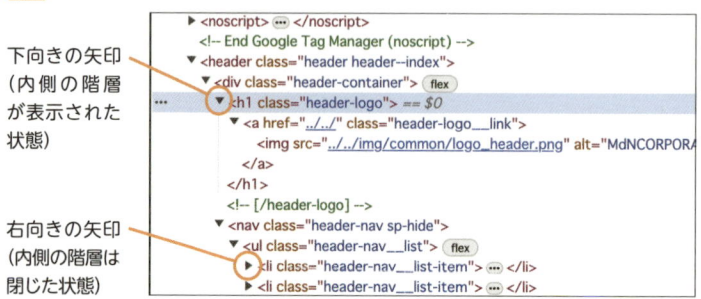

下向きの矢印（内側の階層が表示された状態）

右向きの矢印（内側の階層は閉じた状態）

　もし選択した要素のスタイルに記述間違いやスペルミス、存在しないCSSのプロパティ名などがあった場合、黄色の「⚠️マーク」が表示されますので、正しい記述になるよう修正します 図5 。

　また、例えば <div class="pages"> 要素を DOM ツリービューで選択しているとき、右側のサイドバーにclass属性である pages のスタイルが表示されていない場合、Webブラウザが該当のセレクタ⏩を見つけられていないという状態です。その場合、class名に表記ミスがある可能性が高いです 図6 。

⏩ 66ページ、**Lesson3-02**参照。

図5　スタイルにエラーがあるときの表示例

「width」が「with」になっている例

図6　該当のセレクタを見つけられている・いないときの差

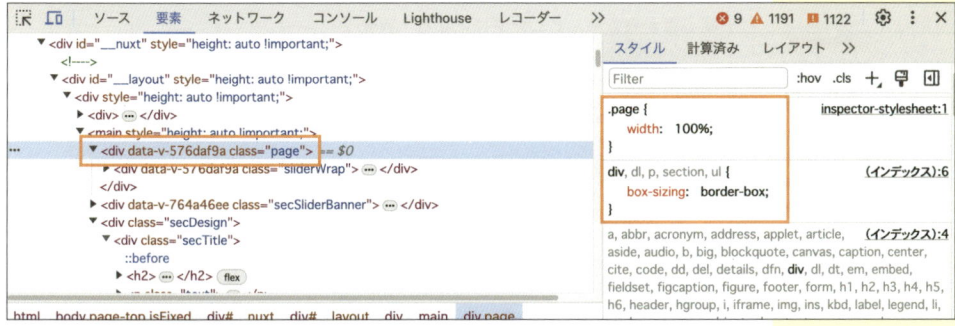

左側で選択中の要素に適用されているスタイルが、右側に表示される。図では「<div class="page">」と対応するclassセレクタ「.page」のスタイル指定が右側に表示されている

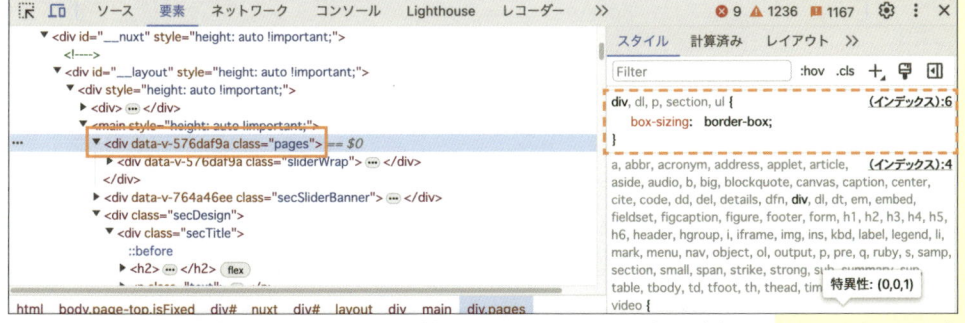

本来のclass名は「page」だが、図ではHTMLのclass名が「pages」となっているため、ブラウザが該当のセレクタを見つけられず、右側に該当のスタイルが表示されない

デバイスモードでの表示の切り替え

スマートフォンやタブレットPCなど、画面幅の狭い端末での表示を確認するときは、デバイスモードに切り替えます。矢印アイコン右の「デバイスモードアイコン」をクリックしましょう。すると、上部に表示されるツールバーを使って、画面幅や表示端末を仮想的に切り替えて表示確認できるようになります。

上部のドロップダウンメニュー部分で「Responsive」が選択されていれば、Webページ表示エリアの右側などにあるハンドルをドラッグして、任意の表示サイズに変更できます 図7。

特定の端末の表示を確認したい場合は、上部のドロップダウンメニューで「iPhone」や「Samsung Galaxy」「iPad」などを選ぶと、端末ごとの表示を確認可能です。

図7 表示幅やサイズの切り替え

デベロッパーツールは多機能のため、初心者の方が使いこなすまでに少し時間がかかるかもしれません。操作に慣れると便利なツールですので、本書のコーディングでもし手順どおりに進めているのにうまく動かないときに、デベロッパツールを使って原因を探ってみるとよい練習になるでしょう。

Lesson2
05
30min

Webサイトの公開には
サーバーが必要

THEME テーマ

Webサイトをインターネット上に公開して、ユーザーが閲覧できる状態にするにはWebサーバーが必要になります。本章の最後に、Webサーバーの仕組みや通信方式のFTPについても学びましょう。

Webページが表示される仕組み

　Webサイトを見るためには、Webブラウザが必要であると述べました⊕。パソコンやスマートフォンなどの端末とWebブラウザを合わせて「クライアント」と呼びます。Webサイトを構成しているHTML、CSSなどのデータは ⚠️**Webサーバーに保存されています**。

　パソコンやスマートフォンのWebブラウザのアドレスバーにWebサイトのURLを入力すると、インターネットを通じてアドレスがサーバーに送信されます。そして、サーバーからはWebページのデータなどをクライアント側に送信することで、ブラウザでWebサイトが閲覧できるのです 図1。

➡️ 38ページ、**Lesson2-01**参照。

WORD サーバー

ネットワーク上でサービスを提供しているコンピュータとシステムのこと。サーバーは企業などの団体が管理していることが多いが、個人でサーバーを構築して、管理することもできる。

⚠️ POINT

クライアント側をローカル環境、サーバー側をリモートとも呼びます。Webサイトをインターネット上で公開するためにはサーバーが必要ですが、自分が使っているパソコン（ローカル環境）で表示・閲覧するだけであれば、サーバーは不要です。作成したHTMLファイルをパソコンに保存し、Webブラウザで開くことで表示されます。

図1 サーバーとクライアントのやり取り

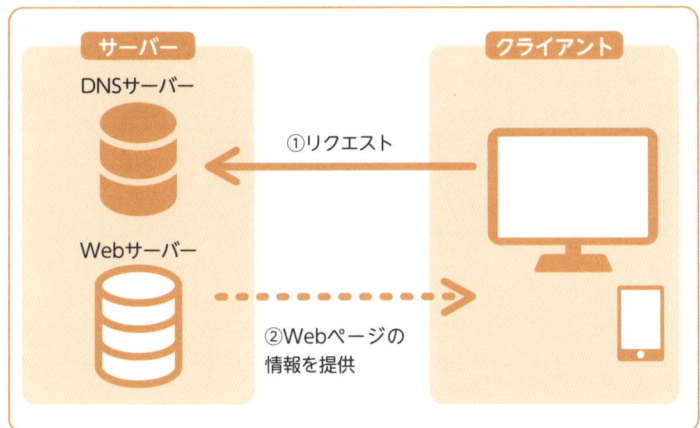

サーバー
DNSサーバー
①リクエスト

クライアント

Webサーバー
②Webページの情報を提供

Webページが表示されるまでの、クライアントとサーバーのやり取りを詳しく見ていきます。

ユーザーがWebブラウザに入力するURLには「**ドメイン**」が使われています。例えば、URL「https://www.mdn.co.jp」であれば、「mdn.co.jp」の部分がドメインで、「日本のエムディエヌコーポレーションのWebサイト」であることを示すものです。

ドメインは人間にはわかりやすいものですが、コンピューターには単なる文字の集まりにしか見えません。そこで、ドメインを「IPアドレス」と呼ばれるコンピューターが理解しやすいものに置き換えて伝えます **図2**。IPアドレスはドメインを「136.144.52.195」などのような数字で表したものです。

ドメインをIPアドレスに変換する仕組みが「DNS（ドメイン・ネーム・システム）」で、それを実行するのが「DNSサーバー」です。クライアントからWebブラウザを通じてドメインが送信されると、DNSサーバーはクライアントにIPアドレスを返します。さらに、クライアントはIPアドレスをサイトのデータがあるWebサーバーに送り、WebサーバーはWebページの情報をクライアントに送信することでWebページが表示されるのです。

WORD ▸ ドメイン

Webページのインターネットでの場所を示す住所のようなもの。まったく同じ住所は2つ存在しないように、ドメインも固有のもの。

memo
ドメインの取得方法については、98ページのColumn参照。

図2 Webページが表示されるまでのやり取り

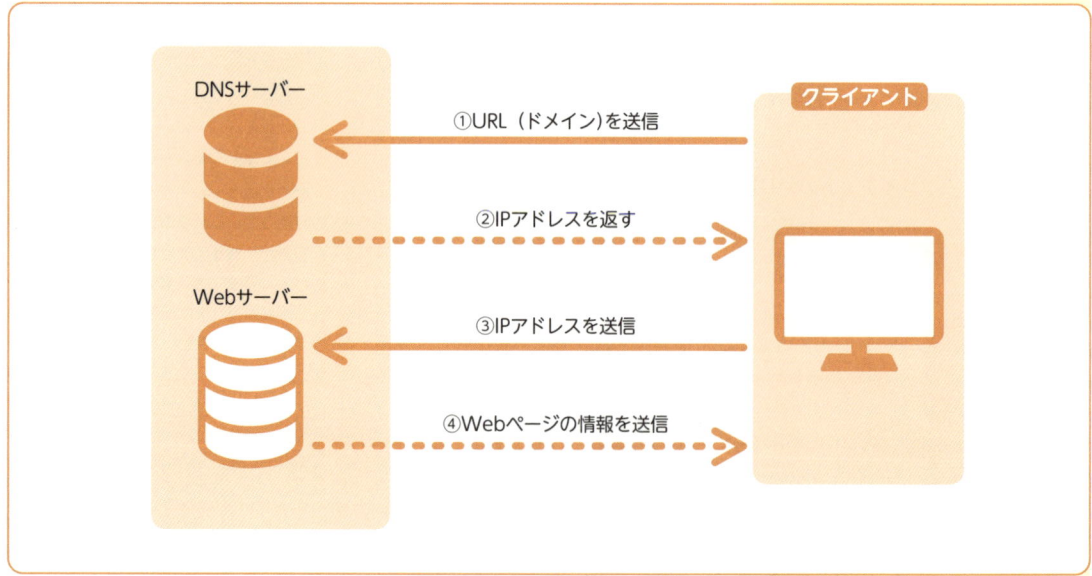

DNSサーバー

クライアント

①URL（ドメイン）を送信

②IPアドレスを返す

Webサーバー

③IPアドレスを送信

④Webページの情報を送信

サーバーを用意するには

　Webサーバーは、ホスティングサービス事業を提供している会社と契約を結び、サーバーの領域を借りる利用方法が一般的です。こうしたホスティングサービス会社に料金を支払い、サーバーを借りる利用形態のサーバーを「レンタルサーバー」と呼びます。

　レンタルサーバーのうち、1つのサーバーを複数のユーザーで使用するのが「共有サーバー」といい、1つのサーバーを1ユーザーで独占して利用するのが「専有サーバー」です。

　専有サーバーは共有サーバーに比べて、機能面・性能面ともに優れていますが、使用料は高額になります。また、専有サーバーを管理するための専門職であるサーバーサイドエンジニアの役割を自分たちで担わなければなりません。一方で共有サーバーであれば、月額の使用料は数百円から数千円程度が一般的です 図3。

　はじめてWebサーバーを借りる場合、特別な事情がない限りは共有サーバーを借りることになるでしょう。サーバーを選ぶ際、値段やサーバーのスペックを比較するだけでなく、わかりやすいマニュアルがあるかどうか、管理画面はわかりやすく使いやすいかどうかなども選定材料となります。たいていのレンタルサーバーには無料期間があるため、その期間内で試してみるとよいでしょう。

Lesson 2 | Webサイトを制作する準備

> **memo**
> 他にも、「クラウドサーバー」や「VPS」という種類のサーバーもあり、これらもまたメリット・デメリットがあり、サーバーに関する知識のある人が管理することになります。

図3 共有サーバーと専用サーバーの比較

	共用サーバー	専用サーバー
利用形態	複数ユーザーで共有	1者・1社専用
料金	安い	高い
利用の難易度	低い	高い
利用の自由度	低い	高い
セキュリティ	比較的高い	設定次第で高い
他ユーザーの影響	受ける場合がある	受けない
すぐ利用開始できるか	可能	不可（設定が必要）
適したサイト	小規模サイト	大規模サイト、複数の用途向け
担当者の専門知識	それほど必要ではない	専門知識が必要

サーバーにデータをアップロードするFTPクライアント

レンタルサーバーを借りた後、Webサイトが表示されるようにするには、サーバーにデータをアップロードしなければなりません。アップロード中に使われる通信方式を「FTP」といい、FTP通信によるデータの送受信には、「FTPクライアント」と呼ばれるアプリケーションを利用します。

大手のレンタルサーバーの場合、Webブラウザ上でFTP通信によるアップロード／ダウンロードを行えるサービスを提供している場合もありますが、FTPクライアントを利用できるようにしておくとよいでしょう。

FTPクライアントは有償・無償にかかわらず、さまざまなものがリリースされています。主なものに「FileZilla」「Cyberduck」「Transmit」などがあります 図4 。また、コーディング用エディタにはFTPクライアントの機能を搭載しているものもあるので、それらのエディタを利用する場合もあります。

図4 FTPクライアントの例

アプリケーション名	対応OS	価格	
FileZilla	Windows ／ Mac	無料	https://filezilla-project.org/download.php
Cyberduck	Windows ／ Mac	無料	https://cyberduck.io/download/
WinSCP	Windows	無料	https://winscp.net/eng/download.php
Transmit	Mac	5,400円（無料試用7日間）	https://panic.com/jp/transmit/

価格は2024年7月現在のもの

HTMLとCSSの基礎

HTML・CSSの書き方を基本から解説していきます。テキスト情報をHTMLでマークアップ（意味づけ）し、マークアップした要素のデザインやレイアウトをCSSで整えていくという基本的な流れをつかみましょう。

読む　　練習　　制作

HTMLの基本

Lesson3
01
60
min

THEME
テーマ

本節では基本的なHTMLの書き方、全体の構成について学びます。HTMLファイルにはさまざまなタグが使われますが、大枠を構成する<head>、<body>と、それらの内部に記述する主要なタグを見ていきます。

マークアップの基本

通常のテキスト文書をマークアップ（＝意味付け）していくには、HTMLの「タグ」と呼ばれるパーツを記述していきます。HTMLとは「Hyper Text Markup Language」の略で、**テキストに意味付けをする（＝マークアップする）言語です。** HTMLを使って書かれた文書を「HTML文書」と呼び、「.html」という拡張子で保存します。

タグはそれぞれ意味を持っており、**図1**のように、意味付けしたい文字列をタグで挟むように記述するのが基本です。こうすることで、ここは見出し、ここは箇条書きリスト、というように文字列に役割が与えられ、コンピュータが文書を理解できるようになります。

図1　マークアップの基本形

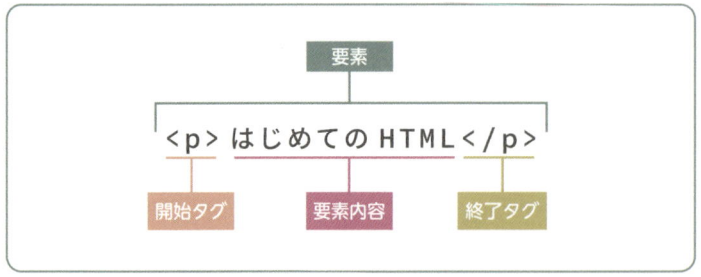

! **POINT**

なぜマークアップが必要なの？
Webサイトは人間の目に触れる前にコンピュータ（Webブラウザ）が読み取るものです。通常のテキスト文書だと、ブラウザにとってはどこが見出しなのかどこが重要な情報なのか、などがわかりません。そのため、ブラウザに情報を正確に伝えるマークアップが必要になるのです。コンピュータに正確に伝えることで、ユーザーがgoogleなどで検索した際に、より精度の高い検索結果を得ることができます。

Webページを構成するための基本テンプレート

HTML文書の作成にはWebページを構成するためのテンプレートを使います。テンプレートは 図2 のようになっています。<html> タグの中は大きく <head> タグと <body> タグに分かれており、<head> タグ内にはこのHTML文書についての情報を、<body> タグ内には実際にWebページに表示される情報を書いていきます。

図2 HTMLテンプレート

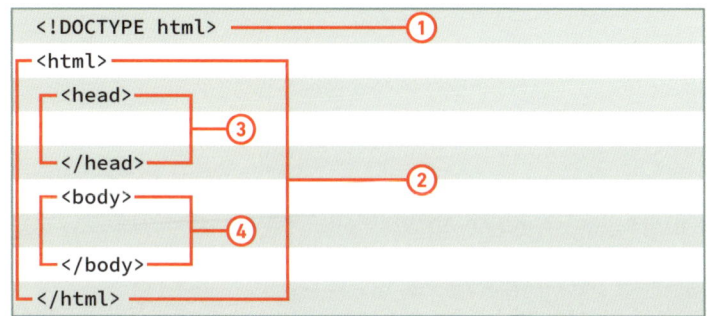

memo

HTMLのテンプレートは毎回必要なものなので、あらかじめこのテンプレートをテキストファイルとしてどこかに用意しておき、HTML文書を作るたびにコピー&ペーストしてもよいでしょう。タイプミスを防ぐこともできます。94ページではVS Codeを使ったHTMLのテンプレート作成を紹介しています。

① DOC TYPE 宣言

この文書がどのバージョンのHTMLで書かれているかを示します。図2 のものはHTMLが最新のバージョンであることを示しています。

② <html> タグ

<html> 〜 </html> が HTMLで書かれていることを示します。

③ <head> タグ

<head> 〜 </head> は、メタ情報（文書に関する情報）と呼ばれる情報や、ブラウザへの指示を記述していく場所です。<head> タグ内に記述した情報は、基本的にブラウザウィンドウに表示されません◯。

詳細は62ページ参照。

④ <body> タグ

<body> 〜 </body> は、ブラウザ上に表示させるもの（ページの内容）を記述していく場所です。Webページの本体であり、一般にコードが一番長くなるところです◯。

詳細は63ページ参照。

<head>タグ内に書くもの

メタ情報

　<head>タグ内に記述した内容は、基本的にWebページ上には表示されません。人間の目には見えなくてもコンピュータにとっては重要である「文書についての付帯情報」を主に記述します。具体的には、このWebページがどこの国の言語で書かれているかや、文字化けしないための文字コードの情報、レスポンシブに対応させるための情報など、Webページの内容には直接関わりのないものです。このような「情報についての情報」のことを、「メタ情報」といいます。

図3　<head>タグ内の記述例

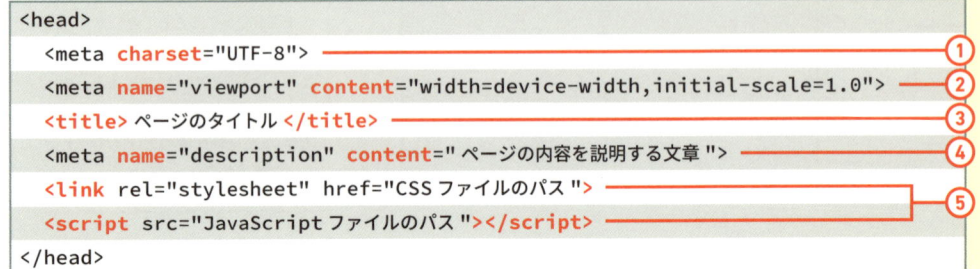

```
<head>
    <meta charset="UTF-8">                                              ①
    <meta name="viewport" content="width=device-width,initial-scale=1.0">  ②
    <title> ページのタイトル </title>                                    ③
    <meta name="description" content=" ページの内容を説明する文章 ">      ④
    <link rel="stylesheet" href="CSS ファイルのパス ">                    ⑤
    <script src="JavaScript ファイルのパス "></script>
</head>
```

<head>タグの構成

　<head>タグ内に記述するメタ情報には主に <meta> タグを使用します。その他、メタ情報以外にもサイトのタイトルなども記述します。<head> タグ内に書ける情報はたくさんありますが、**図3** にある情報は最低限記述するようにしましょう。

① 文字コード

　メタ情報なので <meta> タグを使います。このようにタグに属性をつけることで、タグの意味をより限定的にすることができます。
　ここでは charset 属性を使い、文字コードが UTF-8 であることを示しています。ダブルクオーテーションで囲まれた部分が属性値になります。<meta> タグには終了タグがありません。

② ビューポート（表示領域）

　レスポンシブ対応のための設定です。文字コードと同じく <meta> タグを使いますが、こちらは name と content という2つの属性を使い、閲覧するデバイスの幅に合わせて最適化して表示

させる指定です。

③ ページタイトル

<title> タグを使います。ここに書いた情報はブラウザのタブ部分に表示されたり、検索エンジンの検索結果にページ名として表示されます。<title> タグは1ページに1つだけ記述します。

④ ディスクリプション

ビューポートのように name 属性と content 属性を使います。Web ページを要約した内容を content の値に記入します。ここで書かれた内容は、Web ページ内には表示されませんが、検索結果にサイトタイトルと一緒に表示されることがあります。必ずしも表示されるわけではありません。

⑤ 外部ファイルの読み込み

外部ファイルとは、このHTML文書をデザインするために使うCSSファイルやJavaScriptファイルのことです。これらを <head> タグ内で読み込むことで、CSS や JavaScript が適用されます。CSSファイルは <link> タグで、JavaScriptファイルは <script> タグでそれぞれ読み込ませます。<script> タグには終了タグがあるので忘れないようにしましょう。

<body>タグ内の構成

<head> タグがWebページの付帯情報を記述する場所だったのに対し、<body> タグには、実際のWebページの内容を記述していきます。まずは簡単なマークアップをしてみて、それからWebページのおおまかな構成についても学びましょう。

簡単なマークアップ

HTML文書を作成し、<body> タグ内に 図4 のような記述をして実際にブラウザで表示させてみましょう。

使用ブラウザは、本書では Google Chrome を推奨しています。

memo
HTMLファイルをブラウザで表示させるには、ファイルをダブルクリックして開くか、ファイルアイコンをブラウザへドラッグ＆ドロップします。

図4　簡単なマークアップの例

```
<h1>はじめてのHTML</h1>
<p>bodyタグの中身がブラウザ上に表示されます。</p>
```

ここで記述した <h1> タグは見出しを意味し、<p> タグは段落の
かたまりであることを意味します。

　sample.html という名前で保存し、ブラウザで表示させましょ
う 図5 。見出し部分が大きく、段落部分が小さく表示されます。
コンピュータが見出しと段落を認識したためです。次に、タグだ
けを消した状態で再びブラウザに表示させてみてください。見出
しと段落の区別がなくなり、改行も反映されないただの文字列に
なってしまいました。

　このように、コンピュータに認識させるためにマークアップは
必要不可欠と言えます。

図5　マークアップされた文書とされていない文書

マークアップされた文書

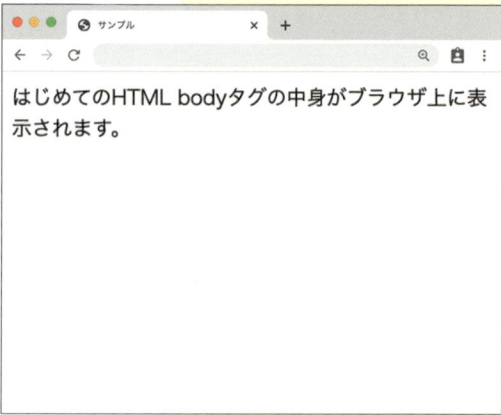

マークアップされていない文書

Webページ全体のレイアウト

　<body> タグの中、つまり Web ページは、大きく <header> タグ、
<main> タグ、<footer> タグの3つ（場合によっては <aside> タグ
を含む4つ）に切り分けることができます 図6 。

図6 Webページの構造例

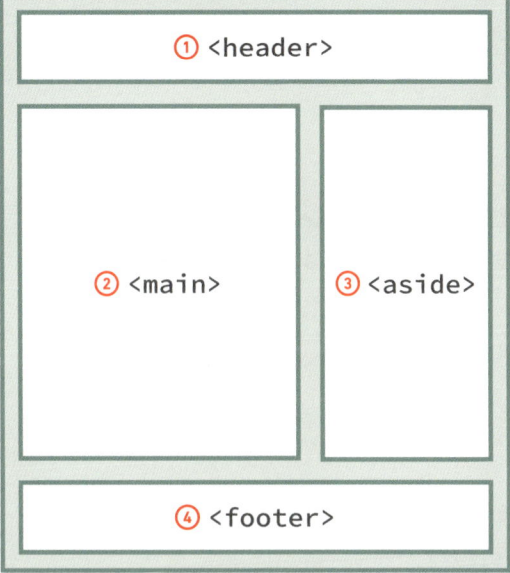

① **\<header\> タグ**

　ヘッダーであることを示します。ページのヘッダーにはロゴやグローバルナビゲーション（メニュー）など、主にWebサイト内で各ページ共通のパーツが入ります。メタ情報を記述する\<head\>タグと間違わないようにしましょう。また、\<header\>タグはページのヘッダーとしてだけでなく、記事やセクション●のヘッダー部分にも使えます。

74ページ、**Lesson3-04**参照。

② **\<main\> タグ**

　ページ内のメインコンテンツとなるエリアを示します。\<main\>タグは1ページに1つまで使用可能です。

③ **\<aside\> タグ**

　asideは「余談」という意味で、このページになくても差し支えないような補足情報を示します。脚注や、広告バナーなどを入れる際に使われます。\<aside\>タグの中に\<main\>タグを入れることはできません。また、\<aside\>タグはWebページに必須なものではないので、記述しなくても問題ありません。

④ **ページフッター**

　\<footer\>タグを使います。サイトマップやコピーライト情報などを入れることが多いです。ページヘッダーと同様、共通パーツが入ったり、ページフッター以外としても使えます。

CSSの基本

THEME テーマ HTMLでマークアップした文書は、見栄え的にはとてもシンプルです。これに色をつけたりレイアウトをしていくのがCSSの役割です。ここでは、CSSの基本的な書き方や特性について学んでいきましょう。

CSSとは

CSSは「Cascading Style Sheet」の略で、HTML文書をスタイリングし、デザインしていく言語です。HTMLが文書構造を作るマークアップ言語だったのに対し、CSSは見栄えを整えていくのが専門です。HTMLファイルとは別にCSSファイルを作って記述していきます。そしてHTMLファイル側で読み込み設定⊕を行うことで、CSSファイルに書いた内容がHTMLファイルに適用されます。

CSSファイルの拡張子は「.css」です。

→ 68ページ参照。

基本の書き方

CSSは、セレクタ、プロパティ、値の3つから成り、「どこの」「何を」「どうする」という形になっています。

図1 CSSの基本構造

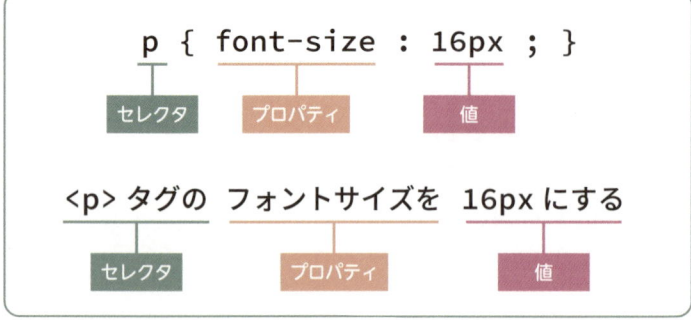

ℹ memo
CSSはHTMLファイル内に書くこともできますが、コンピュータによる読み込みやすさなどを考慮して、マークアップの記述とスタイルの記述は分かれているほうが好ましいとされています。もしHTMLファイル内に記述する場合は、\<head\>タグ・\<body\>タグいずれかの中に\<style\>タグを記述し、その中にCSSを書きます。もしくは、直接タグの中に属性として書くこともできます。

セレクタの種類

図1のようにタグ名のpがセレクタとなっているものを「要素セレクタ」といいます。その他にもセレクタにはいくつか種類があります。実際の使用例は各参照ページで確認しましょう。

全称セレクタ ●

```
*{color:#333;}
```

使用例：69ページ図3、102ページ図3 Lesson4-01参照。

すべての要素へのスタイル指定に使います。セレクタをアスタリスク「*」にします。

要素セレクタ ●

```
p{color:#333;}
```

使用例は69ページ図3参照。

タグ名がセレクタとなるパターンです。pならすべての<p>タグに適用されます。

子孫セレクタ ●

```
article p{color:#333;}
```

使用例は91ページ図4、Lesson3-08参照。

「<article>タグの中にある<p>タグ」のように指示箇所を限定するパターンです。親子関係はスペースで表します。

複数セレクタ ●

```
h1,h2{color:#333;}
```

使用例は129ページ図2、Lesson4-08参照。

「<h1>タグと<h2>タグに共通のスタイル指定をしたい」といった場合に使用します。カンマで区切ります。子孫セレクタと混同しないようにしましょう。

class セレクタ ● /id セレクタ ●

```
p.text{color:#333;}
p#attention{color:#333;}
```

使用例は87ページ図4、Lesson3-07参照。

使用例は186ページのColumn参照。

タグにclassやidと呼ばれる任意の名前をつけることによって、ピンポイントにスタイルを適用させることができます。

class名の頭にはドット「.」を付け、id名の頭には半角シャープ「#」を付けます。上記の1行目は、<p>タグの中でもtextというク

ラス名が振られた <p> タグにのみ指定、2行目は <p> タグの中でも attention という id 名が振られた <p> タグにのみ指定、という意味になります。要素名を省略して class 名／ id 名だけをセレクタにすることもできます⊙。

classとidの詳細は88ページの**Point**や186ページの**Column**参照。

属性セレクタ

```
input[type="text"]{color:#333;}
```

フォームのデザインでよく使われるセレクタです。指定した属性や属性値を持つ要素へのスタイル指定ができます。上記の例は、type 属性の値が text になっている <input> タグへの指定になります⊙。

実際の使い方については145ページ、**Lesson4-12**参照。

CSSの特性

CSS は上から順番に読み込まれていくため、値違いの記述を下方ですると情報が上書きされます⊙。

これを CSS の「上書き特性」といいます。この特性を利用して、CSS ファイルの上方には全体の共通の指定を書いていき、下方で例外の部分などを上書きしていきます。全称セレクタを使った指定も上方に書いておくといいでしょう。

CSSの特性については、186ページの**Column**も参照。

CSSを書く準備

Lesson3-01⊙で作った sample.html の保存場所と同じフォルダに、style.css を作成しましょう。次に、sample.html の <head> タグ内で <link> タグを使って CSS ファイルを読み込ませます⊙。

sample.html と style.css は同じフォルダ内にあるので、パスは 図2 のように書きます（パスの書き方については「相対パスと絶対パス」を参照してください⊙）。

64ページ、**Lesson3-01**参照。

62ページ 図3 、**Lesson3-01**参照。

76ページ、**Lesson3-04**参照。

図2 CSSファイルを読み込む記述（HTMLの<head>タグ内）

```
<link rel="stylesheet" href="style.css">
```

memo

Lesson3-01 で、sample.htmlのタグ部分を削除したままになっている場合は、<h1>タグと<p>タグを再度記述しておいてください。

簡単なCSSを書いてみよう

　CSSにはHTMLのような長いテンプレートはありませんが、文字コードの指定だけ1行目に記述します。続けて 図3 のように記述し、保存します。

　保存できたら、HTMLファイルに反映されたか確認するために、sample.htmlをブラウザで表示させてみましょう。 図4 のように表示できていたら完成です。

図3　style.cssに記述する内容

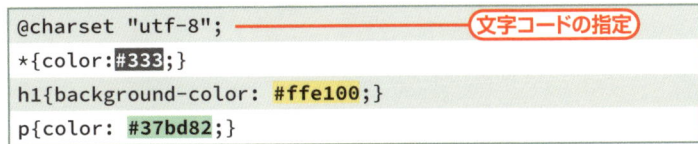

```
@charset "utf-8";          ——————— 文字コードの指定
*{color:#333;}
h1{background-color: #ffe100;}
p{color: #37bd82;}
```

図4　CSSをHTMLファイルに読み込ませた結果

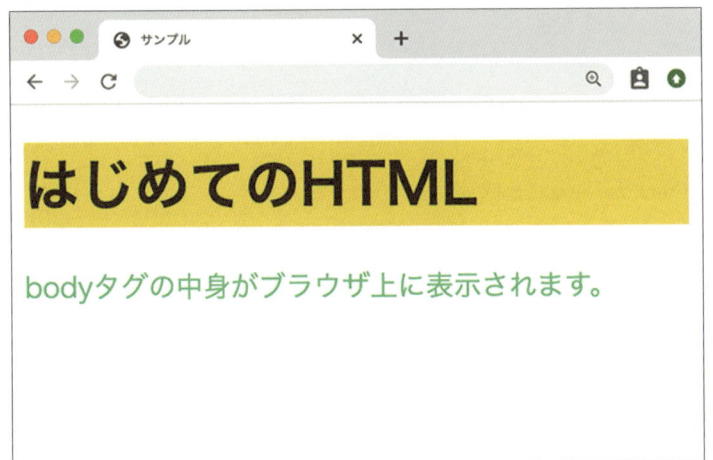

　図3 のstyle.cssでは、まず全称セレクタを使ってすべての要素の文字色を黒に近いグレー（#333）に指定していますが、4行目で <p> タグの文字色を緑にするよう上書きをしているので、結果として見出しの文字色だけがグレーになります。また、<h1> には背景色を指定するbackground-colorプロパティを使って、見出しの背景が黄色になるよう記述しています。

> **memo**
> カラーコードは6桁ですが、ゾロ目のカラーコードは3桁に省略することができます。ここでは#333333を#333と省略しています。

Lesson3 03

45 min

コンテンツモデルと
ボックスモデル

THEME テーマ

HTMLタグは7つのカテゴリに分類されており、タグごとに入れ子にできるカテゴリが決まっています。またタグの性質と切り替え、さらにブロックレベル性質における、ボックスモデルという概念についても学びます。

コンテンツモデル

HTML5と同時に生まれた「コンテンツモデル」という考え方のもと、すべてのタグは7つのカテゴリに分類されます。そしてタグごとにどのカテゴリを囲めるかが決まっています 。

> **memo**
> 複数のカテゴリに属するタグもあります。

図1 コンテンツモデル7つのカテゴリ分け

フロー・コンテンツ
p / a / section / ul などほぼすべてのタグが属する。

インタラクティブ・コンテンツ
a / button / input / select などユーザーが操作できるタグ

フレージング・コンテンツ
a / br / button / iframe / img / em / small / span など文章中に出現することのあるタグ

エンベディッド・コンテンツ
img / svg / video / audio など画像やオーディオを埋め込むタグ

メタデータ・コンテンツ
meta / title / link / script など head内に書くタグ

ヘッディング・コンテンツ
h1～h6　見出しを表すタグ

セクショニング・コンテンツ
section / article / aside / nav など文書構造を作るタグ

要素の性質

要素には「ブロックレベル」と「インライン」と呼ばれる性質があります。コンテンツモデルのカテゴリ分けと完全にリンクするわけではありませんが、「ヘッディング・コンテンツ」「セクショニング・コンテンツ」はブロックレベルの性質を持ち、「フレージングコンテンツ」「インタラクティブコンテンツ」「エンペディッド・コ

> **memo**
> 図1の表は暗記する必要はありません。本書の演習をやりながら少しずつ身につけていきましょう。

ンテンツ」にはインライン性質を持つものが多く含まれます。また、例外的な性質を持つタグもあります 図2 図3 。

図2　ブロックレベル性質

header, main, nav, footer, section, article, h1~h6, p など。
- コンテンツのかたまり（＝ブロック）をマークアップする
- 幅や高さを CSS で指定できる
- CSS で幅の指定をしない限り、要素の幅は親要素（次節で解説）の幅いっぱいになる
- ブロックレベル性質の要素の後は改行される

図3　インライン性質

em, strong, small など。
- 文章中（＝インライン）の一部をマークアップする
- 幅や高さを CSS で指定できない
- インライン性質の要素の後は改行されない

displayプロパティで性質を切り替える

もともとインラインの性質を持つタグに、CSS の display プロパティを適用することで、インラインからブロックレベルの性質に変えることもできます。また、両者をかけ合わせたインラインブロックという性質にすることもできます 図4 。

> **memo**
>
> HTML4.01まではコンテンツモデルが存在せず、タグはブロックレベル要素とインライン要素の2つ（と例外要素）に分けられていました。これらの要素の分け方は現在のバージョンでは廃止されていますが、タグ自体の性質としてブロックレベル、インライン、というものは残っています。

> **! POINT**
>
> **例外的な性質をもつ**
> **<img>タグと<a>タグ**
> 画像を表示させる<img>タグは、後ろに改行が入らないタグ（＝インラインの性質）ですが、同時に幅や高さの指定ができるタグ（＝ブロックレベルの性質）でもあります。
> また、ハイパーリンクを作る<a>タグは、インラインの性質を持っていそうに見えますが、「親要素の性質を継承する」という性質を持っています。これにより、<a>タグの親要素がブロックレベル性質を持つ場合に、<a>タグでブロックレベル性質を囲うことができます。

図4　要素の性質の切り替え

`display:block`
- 幅・高さを指定できる
- 要素の後は改行される

改行

`display:inline`
- 幅・高さは指定できない
- 要素の後は改行されない

要素内容に応じてサイズは変わる

`display:inline-block`
- 幅・高さを指定できる
- 要素の後は改行されない

インラインのようであり、幅や高さを指定できる

ボックスモデルとは

ブロックレベルの性質を持つタグには、CSSで幅（width）・高さ（height）・内余白（padding）・境界線（border）・外余白（margin）を指定することができます 図5 。この5つの領域の概念をボックスモデルと呼びます。

図5 ボックスモデルの構成要素

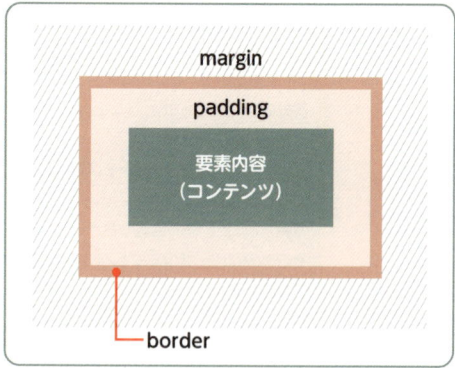

ボックスモデルの計算方法

次ページの 図6 は、<p> タグに対してwidthとpadding、borderを指定した状態です。

ボックス全体の幅（オレンジ色のボーダーまで含めた幅）を300pxにしたい場合、「width:300px」と書きたくなりますが、widthが適用されるのはコンテンツ部分のみです（heightも同様）。そのためwidth:300pxと書くと、「300px + 左右のpadding + 左右のborder」の値がボックス全体の幅となってしまいます。

このように、デフォルトのボックスモデルでは、見た目の幅・高さと、実際のwidth、heightの値が一致しません。

ただしこれは、CSSのbox-sizingプロパティを使って一致させることができます。

図6 はどちらも <p> タグに「width:300px」という指定をしています。paddingとborderの設定も🅐🅑同じです。

ただし🅐には「box-sizing: content-box」を指定し、🅑には「box-sizing: border-box」を指定しています。

🅑の「box-sizing: border-box」を使用すると、見た目の幅とwidthの値を一致させることができます。

図6　ボックスモデルの切り替え

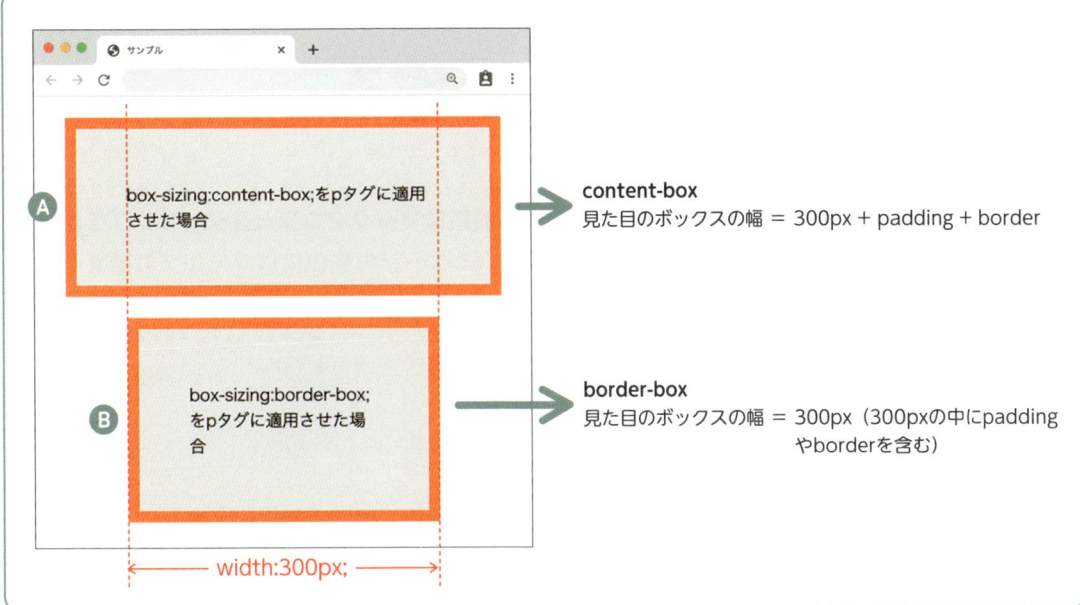

content-box
見た目のボックスの幅 ＝ 300px ＋ padding ＋ border

border-box
見た目のボックスの幅 ＝ 300px（300pxの中にpaddingやborderを含む）

余白、境界線の指定方法

　paddingとmarginは、値を複数書くことで、上下左右を個別に指定することができます。

　また、ボーダーはborderプロパティで太さ、形、色をまとめて指定します 図7 。

図7　余白と境界線のCSS

```
padding: 10px;
         四辺

padding: 10px 20px;
         上下  左右

padding: 10px 20px 30px;
         上    左右   下

padding: 10px 20px 30px 40px;  ← 時計回り
         上    右    下    左
```

※ marginも同じです。

```
border: 2px solid #000;
        太さ  形     色
```

solid（実線）、dotted（点線）、double（二重線）など

> **memo**
>
> 一辺にだけ余白や境界線をつけたい場合は、プロパティに「margin-right」、「border-bottom」のように辺（top、bottom、right、left）を追記します。

> **! POINT**
>
> **インライン性質には paddingやmarginが効かない？**
>
> paddingと左右のmarginはインライン性質のタグにも指定できます。上下のmarginは無視されます。また、上下のpaddingは指定できますが、行間は変わらないので無視されたように見えてしまいます。
>
> ちなみにインライン性質のタグでは幅と高さの指定が無視されるため、ボックスモデルという概念とは異なります。

Lesson3 04

Webページの
セクションを作る

45 min

THEME
テーマ HTMLとCSSの基本がわかったところで、実際にマークアップとスタイリングを作り込んでデザインしてみましょう。また、Webページの制作にはフォルダの構成も重要なポイントとなりますので、フォルダの構成やパスの書き方についても学びます。

フォルダ構成

　フォルダを新規作成し、任意の名前をつけます。ここでは「doc」としています。そしてdocフォルダの中に「index.html」を作成します。

　docフォルダの直下（すぐ内側）にindex.htmlを置くことで、Webサイトではトップページの位置付けになります。CSSは、図1 のように「css」フォルダを作り格納しましょう。

図1 フォルダの構成例

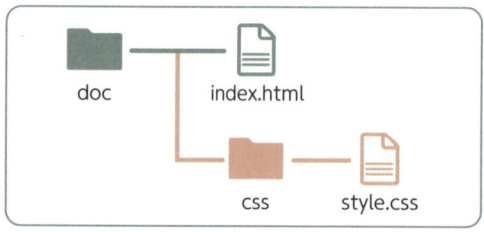

> **memo**
> CSSファイルが増えても、cssフォルダにひとまとめにしておけば構成がわかりやすくなります。

情報の章立てをしてみよう

　まずindex.htmlにテンプレートと、<head>タグの中身を記述しておきます➡。

　次に<body>タグ内に 図2 のコードを記述しましょう。

➡ 62ページ、**Lesson3-01**参照。

図2 キャンペーン文のマークアップ

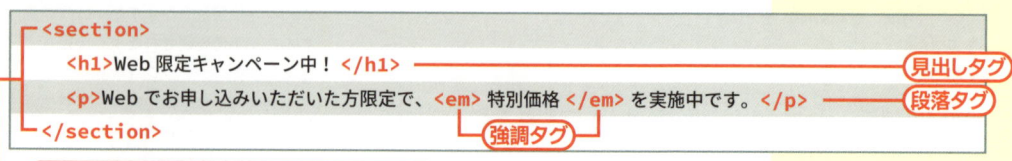

```
<section>
    <h1>Web 限定キャンペーン中！ </h1>                              見出しタグ
    <p>Web でお申し込みいただいた方限定で、<em> 特別価格 </em> を実施中です。</p>   段落タグ
</section>                              強調タグ
```

ひとつの章のかたまりを示す <section> タグ

ここでは、キャンペーンの文章をマークアップしています。

<section>タグは章を作るタグで、<h1>や<p>などのタグを囲むことができます。そして、さらに<p>タグの中には<em>タグが入れ子になっています。<em>タグは文章中の「キーワード」を強調するタグです。このようにHTML文書は、通常の文書と同じく章立てが重要です。マークアップをしっかりすることで、コンピュータがページ全体の構成や意味を理解しやすくなります。

<memo>
<section>タグと同じように文章のエリアを作るタグに、<article>タグがあります。<article>タグは、その部分だけ独立させてもコンテンツとして成り立つ場合に使います。article＝記事なので、ブログやお知らせのような記事に使われます。

タグの基本は入れ子構造

<section>や<article>タグのように、他のタグを囲み入れ子構造にすることで、HTMLは文書の構造を作り込みます。ただし、なんでも入れ子にできるわけではなく、タグによって入れ子にできるタグ・できないタグが決まっています。例えば、図2の<em>タグは<p>タグで囲むことはできますが、逆に<p>タグを囲むことはできません○。

70ページ、**Lesson3-03**参照。

入れ子の外側にいるタグを「親要素」、中を「子要素」と呼びます。また、タグとタグをクロスさせることはできません 図3 。

図3 **タグの基本ルール**

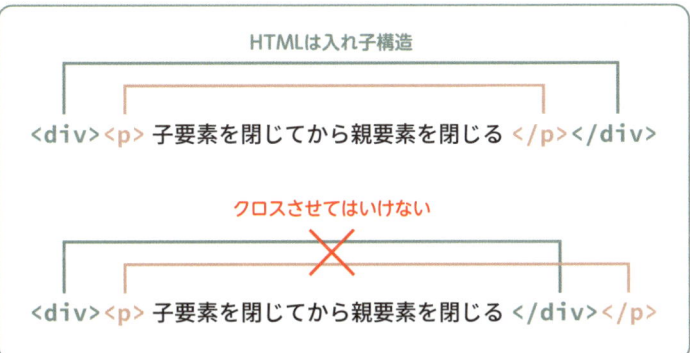

セクションと見出しの関係

1つのsectionには1つの見出しタグが必要です。見出しタグは<h1>〜<h6>まであり、<h1>はそのページ内で最も大きな見出しとなります。セクションの中にさらにセクションを作る場合、見出しはひとつレベルを下げます（次ページ 図4 ）。

図4 セクションと見出しの関係

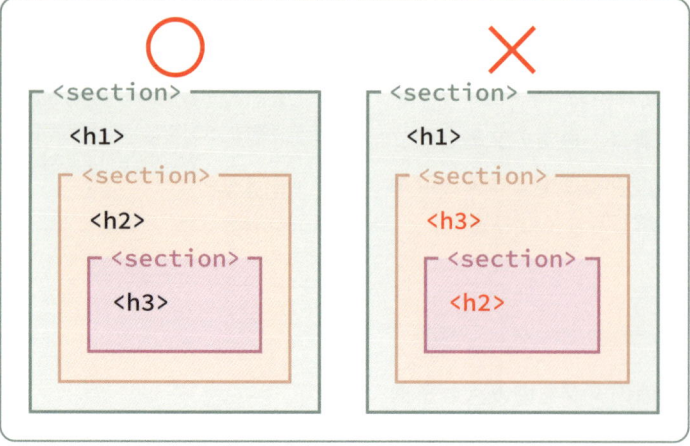

CSSファイル作成と読み込み設定

図1のフォルダ構成で示した場所にstyle.cssを新規作成します。そして、HTMLファイル側で読み込みの設定をしておきます。

```
<link rel="stylesheet" href="cssファイルのパス">
```

hrefのところにはCSSファイルの「パス」を記述します。パスとはURLのようなもので、「相対パス」と「絶対パス」の2種類の書き方があります。

相対パスと絶対パス

相対パスとは、パスを記述するファイル（ここではindex.html）から見た位置で指定します。index.htmlからstyle.cssの位置をたどると、index.html（現在地）→cssフォルダ→style.cssと階層を下っているので、この場合の相対パスは「css/style.css」となります。

それに対し、絶対パスはURLを丸々記述する方法なので、「http://www.example.com/css/style.css」のように長くなります。また、このレッスンで作っているWebページはサーバーにアップロードしておらずURLを持っていないので、絶対パスでの指定はできません。

! POINT

相対パスで、逆にstyle.cssからindex.htmlをたどると、今度はstyle.css（現在地）→cssフォルダ→index.htmlと階層を上がっています。階層を上がる記述は「../」です。つまり相対パスは「../index.html」となります。

CSSを書いてみよう

　セクション全体に背景色を塗り、見出しの文字色を変えてみます。さらに強調するキーワードを太字にします。

　背景色や文字色など、色を指定するプロパティの値には、yellowやblueなど色の名前を記述することもできますが、ここでは6桁のカラーコードを記述し、緑がかった水色を指定します。

　次に、h1タグの文字色を白にします。文字色はcolorプロパティを使用します。

```
section{background-color: #3eb6bd;}
h1{color: #fff;}
em{font-weight:bold;}
```

　index.htmlをブラウザで表示させて、図5 のように表示できていたら完成です。

図5　表示結果

memo

CSSを適用させない状態でもh1タグのテキストが大きく表示されたり、<em>タグのテキストが斜体になっているのは、ブラウザ（ここではGoogle Chrome）が独自に持っているデフォルトのスタイルシートが指定されているからです。もちろんこれは自分のCSSファイルで上書きすることができます。デフォルトCSSはブラウザごとに若干異なるため、Webの制作現場では、一度すべてのデフォルトスタイルをリセットする「reset.css」や、デフォルトを活かしつつ標準的なスタイルにする「normalize.css」などを読み込ませてからスタイリングしていくことが多いです。reset.cssやnormalize.cssはネット上で無料で配布されていますので、必要に応じて利用するとよいでしょう。

画像の配置とさまざまな単位

Lesson3 05

THEME テーマ
画像の配置には<img>タグを使います。<img>タグは「空要素」と呼ばれる、終了タグのないタグです。ここではタグに属性を追加する方法や、Web制作で用いられるさまざまな単位について学びます。

画像を配置するタグ

<img>タグには終了タグがないので、何も囲むことができません。しかし<img>と書くだけでは、どの画像を表示するのかという情報が足りないため、属性を使って情報を追加していきます 図1。

図1 <img>タグと属性

```
<img src="img/cat.jpg" alt=" 座っている猫の写真 ">
```
src 属性で画像のパスを記述　　alt属性で代替テキストを記述

alt 属性に記述する代替テキストは、目の不自由な方が使う音声ブラウザで読み上げられる情報となります。大切な情報ですので、必ず記述するようにしましょう。読み上げる必要のない、装飾の画像などには「alt=""」と記述し、空であることがわかるようにしておきます。

大きさを指定する際に使える単位

CSS で幅 (width)、高さ (height)、内余白 (padding)、ボーダー (border)、外余白 (margin) を指定する単位には、Web特有のさまざまなものがあります。

px
「100px」のように、ピクセルで絶対指定します。

! POINT

幅と高さの指定
<img>タグにおいては、「<img src="" alt="" width="100" height="100">」というように、属性という形で幅と高さを指定することができます（単位はピクセル）。属性で書いておくことのメリットは、ページの読み込み時に、画像が完全に読み込まれて表示されるまでの間、先に幅や高さが読み込まれてエリアを確保してくれるため、読み込み時の表示崩れが起こらないことです。width属性（幅）・height属性（高さ）の記述は必須ではありません。また、CSSで幅・高さを指定している場合、CSSで指定したサイズが優先されます。

%

親要素の幅や高さに対して何％かを決めます。ただし、高さに％を指定する場合、親要素の高さがautoになっていると無視されます。

vw

vwは「viewport width」の略です。ブラウザの画面幅をもとに指定します。%に似ていますが、vwは画面幅をもとにするので、親要素のサイズは関係ありません。また、高さの指定にも使えるので、画面幅をもとに高さを指定したいときに便利な単位です。

vh

vhはviewport heightの略です。ブラウザの画面高をもとに指定します。

em

フォントサイズによく使われる単位です。1emは1文字分という意味。親要素に指定されたフォントサイズをもとに何文字分、と算出します。幅や高さなどに使用する際は、要素自体にフォントサイズが指定されていれば該当要素のフォントサイズが基準になります。

rem

rはrootの略。<body>タグより外側に存在する<html>タグ（＝ルート）に指定されたフォントサイズをもとに何文字分、と算出します。emに似ていますが、該当要素や親要素のフォントサイズがいくつであっても、ルートを基準にします。

max-widthとmin-width

最大幅（max-width）と最小幅（min-width）を指定することができます。例えば<img>タグで置いた画像を、width:1200pxにしたとします。閲覧者が1200pxより狭いモニタを使っていた場合、画像がはみ出てしまいます。そこで「max-width:100%」をいっしょに指定しておけば、「基本は1200pxで、100%を超えることはない」ということになります。その逆でmin-widthは「基本30%で、200pxを下回ることはない」というように、幅が小さくなりすぎないように使います。

! POINT

高さの指定

どうしても必要にならない限り、高さは指定しないほうがよいでしょう。レスポンシブWebデザインを考えると、たくさんのデバイスの幅に対応させるため、幅を相対指定にすることが多くなります。その際にheightを指定しなければ、初期値のheight:autoが適用され、画像が歪まないように自動で高さを算出してくれます。幅も高さもがちがちに指定してしまうと、思わぬところで歪んだり、はみ出してしまうことがあります。

---

memo

はみ出してしまうimg要素に個別で「max-width:100%」を指定するのではなく、すべてのimg要素に対して一律で指定してしまっても、大きな問題は起きないため、その方法でも問題ありません。

画像関連のタグとプロパティ

次に、<img>タグ以外に覚えておきたい画像関連のタグやCSSプロパティを紹介していきます。

<figure> タグ

<figure>タグは、画像、イラスト、ソースコードなどを表すときに、⚠️本文から独立して利用できるものに用いるタグです。その部分だけ抜き出しても意味が成立するようなものに対して使います。また、<figure>タグの子要素に<figcaption>タグを使用することができ、これはキャプション文を入れる際に利用します 図2 。

> **⚠️ POINT**
>
> <figure>タグの「独立して利用できる」という考え方が少し難しいのですが、これは逆に「独立して利用できない場合」を考えるとわかりやすいでしょう。例えば、見出しテキストを画像で用意することがありますが、この場合の見出し画像は本文に密接に関わるものなので単独で利用できません。Webページから独立しているとはいえず、<figure>タグを利用することは不適切となります。

図2 <figure>タグの使用例

`HTML`

```
<figure>
  <img src="img/odaiba.jpg"
alt=" お台場からレインボーブリッジを望
む" height="600" width="400">
  <figcaption> お台場からレインボーブ
リッジを望む </figcaption>
</figure>
```

`表示図`

お台場からレインボーブリッジを望む

<picture> タグ、<source> タグ

<picture>タグを使う場合、子要素に<source>タグと<img>タグを含みます。<source>タグには、srcset属性という、1つまたは複数の画像データのパスを設定できる属性や、レスポンシブデザインで有用なmedia属性を設定でき、それらの組み合わせで適切な画像を表示させることができます 図3 。

また、<source>タグで読み込む画像は、軽量な画像形式の「WebP（ウェッピー）」や「AVIF（エーブイアイエフ）」を設定できますが、これらの画像形式が読み込めないブラウザに対して、<img>タグに代替案となるJPGやPNGなどの形式の画像を設定して、画像が表示されない問題を回避します。

図3 <picture>タグと<source>タグの使用例

HTML

```
<picture>
  <source srcset="img/odaiba.webp"
media="(min-width: 900px)">
  <source srcset="img/odaiba-resize.
webp" media="(min-width: 300px)">
  <img src="img/odaiba.jpg" alt="お
台場からレインボーブリッジを望む ">
</picture>
```

表示図

<source>タグで表示幅900px以上と300px以上で表示する画
像を指定し、代替を<img>タグで指定している

背景に画像を配置する

　画像を表示する場合、<img>タグや前述した<picture>タグを
使って表示させる方法と、CSSのbackground-imageプロパティ
を使う方法があります。後者はいわゆる「背景画像」として表示さ
れるやり方です。背景画像の場合、ブロックレベル性質⭕を持つ
要素の、テキストやpadding（内余白）の背景部分に画像を配置し
ます。この方法は、**Lesson4-03**で詳しく扱います⭕。

70ページ、**Lesson3-03**参照。

108ページ、**Lesson4-03**参照。

画像の縦横比を変えない object-fit

　<img>タグには「width="100" height="100"」のような書き方で、
width属性とheight属性を使って幅と高さを記述できます。画像
の縦横比が幅4：高さ3のような横長の画像を正方形で配置した
い場合、width属性とheight属性に同じ数値を指定すれば正方形
に表示されますが、画像の縦横比が変わってしまい画像が潰れた
ような表示になってしまいます。「width="100" height="75"」など
のように、width属性とheight属性の数値を元画像の縦横比と同
じ比率で指定すれば、画像は崩れませんが、正方形で表示するこ
とはできません。

　正方形の枠で表示させつつ、画像が潰れないようにするには、
CSSのobject-fitプロパティを利用するとよいでしょう**図4**。
「object-fit: cover;」を利用することで、範囲内に正しい縦横比の
画像を入れ込むことができます。一方で、object-fit: cover;を利用
する場合、上下または左右が隠れることになるため、例えば「顔
が一部隠れてしまう」などの場合は避けるとよいでしょう。

図4 object-fitプロパティの使用例

HTML

```
<h1>object-fit を適用している様子 </h1>
<img src="img/odaiba-resize.jpg" class="apply-object-fit"
alt=" お台場からレインボーブリッジを望む " width="500" height="360">

<h1>object-fit を適用していない様子 </h1>
<img src="img/odaiba-resize.jpg" alt=" お台場からレインボーブリッジを
望む " width="500" height="360">
```

CSS

```
.apply-object-fit {
  object-fit: cover;
}
```

表示図

object-fitを適用している様子

object-fitを適用していない様子

object-fitを適用している上の画像は、ブロック
内で縦横比を変えずに拡大トリミングされた表示
になっている

Lesson3 06

メディアクエリで
スタイルを切り替える

THEME テーマ Lesson1-06（25ページ）で学んだレスポンシブWebデザインは、閲覧するデバイスの画面幅に応じて、スタイルのみが切り替わる仕組みになっています（HTMLはそのまま）。実際にどうやって切り替えるのかを学びます。

メディアクエリとブレイクポイント

「メディアクエリ」は、Webを閲覧する際の画面幅によって、最適なスタイルに切り替える手法です。近年モバイルやタブレットはさまざまなサイズが登場しており、PCもコンパクトなものからとても大きなモニターまであります。

そこで「横幅○○px以上の場合」「横幅○○px以下の場合」のように、数値を起点にしてスタイルを切り替えます。この切り替える数値を「ブレイクポイント」といいます 図1 。

メディアクエリの書き方

CSSファイル上で、「@media」に続けて以下のように書きます。

図1 メディアクエリの書き方

```
@media screen and (max-width: 480px){・・・}
        画面              480px 以下      CSS
```
画面幅が480px以下の場合に{ }内のCSSを適用させるという意味。主にモバイル用

```
@media screen and (min-width: 960px){・・・}
                          960px 以上      CSS
```
主にPCと画面の大きなタブレット用

```
@media screen and (min-width: 481px) and (max-width:959px){・・・}
                       1px ずらして書く                          CSS
```
481px以上959px以下の場合。主にタブレット用

ブレイクポイントを打つ場合は@mediaの後に続けて「screen and (適用範囲)」という書き方をします。screenの部分は「メディアタイプ」と言い、screenはPCやモバイル端末など「画面」を持つすべてのデバイスで表示させる際に使います。また、screen以外

に印刷時のスタイルを設定するprintなどもありますが、必須ではありません。

　適用範囲については、図のようにmax-widthに480pxと書いた場合、480pxも含まれます（min-widthも同様）。そのため、ブレイクポイントが重ならないようにここではタブレット用の数字を1pxずらして481pxとしています。

　ブレイクポイントの数字は決まっているわけではありません。2024年7月現在、日本で最も使われているスマートフォンの画面幅は390pxです（iPhone 12やiPhone 14の幅）。ただし、大きな画面の機種もあるので、480px以下をモバイル用にするとよいでしょう。タブレットに関しては、横向きにするとPCと同じくらい大きなものもあるため「タブレット用」として区切るよりは、デザインに応じて768px〜960pxあたりに一つブレイクポイントを設けるとよいでしょう 図2 。

　実際の使い方については次の**Lesson3-07**から学んでいきます。

図2 **ブレイクポイントの考え方**

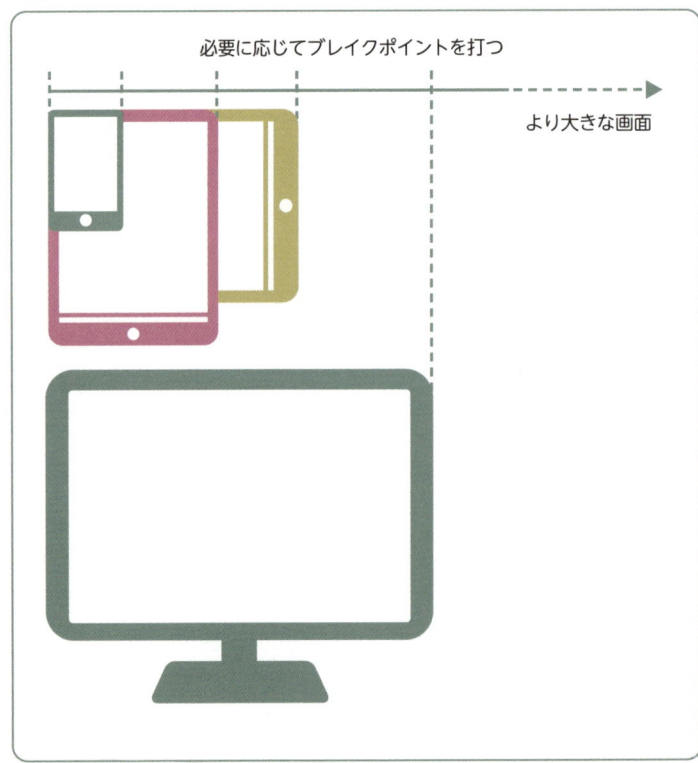

必要に応じてブレイクポイントを打つ

より大きな画面

Lesson3 07

リンクを作る

> **THEME テーマ**
> <a>タグを使ってハイパーリンクを作り、テキストリンクやボタンリンクなど、さまざまなデザインにしてみましょう。ハイパーリンクは、マウスカーソルを乗せたときのスタイルも設定します。

テキストリンク

図1 <a>タグの基本

```
<a href="about/index.html" target="_blank">私たちについて</a>
```
リンク先のパス　　　　別ウィンドウで開く　　　要素内容
　　　　　　　　　　（必須ではない）

　リンクにしたいテキストを <a> タグで囲むことで、ハイパーリンクを作ります 図1 。

　リンク先のパス（URL）は <img> タグの src 属性とは違い、href 属性を使います。また、別ウィンドウでリンクを開かせたいときは、「target="_blank"」を記述します。

　<a> タグは親要素によって囲めるものが変わる特性を持っているため、インラインで使う場合はテキストを囲みますが、ブロックとして使う場合は <img> タグや <p> タグをまとめて囲むこともできます。

　また、デフォルトCSSではたいていの場合、リンク文字は青色で、下線がつくようになっています。

リンクを装飾する際に注意すること

　リンクはユーザーが操作できる要素であるため、「クリックできそう」感を出すことが大切です。テキストに下線をつける、色を変える、ボタン型にする、マウスカーソルを乗せると色が変わる、などでクリックできそうな雰囲気を作ります。またクリックしやすいように、クリック可能なエリアを大きめに作る必要もあります。

書いてみよう：HTML

このページでは、3種類のリンクをデザインしていきます。

図2 HTMLと完成形

```
<a href="#" class="text-link"> テキストリンク </a>
<a href="https://books.mdn.co.jp" target="_blank" class
="button-link"> ボタンリンク </a>
<a href="#" class="button-link2"> ボタンリンク 2</a>
```

class と id

図2のように同じタグが複数あり、それぞれに違うCSSを指定したい場合は、class名を付けて区別します。CSSを書く際にこのclass名をセレクタにすることでそれぞれ違うスタイルを適用できます（class セレクタ◯）。

class名は任意ですが、例えば「button-link」というclassを作っておけば、同じデザインのボタンを作りたいときに該当要素に「button-link」とclass名をつけるだけで同じスタイルが適用されます。

同じclass名は1つのページで複数使うことができますが、同じidは1ページに1つしか使うことができません。classやidは混同しがちなので、慣れないうちはclass名だけを使うとよいでしょう。

CSS：共通設定

まず3つの <a> タグの共通設定をしておきます 図3 。

図3 共通設定のCSS

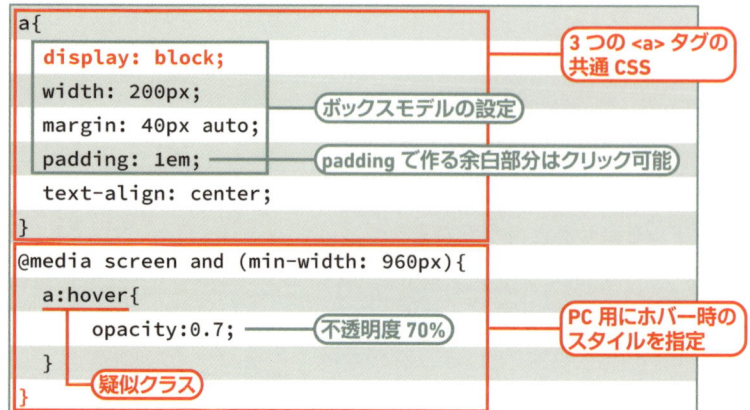

```
a{
    display: block;
    width: 200px;
    margin: 40px auto;
    padding: 1em;
    text-align: center;
}
@media screen and (min-width: 960px){
    a:hover{
        opacity:0.7;
    }
}
```

3つの <a> タグの共通 CSS
ボックスモデルの設定
padding で作る余白部分はクリック可能
不透明度 70%
PC 用にホバー時のスタイルを指定
疑似クラス

⬤ 67ページ、**Lesson3-02**参照。

memo

リンク先のパスを後から入れる場合や、いったん空にしておきたい場合は、図2のように「#」だけ記述しておきましょう。

memo

ページ内リンクにはidを使う
ナビゲーションとなる<a>タグのhref属性に#から始まるid名を記述すると、そのid名の要素のところへ飛ばすことができます。これをアンカーリンクと呼びます。スクロールの動きをつけるにはJavaScriptでスクロールの速さなどを指定します。

memo

classやidにはアルファベットで始まる半角英数字でわかりやすい名前を付けます。命名には英数字とハイフン (-)、アンダースコア (_) が使えます。頭に数字を使うことはできません。アルファベットの大文字小文字が区別されますので、書く際にはルールを設けましょう。

memo

図3では3つのリンクを縦に並べるため「display:block」を使用していますが、通常テキストリンクは「inline」で使います。デザインによって使い分けましょう。

ホバー時のスタイル

　PCではホバー（マウスカーソルを要素に乗せた状態）のスタイルも必要です。ホバー時のスタイルを指定するにはセレクタに「:hover」と追記します。この形を「疑似クラス」⊕と言います 図3 。

　同様に、疑似クラスには「:active」（クリックしている間のスタイル）や「:focus」（タブキーなどでフォーカスされているときのスタイル）、「:visited」（訪れたことのあるリンクのスタイル）などがあります。

→ 162ページ、**Column**参照。

CSS：テキストリンクの装飾

　緑色のリンクを作ります 図4 。

図4　テキストリンクの装飾

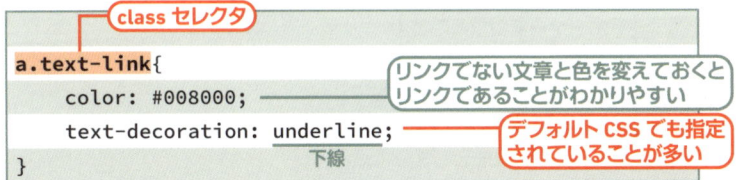

```
a.text-link{
    color: #008000;
    text-decoration: underline;
}
```

> class セレクタ

> リンクでない文章と色を変えておくとリンクであることがわかりやすい

> デフォルト CSS でも指定されていることが多い

下線

CSS：ボタンリンクの装飾1

　ボタンのような見た目にすると、リンクであることがわかりやすくなる上、スマートフォンでもタップしやすくなります。背景に色を付けるだけで、簡単にボタンのような見た目を作ることができます。backgroundプロパティで指定した色はwidthやheight、paddingの範囲まで塗られます 図5 。

図5　ボタンリンクの装飾1

```
a.button-link{
    background: #ffd700;
    text-decoration: none;
    color: #ff4500;
    font-size: 20px;
}
```

> class セレクタ

> 背景色を黄色に

> 下線をなしに

> 文字色をオレンジに

> 文字サイズを少し大きく

※widthやpaddingは共通設定で記述済みです。

CSS：ボタンリンクの装飾2

さらに立体感を出して仕上げます。角を丸くするとよりボタンらしくなり、太めの下ボーダーをつけると立体感のあるボタンになります 図6。

図6 ボタンリンクの装飾2

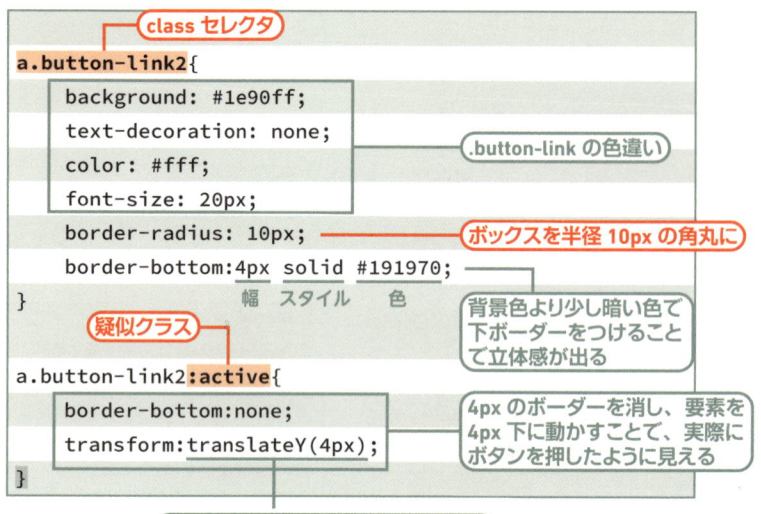

POINT

CSSが適用される優先順位
CSSは、記述する位置やセレクタの書き方によって優先順位が決まり、このことを「詳細度」と呼びます。基本は上流より下流に書いたスタイルが強くなります。要素セレクタより子孫セレクタやclassセレクタは強くなるため、classセレクタで指定した後に要素セレクタでスタイルを書いても負けてしまいます。idセレクタはさらに強力です。クラス/idセレクタを子孫セレクタと交えて書くとどんどん強力になりますが、あまりに長いセレクタが増えると優先順位がわからなくなってしまいます。セレクタの優先順位については186ページの Column 参照。

「:active」はクリックしている間のスタイルを指定する疑似クラスです。クリックしてから離すまでの間、下ボーダーをなくし、なくした幅の分要素を下に移動させることで、ボタンが凹んだように見せることができます。実際にブラウザで表示させて挙動を確認してみましょう。「:active」はスマートフォンのタップには反応しません。

📎 **memo**
ボタンリンクに使用するタグには、<a>タグとは別に<button>タグがあります。<button>タグは、<a>タグのようにハイパーリンクではなく、主にJavaScriptで操作する際のトリガー対象（何らかの操作のきっかけになるもの）として利用します。

Lesson3 **08** 60min

リストを作る

<THEME テーマ> `<ul>`タグや`<ol>`タグなど、リストを構成するタグを理解し、リスト項目に番号を振ったり、マーカーに画像を使うなど、目的に合わせたデザインにしてみましょう。

リストタグの使い方

リスト項目を並べるには`<li>`タグを使います。そして1つのリスト群をまとめるタグは`<ul>`タグと`<ol>`タグがあります。順番の関係ない箇条書きリストの場合は`<ul>`タグを、手順のように順番があるリストの場合は`<ol>`タグを使ってリスト項目（`<li>`タグ）をひとくくりにします 図1 図2。リストの基本のコードとデフォルトスタイルは 図3 のようになっています。

図1 原文テキスト

```
こんなお悩みありませんか？
肩こりや頭痛がひどい
手足が氷のように冷える
寝ても疲れがとれない
ご旅行の申込みから出発まで
Webで簡単申し込み
期限までにお支払い
約1週間前に航空チケットのお届け（代表者住所に全員分が届きます）
ご出発
```

図2 HTML

```
<h2> こんなお悩みありませんか？ </h2>
<ul>
    <li> 肩こりや頭痛がひどい </li>
    <li> 手足が氷のように冷える </li>       ─ 箇条書きリスト
    <li> 寝ても疲れがとれない </li>
</ul>
<h2> ご旅行の申込みから出発まで </h2>
```

※次ページへ続く

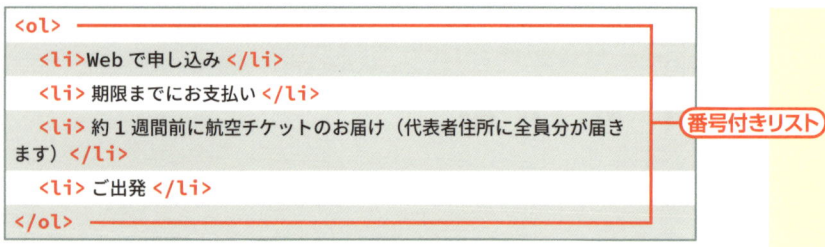

```
<ol>
    <li>Web で申し込み </li>
    <li> 期限までにお支払い </li>
    <li> 約 1 週間前に航空チケットのお届け（代表者住所に全員分が届き
    ます） </li>
    <li> ご出発 </li>
</ol>
```

番号付きリスト

図3 各リストのデフォルト表示

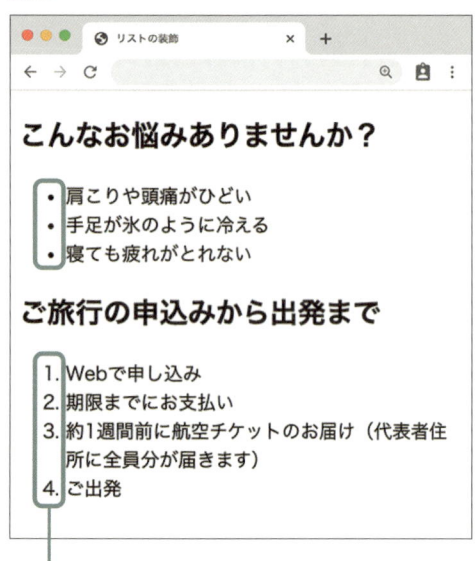

デフォルトではマーカーが項目の
外側につくようになっている

memo

デフォルトのマーカーはテキストの外側
にあるため、図3 の「3.約1周間前に〜」
の項目のように行送りが起きた場合も、
マーカーの下に文字が入り込まないよ
うになっています。これはlist-style-
positionプロパティで切り替えること
ができ、insideと指定すると、テキスト
のエリアの中にマーカーが配置され、行
送りされた文字はマーカーの下にも入
り込む形になります。

リストマーカー

　それぞれのリストの頭についているマーカー（中黒や番号）は、
list-style-type プロパティを使って形を変えることができます。

　また、オリジナルの画像を設定したい場合は値を none にして
マーカーを消し、そこに「疑似要素」を使うことで実装できます。
疑似要素の使い方は、CSSでセレクタの後ろに「::before」や
「::after」をつけることでHTML上にない要素を疑似的に作り出し、
その部分にスタイルをあてます。実際に記述してみましょう。

162ページ、**Column**参照。

箇条書きリストを装飾してみよう

図2 の箇条書きリストをデザインしていきます 図4 。

\<ul\> タグはリスト項目すべてを囲んでいるので、リスト全体の背景色や、全体の外枠（border）を付けるなどの装飾が向いています。\<li\> タグに「border-bottom」を付けると、ノートの罫線のようにデザインすることができます 図5 。

memo
> ulのリストマーカーは、Chromeのデフォルトでは「list-style-type:disc」（黒丸）ですが、「circle」（白丸）や「square」（四角）などがあります。
> olでは、デフォルトは「decimal」（1. 2. 3.……）ですが、「upper-latin」（A. B. C.）や「hiragana」（あ. い. う.……）などがあります。

図4　箇条書きリストのCSSと完成形

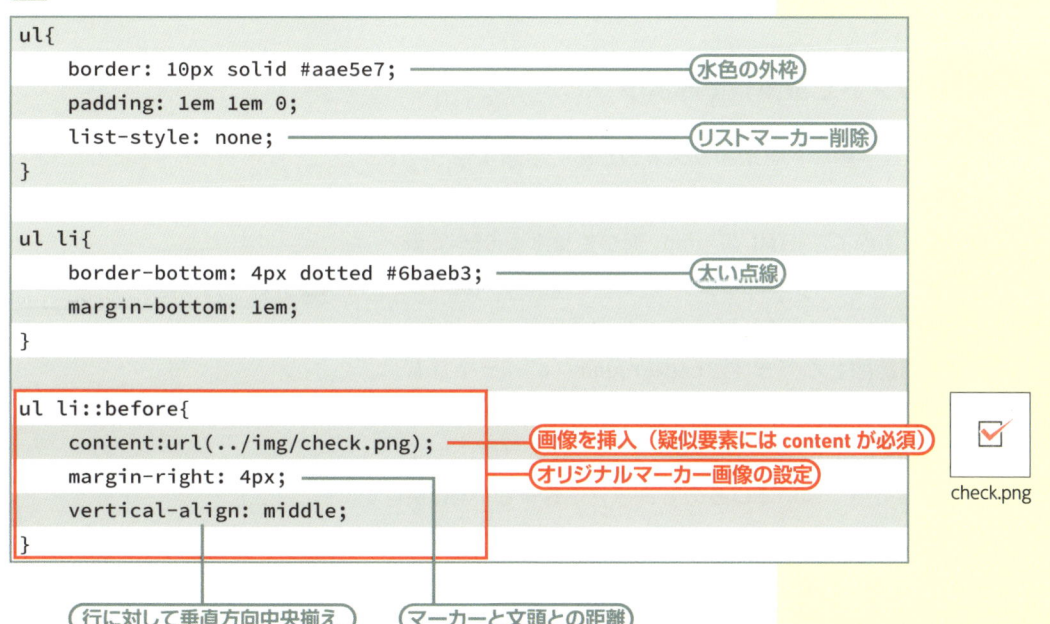

```
ul{
    border: 10px solid #aae5e7;          水色の外枠
    padding: 1em 1em 0;
    list-style: none;                    リストマーカー削除
}

ul li{
    border-bottom: 4px dotted #6baeb3;   太い点線
    margin-bottom: 1em;
}

ul li::before{
    content:url(../img/check.png);       画像を挿入（疑似要素には content が必須）
    margin-right: 4px;                   オリジナルマーカー画像の設定
    vertical-align: middle;
}
```

行に対して垂直方向中央揃え　　マーカーと文頭との距離

check.png

図5　完成形

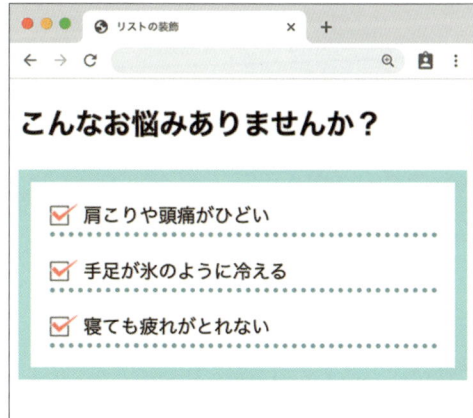

91

疑似要素

図4では「ul li::before」にcheck.pngという画像を挿入しています。contentプロパティは疑似要素に必須の設定で、画像以外にも「content:"★";」のようにダブルクオーテーション（""）で囲むことで記号やテキストを挿入することもできます。ただし、装飾として使う★や●などの記号は、文書構造には関係がないのでHTMLではなくCSSで記述するのが好ましいです。

番号付きリストを装飾してみよう

番号付きリストは手順などを示すリストのため、手順に沿って矢印を表示させることが多くあります。この矢印も文書構造には関係のない装飾ですので、HTMLの<img>タグではなくCSSで表示させます。図6ではbackgroundプロパティ<icon>を使って、次の手順への矢印を表示させています。背景色や背景画像はpaddingのエリアまでが適用範囲となります。backgroundプロパティは背景色だけでなく背景画像、画像の位置、繰り返すかどうかの指定などをまとめて記述することができます。ここではエリアの左下（リストマーカーは外側についているのでエリアに含まない）に矢印画像をひとつだけ表示させる指定をしています図7。

108ページ、**Lesson4-03**参照。

図6 番号付きリストのCSS

```
ol{
    border: 10px solid #ffc43d;        オレンジの外枠
    padding: 20px 40px 20px;
}


ol li{
    padding-bottom: 20px;              背景画像が入るための余白
    margin-bottom: 20px;               次の要素との距離
    background: url("../img/arrow.png") left bottom no-repeat;
}                  背景画像のパス        位置(左下)   繰り返さない
                                                    (矢印を1つだけ表示)
ol li:last-of-type{
    padding-bottom: 0;
    margin-bottom: 0;                  最後のli への上書き
    background: transparent;
}                  透明
```

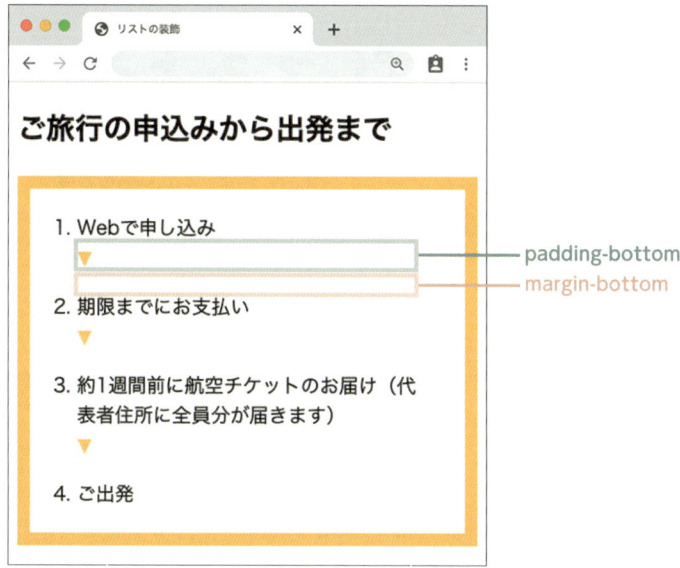

図7 完成形

ご旅行の申込みから出発まで

1. Webで申し込み
   ┄ padding-bottom
   ┄ margin-bottom

2. 期限までにお支払い

3. 約1週間前に航空チケットのお届け（代表者住所に全員分が届きます）

4. ご出発

疑似クラス :last-of-type

リスト項目の最後（4番目）は矢印が必要ありません。そこで、最後の \<li\> タグにだけ、背景を削除したり余白を詰めるなどスタイルの上書きが必要になります（**図6** の「最後のliへの上書き」）。セレクタに疑似クラス◯を使って、「li:last-of-type」とすると、最後の \<li\> タグにだけスタイルを適用させることができます。

ここでは背景を「transparent」（透明）にすることで背景画像をなくし、その分余白も詰めて0にしています。

◯ 162ページ、**Column**参照。

> **memo**
>
> 「:last-of-type」の逆で、最初のliにだけスタイルを当てるときは「:first-of-type」が使えます。「n番目」に当てる場合は「:nth-of-type(3)」のようにカッコ内に数字を書くことで適用できます。カッコの中を「2n」にすると偶数番目、「2n+1」とすると奇数番目、のようにセレクタだけでさまざまな指定ができます。162ページの **Column** も参照。

93

ページを
マークアップしてみよう

テキストと写真で構成されたシンプルな記事ページをマークアップしていきます。Lesson3で学んだことを思い出しながら、タグの使い方を身につけましょう。

\STEP/
① 情報を確認

　記事ページを想定した「夏季休業のお知らせ」のテキストをHTMLのタグでマークアップしてみます。まずはテキストの中身を確認します 図1。この時点で、どの部分がどのタグに該当しそうか、テキストの内容を見ながら考えておきましょう。

💡**HINT**

いきなりマークアップに取りかからずに、テキスト全体の構造をよく見てみましょう。ここは見出し、ここは本文（段落）、ここは箇条書き（リスト）など、テキストの内容を理解すれば、該当するタグが浮かんでくるはずです。
制作現場ではデザインカンプ（164ページ参照）の状態でテキストを確認することが多いです。デザインされた状態を見れば「どのテキストがどの目的を持つのか」を視覚的に確認できるため、「どの部分をどのタグにするのか」の作業はもう少しやりやすいものとなるでしょう。

\STEP/
② HTMLの基本形（テンプレート）を用意

　VS Codeで新規作成し、HTMLファイル（index.html）として保存します（44ページ）。VS Codeに搭載されたプラグイン「Emmet」では「!」と入力し、表示される「emmet 省略記法」を選択することで、HTMLの基本形を展開することができます 図2。

図1 マークアップしていくテキスト

夏季休業のお知らせ
お知らせ
2024/07/28
■画像：thumbnail.jpg
当社では下記の期間を夏季休業とさせていただきます。
2024年8月12日（月）〜8月16日（金）
通常どおりの営業店舗について
なお、以下の店舗については通常どおりの営業になります。
コンビニエンスストアA
丸々うどん
BBハンバーガー
詳しくは、夏季休業中の営業店舗のお知らせをご確認ください。

図2 「!」と入力する様子

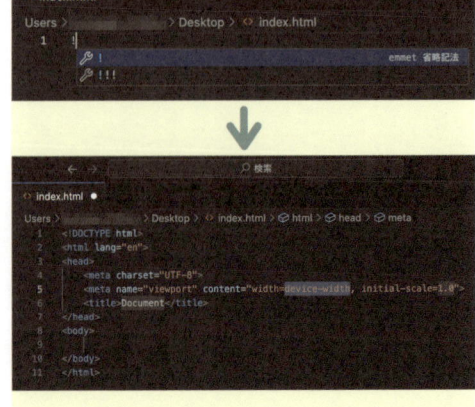

\STEP/
③ テキストを貼り付ける

　emmet省略記法で入力されたHTMLの基本形は <html> タグの lang 属性が英語の「en」となっているため、これを日本語の「ja」に変更します 図3-① 。さらに <title> タグを「夏季休業のお知らせ」としておきましょう 図3-② 。

　そして、<body> 〜 </body> の間に、図1 のテキストを貼り付けます 図3-③ 。

図3 **HTMLコード**

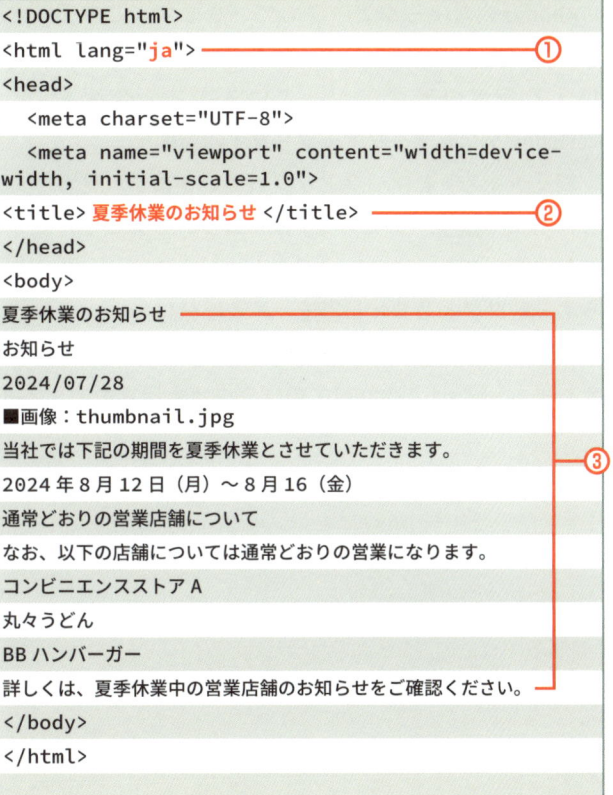

```
<!DOCTYPE html>
<html lang="ja">                                    ①
<head>
  <meta charset="UTF-8">
  <meta name="viewport" content="width=device-
width, initial-scale=1.0">
<title> 夏季休業のお知らせ </title>              ②
</head>
<body>
夏季休業のお知らせ
お知らせ
2024/07/28
■画像：thumbnail.jpg
当社では下記の期間を夏季休業とさせていただきます。       ③
2024 年 8 月 12 日（月）〜 8 月 16（金）
通常どおりの営業店舗について
なお、以下の店舗については通常どおりの営業になります。
コンビニエンスストア A
丸々うどん
BB ハンバーガー
詳しくは、夏季休業中の営業店舗のお知らせをご確認ください。
</body>
</html>
```

④ 全体のマークアップ

　<body>内をマークアップしていきます。このテキストの内容は、ほかのページから独立して単体で扱える記事の形式になっているので、全体を<article>タグでマークアップします **図4-①**。

　続くテキストをマークアップしていきます。見出しは<h1> **図4-②**、「お知らせ」はブログのカテゴリーに該当し、「2024/07/28」は日付となりますが、どちらも<p>タグとします **図4-③**。画像部分は<img>タグ **図4-④** とし、width属性とheight属性にサイズを設定します。**図5** はこの時点でのブラウザ表示です。

図4 <body>内のマークアップ

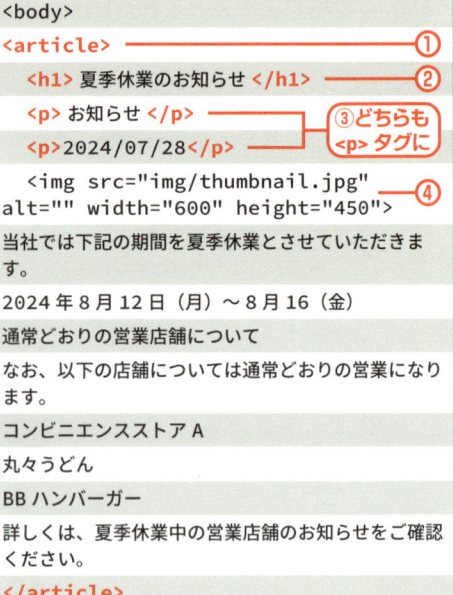

```
<body>
<article>                                        ①
    <h1> 夏季休業のお知らせ </h1>               ②
    <p> お知らせ </p>            ③どちらも
    <p>2024/07/28</p>           <p> タグに
    <img src="img/thumbnail.jpg"              ④
alt="" width="600" height="450">
当社では下記の期間を夏季休業とさせていただきます。
2024 年 8 月 12 日（月）〜 8 月 16（金）
通常どおりの営業店舗について
なお、以下の店舗については通常どおりの営業になります。
コンビニエンスストア A
丸々うどん
BB ハンバーガー
詳しくは、夏季休業中の営業店舗のお知らせをご確認ください。
</article>
</body>
```

図5 **図4** のブラウザ表示

STEP 5 記事本文をマークアップ

　<img> タグから下は、ブログ記事の本文にあたります。本文は <p> タグ、小見出しは <h2> 図6-①、複数の「以下の店舗」は <ul> と <li> とし 図6-②、「夏季休業中の営業店舗のお知らせ」は <a> タグでマークアップします 図6-③。

　完成したHTMLファイルをWebブラウザで表示すると 図7 のようになります。

図6 記事本文のマークアップ

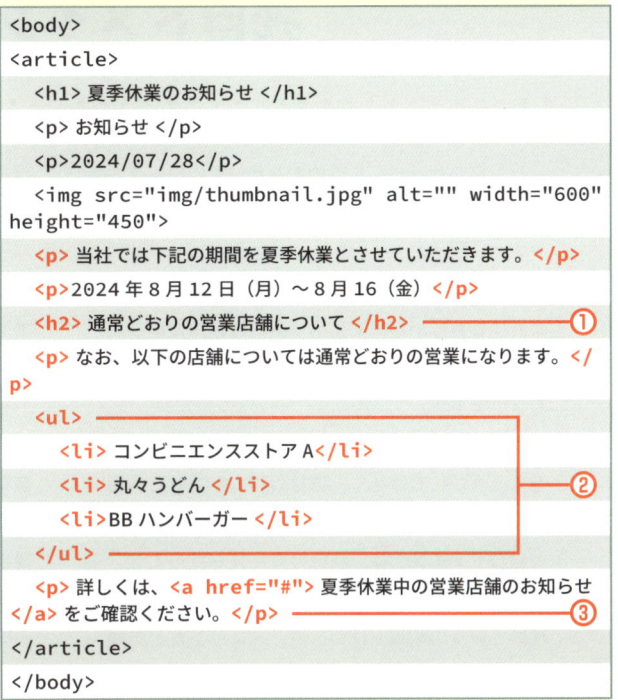

```
<body>
<article>
    <h1> 夏季休業のお知らせ </h1>
    <p> お知らせ </p>
    <p>2024/07/28</p>
    <img src="img/thumbnail.jpg" alt="" width="600" height="450">
    <p> 当社では下記の期間を夏季休業とさせていただきます。</p>
    <p>2024 年 8 月 12 日（月）〜 8 月 16（金）</p>
    <h2> 通常どおりの営業店舗について </h2>      ①
    <p> なお、以下の店舗については通常どおりの営業になります。</p>
    <ul>
        <li> コンビニエンスストア A</li>
        <li> 丸々うどん </li>              ②
        <li>BB ハンバーガー </li>
    </ul>
    <p> 詳しくは、<a href="#"> 夏季休業中の営業店舗のお知らせ </a> をご確認ください。</p>   ③
</article>
</body>
```

図7 マークアップが終わった後の表示

独自ドメインの取得

レンタルサーバーを契約すると、そのレンタルサーバーのドメインが入ったURLを選ぶことになります。図1はさくらのレンタルサーバーで契約しようとする際に初期ドメインを決める画面で、まだ使われていない文字列であれば自由に選ぶことができますが、必ず「sakura.ne.jp」が含まれてしまいます。

このようなレンタルサーバー事業者のドメインを含んだURLではなく、独自のURLを使いたい場合、別途独自ドメインを取得する必要があります。

独自ドメインとは、独自の文字列を持ったドメイン名のことで、「.com」や「.jp」など、ドメインの種類で料金の相場が違い、安いドメインだと年額1,000円ほどです。また、取得額はドメイン事業者によって異なりますが、品質に差はありません。

企業や店舗のサイトであれば、独自ドメインを取得することをおすすめします。レンタルサーバーの初期URLでWebサイトを運用しても問題ありませんが、独自ドメインであればURLやメールアドレスを自由に設定できるメリットがありますし、何より社名や店名などに由来する独自ドメインを使うほうが、対外的な信用度が高まります。

ドメインの取得は、サーバー事業者がドメイン事業も同時に運営していることが多いので、同一の事業者で取得してもよいでしょう。サーバー事業者でドメインを取得する場合、ドメイン専門の事業者からドメインを取得する場合よりも割高な傾向がある一方で、マニュアルが充実していたり、管理画面から少ない手順でドメインを取得できるようになっていたり、といったメリットもあります。

図1 初期ドメイン

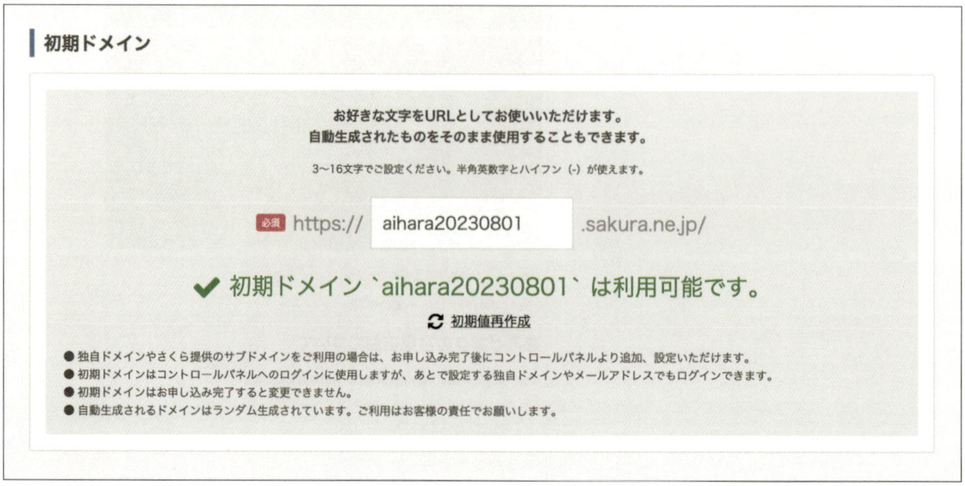

初期ドメイン

お好きな文字をURLとしてお使いいただけます。
自動生成されたものをそのまま使用することもできます。

3〜16文字でご設定ください。半角英数字とハイフン (-) が使えます。

必須 https:// aihara20230801 .sakura.ne.jp/

✔ 初期ドメイン `aihara20230801` は利用可能です。

⟳ 初期値再作成

● 独自ドメインやさくら提供のサブドメインをご利用の場合は、お申し込み完了後にコントロールパネルより追加、設定いただけます。
● 初期ドメインはコントロールパネルへのログインに使用しますが、あとで設定する独自ドメインやメールアドレスでもログインできます。
● 初期ドメインはお申し込み完了すると変更できません。
● 自動生成されるドメインはランダム生成されています。ご利用はお客様の責任でお願いします。

HTMLとCSSの応用

HTMLとCSSの基本をマスターしたら、応用編に入ります。CSSで要素を左右横並びに配置してナビゲーションを作成したり、FlexboxやCSS Gridを用いてレイアウトしたりする方法を解説していきます。

読む 練習 制作

Lesson4 01 (60 min)

Flexboxによる 3カラムのレイアウト

THEME テーマ

ここでは要素を横並びにするときに利用するFlexbox（フレックスボックス）という技法を学びます。ブレイクポイントを使って、PCでは3カラム、モバイルでは1カラムという切り替えも簡単に行うことができます。

説明リストの作成（<dl>タグ）

本節のサンプルではリストを作成し、各項目を横並びにレイアウトします。Lesson3-08（89ページ）ではリストを作成するタグとして<ul>タグや<ol>タグを紹介しましたが、ここでは異なるタイプのリストタグを使います。「説明されるもの（<dt>タグ）」と「それを説明することば（<dd>タグ）」が1セットになる「説明リスト（<dl>タグ）」です。

例えば<dt>タグの内容が「りんご」ならば<dd>タグは「赤くて甘い果物」のように説明を書きます。厳密な言葉の定義をするものではなく、<dt>と<dd>の内容がイコールになればよいので、採用サイトなどで「募集職種（<dt>）」「Webデザイナー、ディレクター

memo

図1 では「使い方が簡単！」などのキャッチコピーについての説明を<dd>タグで行なっています。1つのセットの中身はdtが1つ以上、ddが1つ以上必要です。1つのdtに対しddが2つ並んでもOKです。

図1 HTMLとデフォルト表示

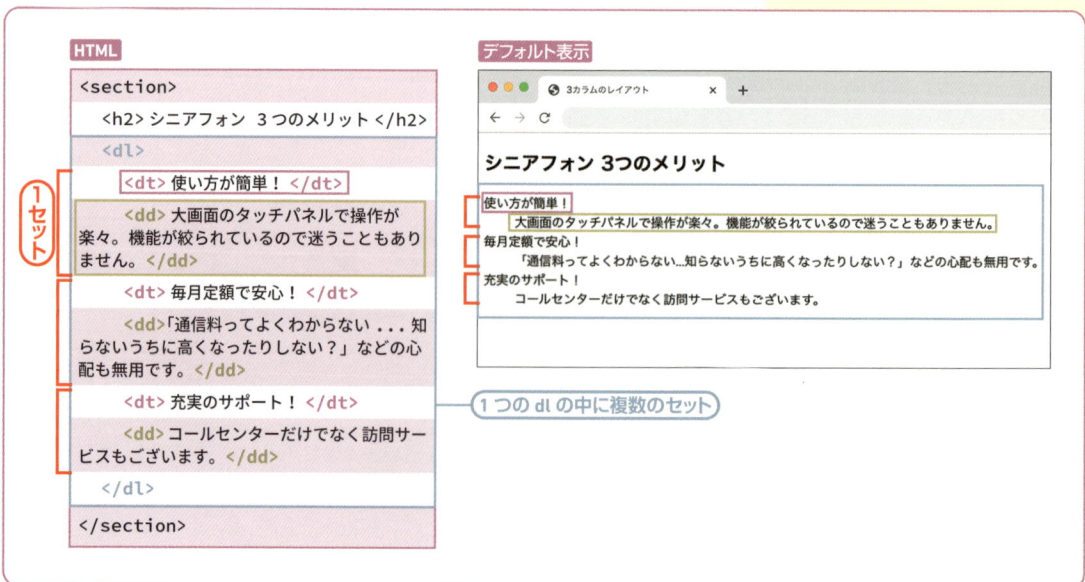

（<dd>）」のようにも使えます。デフォルトでは <dd> にインデントが入ったスタイルになっています 図1 。

flexboxによる3カラムのデザイン

上記例の「3つのメリット」のように、商品やサービスの特徴を3つ並べるデザインは実際のWebサイトでもよく見られます。ここではブレイクポイント◯を使って、PCのように画面が大きい場合は横に3つ並び、画面の小さなモバイルでは縦一列に並ぶように切り替えてみましょう。

要素を左右横並びに配置する場合、「Flexbox」と呼ばれる手法を用いると、文字量に差があっても自動的に高さが揃うので、簡単に美しく並べることができます。また、意図しないカラム落ちを防ぐこともできます。

要素を左右横並びに配置するためのCSSプロパティはほかにもいくつかありますが、現在はこのflexboxとLesson4-10（138ページ）で扱う「CSS grid」（シーエスエス グリッド）の2つが主流です。

CSSを書く前の準備

横並びにする3つのかたまりを ! <div> タグで囲み、class をつけます。また、3つの親要素になる <dl> タグにもclass をつけます 図2 。

memo

図1 の サンプ ル で は<dl>・<dt>・<dd>タグにflexboxを適用していきますが、同じ内容を<div>・<h3>・<p>タグでマークアップしたものでも、文書構造的に違和感なくflexboxを適用できます。

→ 27ページ、**Lesson1-06**参照。

POINT

<div>タグというのは、HTMLでありながらそれ自体に意味はありません。sectionやarticleには該当しないけれど、CSSを適用させるためにかたまりを作りたい、classを付与したい、といった場合に使います。

図2 **<div>タグとclassを追記したHTML（表示結果は 図1 と同じ）**

```
<section>
  <h2> シニアフォン 3 つのメリット </h2>
  <dl class="flex-container">          .flex-container
    <div class="flex-item">
      <dt> 使い方が簡単！ </dt>
      <dd> 大画面のタッチパネルで操作が楽々。機能が絞られているので迷うこともありません。</dd>
    </div>
    <div class="flex-item">
      <dt> 毎月定額で安心！ </dt>
      <dd>「通信料ってよくわからない ... 知らないうちに高くなったりしない？」などの心配も無用です。</dd>
    </div>
    <div class="flex-item">
      <dt> 充実のサポート！ </dt>
      <dd> コールセンターだけでなく訪問サービスもございます。</dd>
    </div>
  </dl>
</section>
```

.flex-item

flexbox の用法

横並びにしたい要素の親要素（.flex-container）に「display:flex」と指定するだけで、中身（.flex-item）が横並びになります。さらにさまざまな設定を追記していくことで、細かい指定ができます。

ここでは小さな要素を3カラム（タブレットを含めたモバイル端末では1カラム）にしていますが、大きな要素で行えば、ページ全体のレイアウトを組むこともできます 図3 図4 。

> **memo**
> flexbox関連のCSSは、親要素に書くものと子要素に書くものが混在するので要素の親子関係を把握することが肝心です。

図3 CSSと表示結果

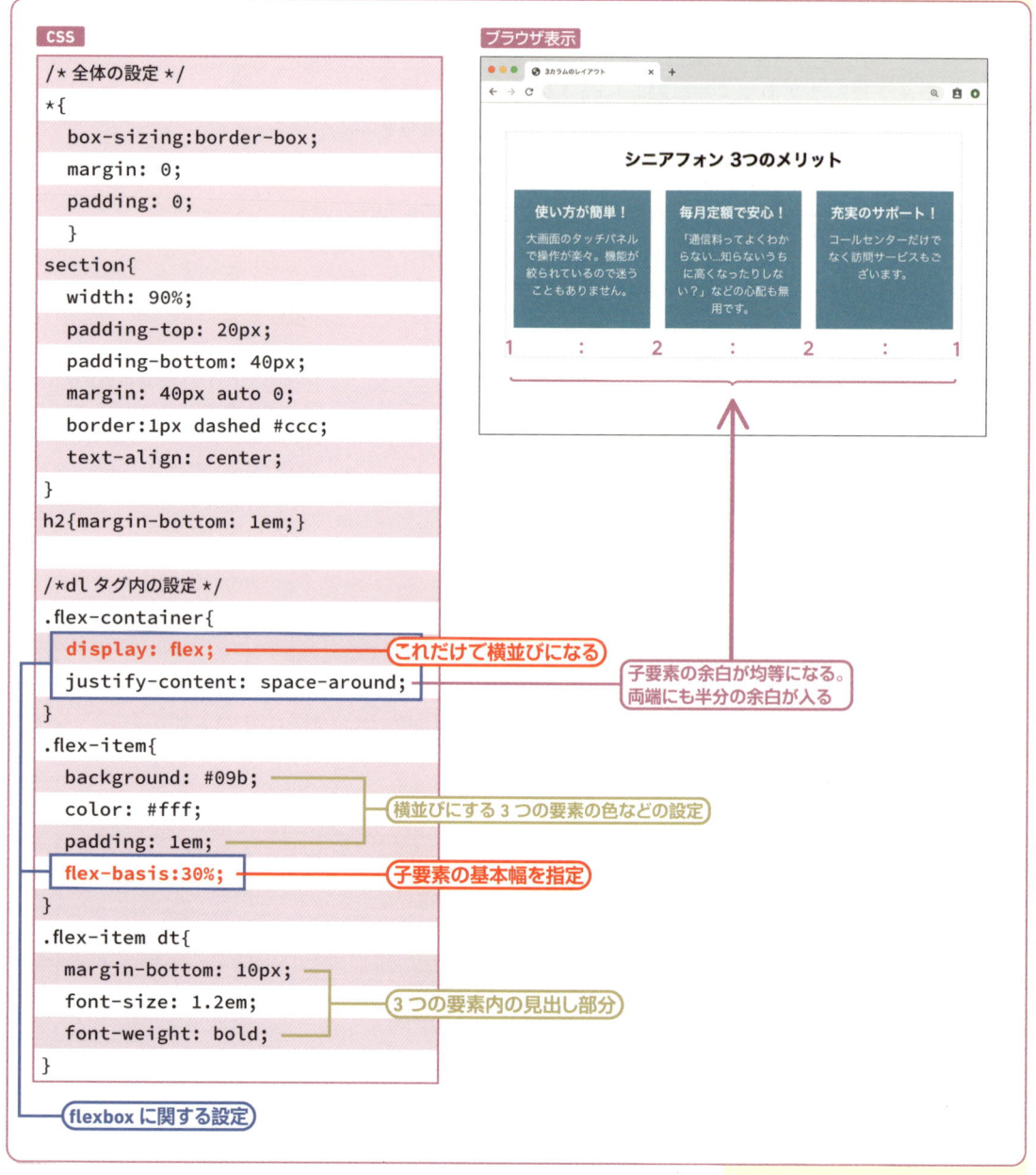

CSS

```
/* 全体の設定 */
*{
  box-sizing:border-box;
  margin: 0;
  padding: 0;
  }
section{
  width: 90%;
  padding-top: 20px;
  padding-bottom: 40px;
  margin: 40px auto 0;
  border:1px dashed #ccc;
  text-align: center;
}
h2{margin-bottom: 1em;}


/*dl タグ内の設定 */
.flex-container{
  display: flex;
  justify-content: space-around;
}
.flex-item{
  background: #09b;
  color: #fff;
  padding: 1em;
  flex-basis:30%;
}
.flex-item dt{
  margin-bottom: 10px;
  font-size: 1.2em;
  font-weight: bold;
}
```

ブラウザ表示

これだけで横並びになる

子要素の余白が均等になる。両端にも半分の余白が入る

横並びにする3つの要素の色などの設定

子要素の基本幅を指定

3つの要素内の見出し部分

flexbox に関する設定

図4 モバイル・タブレット用CSSと表示結果

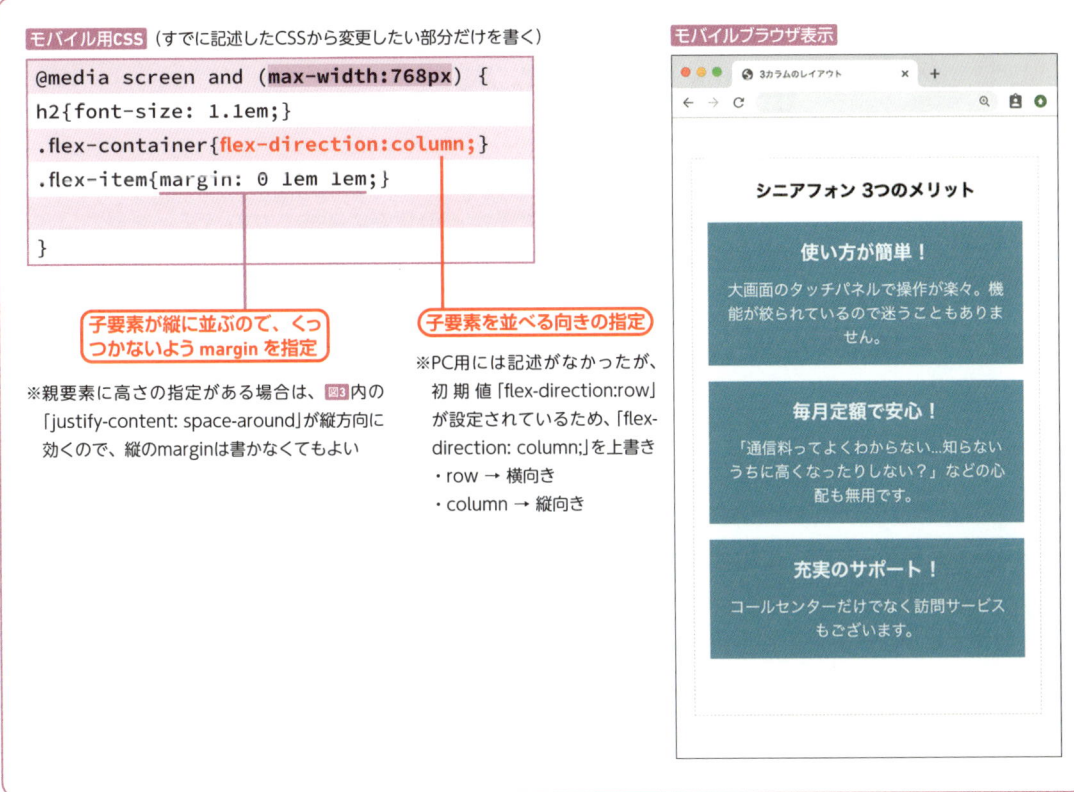

モバイル用CSS（すでに記述したCSSから変更したい部分だけを書く）

```
@media screen and (max-width:768px) {
h2{font-size: 1.1em;}
.flex-container{flex-direction:column;}
.flex-item{margin: 0 1em 1em;}

}
```

子要素が縦に並ぶので、くっつかないよう margin を指定

子要素を並べる向きの指定

※親要素に高さの指定がある場合は、図3内の「justify-content: space-around」が縦方向に効くので、縦のmarginは書かなくてもよい

※PC用には記述がなかったが、初期値「flex-direction:row」が設定されているため、「flex-direction: column;」を上書き
・row → 横向き
・column → 縦向き

モバイルブラウザ表示

3カラムのレイアウト

シニアフォン 3つのメリット

使い方が簡単！

大画面のタッチパネルで操作が楽々。機能が絞られているので迷うこともありません。

毎月定額で安心！

「通信料ってよくわからない…知らないうちに高くなったりしない？」などの心配も無用です。

充実のサポート！

コールセンターだけでなく訪問サービスもございます。

〔 **memo**

flexbox関連のプロパティは非常に多く、並べる向きを変えたり、位置を変えたりとさらに色々な設定ができます。ここで出てきたプロパティは基本なので、さらに調べてみましょう。

！ **POINT**

flexboxを使ったレイアウトでは、「display: flex;」を設定した親要素をフレックスコンテナ、横並びにする子要素をフレックスアイテムといいます。単にコンテナ、アイテムと呼ぶこともあります。コンテナが箱で、箱の中にアイテムが内包されているイメージです。

背景に関するプロパティを使いこなそう

THEME テーマ　背景に色をつける、背景に画像を表示するなどの背景に関するプロパティを見ていきましょう。背景画像と組み合わせて使うことが多い絶対配置とpositionプロパティも解説します。

基本的な背景の設定

これまでのサンプルですでに何度か使われているbackgroundは、背景に関する指定をまとめて行えるプロパティです。background-color（背景色）やbackground-image（背景画像）など、個別に設定するプロパティもありますが、背景に関するプロパティはとても多いため、⚠️backgroundプロパティにまとめるのが一般的です。各値は省略でき、その場合は初期値が適用されます 図1。

❗ POINT

背景画像の位置はleftやtopなどのプロパティに、単位にpxや%を用いた値を設定することで、左・上からの距離を指定できます。背景画像の位置だけ横・縦の順で記述しますが、それ以外の並び順は基本的に自由です。また繰り返しの指定をrepeat-x、repeat-yとすると水平方向・垂直方向のみに繰り返すことができます。

図1 背景の基本設定（サンプルのHTMLとCSS）

HTML

```
<div class="bg-001">
  <p>.bg-001<br> 背景画像を敷き詰める </p>
</div>

<div class="bg-002">
  <p>.bg-002<br> 背景色と背景画像 </p>
</div>
```

CSS （背景に関する指定以外は省略）

```
.bg-001{background: url("../img/bg-stripe.png") left center repeat;}
```
　　　　　　　　　　　　背景画像　　　　　　　　　　　横方向 縦方向　繰り返す＝敷き詰める
　　　　　　　　　　　　　　　　　　　　　　　　　　背景画像の位置

```
.bg-002{background: #98807b url("../img/bg-cat.png") center bottom no-repeat;}
```
　　　　　　　　　　　　背景色　　　背景画像　　　　　　背景画像の位置　　繰り返さない

表示結果

.bg-001

.bg-002

背景画像のサイズを指定する

　背景画像のサイズを変えたい場合はbackground-sizeプロパティを使います。このプロパティもbackgroundプロパティにまとめることができますが、background-positionの後に「/（スラッシュ）」の文字を入れた後の場所に記述しなければなりません。慣れないうちはわかりづらいため、個別に指定するほうがわかりやすいでしょう。

図2　**背景画像のサイズ**

HTML

```
<div class="px">150px 50px <br>px指定は、背景
画像自体のサイズを調整します。縦横どちらかを auto にすれ
ば画像は歪みません。</div>

<div class="per">50% 50% <br>%指定は、領域に対
しての割合です。縦横どちらかを auto にすれば画像は歪みま
せん。</div>

<div class="cover">cover <br> 比を保ったまま領
域全面を覆う最小サイズ。一部が見切れます。</div>

<div class="contain">contain <br> 比を保った
まま画像を最大限大きく表示するサイズ。上下か左右に余白が
出ます。</div>
```

CSS　（背景に関するCSS以外のCSS記述は省略）

```
div { background: url("../img/bg-cat-
light.png") right bottom no-repeat; }

.px { background-size: 150px 50px; }

.per { background-size: 50% 50%; }

.cover { background-size: cover; }

.contain { background-size: contain; }
```

ブラウザ表示

positionプロパティの基本

　要素を特定の決まった位置に配置する「絶対配置」は、背景画像と組み合わせて使うことも多い仕組みなので知っておきましょう。絶対配置の指定にはpositionプロパティを利用するため、先にpositionプロパティの基本を解説します。

　positionプロパティは、名前の通り位置（ポジション）を動かすためのプロパティで、主な値は次の通りです。

static

　positionプロパティの初期値で、要素はHTML文書の記述順で配置されます。

relative

　要素の現在位置を基準にして、相対位置を指定します。

absolute

　親要素を基準に、絶対配置を指定することができます。

fixed

　ブラウザ画面が基準位置となります。画面をスクロールした場合でも要素を表示画面内で固定表示することができます。

　positionプロパティで配置方法を決めたあと、実際の位置はtop（上辺）・right（右辺）・bottom（下辺）・left（左辺）の各プロパティをいっしょに使って、要素の最終的な位置を指定します（staticの場合はtop・right・bottom・leftの各プロパティの指定は無効となります）。

親要素の「position: relative」を指定

「position:relative」を使うと、相対的な位置指定となります。つまり、本来配置される位置を基準に上から何px、右から何pxのように指定します。px以外に％やemなどの単位も使えます 図3 。

図3　position:relativeの考え方

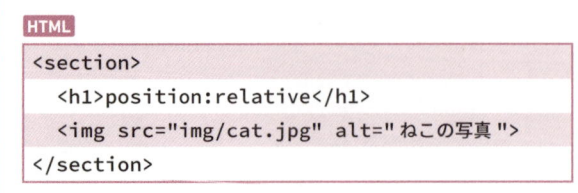

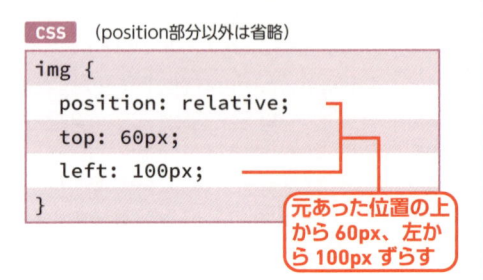

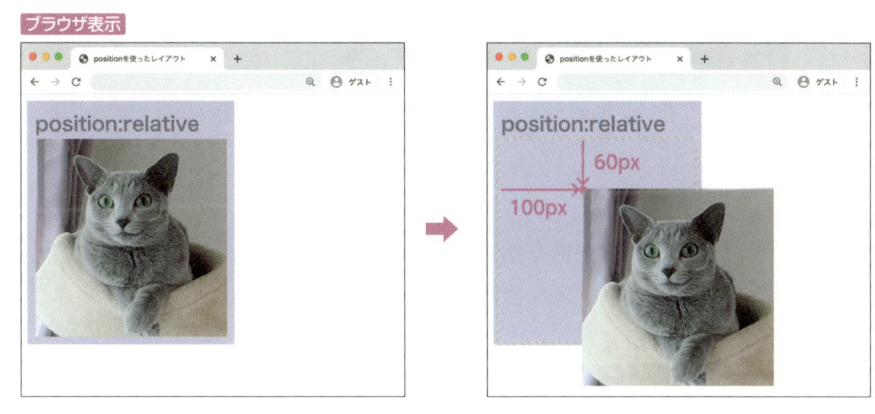

ブラウザ表示

position:relative

position:relative
60px
100px

「position: absolute」を使った絶対配置

「position: absolute」を使うと絶対的な位置指定（絶対配置）となります。絶対配置では、要素本来の位置は関係ありません。親要素に「position: relative」を指定しておくことで、子要素に指定する絶対配置の位置基準が親要素となります。

absolute を使う場合に気をつけたいのは、absolute を使った要素はレイヤー1枚分浮いたような状態になるため、親要素に認識してもらえなくなります。子要素として認識されない状態のため、子要素の高さが存在しないことになり、親要素が縮んでしまいます。親要素に縮んでほしくない場合は、relative を使ったり、親要素自体に高さを指定しておくとよいでしょう 図4。

> **memo**
>
> postion: absoluteは要素を本来の位置からずらすため、ほかの要素との重なりが発生します。そのため、CSSのスタイリングに慣れないうちは、意図しない要素が重なってしまう、画面からはみ出してしまうなどの問題が起こります。特に表示幅が変動するレスポンシブWebデザインでは、意図しない要素の重なりやレイアウトの崩れが起こりがちです。最初はPC表示のCSSだけに使ってみたり、挙動を把握しながら取り入れるといいでしょう。

図4 position:absoluteの考え方

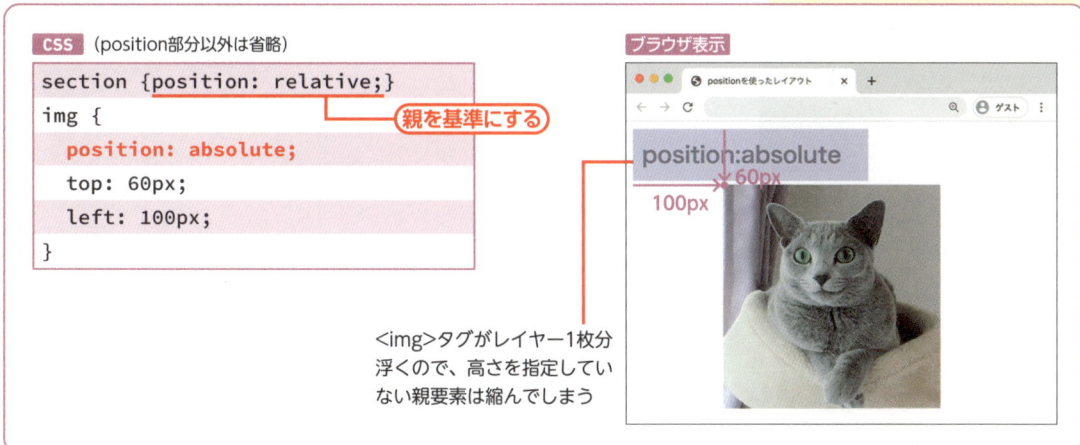

CSS （position部分以外は省略）

```
section {position: relative;}
img {
  position: absolute;
  top: 60px;
  left: 100px;
}
```

親を基準にする

ブラウザ表示

position:absolute
60px
100px

<img>タグがレイヤー1枚分浮くので、高さを指定していない親要素は縮んでしまう

背景画像を使って メインビジュアルを表示する

THEME テーマ

backgroundプロパティで背景画像を指定する手法を活用して、Webサイトにメインビジュアルと呼ばれる大きな画像を表示してみます。実際のWebサイトでもよく使われるやり方です。

Webページのトップページなどで、ファーストビューと呼ばれるページの上部に大きく配置する画像を、メインビジュアルや**ヒーローイメージ**と呼びます。この部分をbackgroundプロパティを利用した背景画像として配置してみましょう。

ここではスマートフォン・タブレット・PC、表示幅の異なる3種類のデバイスに表示を対応させてみます。背景に表示する画像は図1です。まず、HTMLとスマートフォン表示のCSSを記述します図2。

WORD　ヒーローイメージ

Webページのメインビジュアルの中でも、ページのファーストビュー全面を占めるように配置した大きなサイズの写真や画像のことを、ヒーローイメージと呼ぶ場合がある。ヒーローイメージの「ヒーロー（hero）」は主役という意味。ファーストビューとは、Webページのうちスクロールせずに表示される最初の画面を指す。

memo

ここでスマートフォン表示を想定したCSSをはじめに用意しているのは、スマートフォンとPCの閲覧数を比較した場合、一般的にスマートフォンのほうが上回る場合が多く、優先してCSSを記述すると効率的だからです。本書では、学習のしやすさやCSSの書きやすさなどの面から、PC用のCSSを先に記述している場合もあります。

図1　背景に表示する画像（スマートフォン用）

図2　メインビジュアル（スマートフォン表示）

HTML

```
<div class="bg-hero">                    ①
  <div class="bg-info">                  ②
    <h1> キャンプをしよう！ </h1>
    <p> 東京キャンプの森では、キャンプを通して普段とは違う日常を過ごすためのぜんぶ
が詰まっています！　みんなでご飯を作ったり、川辺でバーベキューしたり、テントをたてた
り、ゆっくり過ごしたり。電源設備、自販機、運動場などの設備も充実しています。 </p>
  </div>
</div>
```

CSS

```css
.bg-hero {                              ①
  background: url("../img/bg-hero-sp.
jpg") center bottom no-repeat;          背景画像を指定
  background-size: cover;
  height: 80vh;
}
.bg-info {                              ②
  padding: 20% 7% 0;
  color: #fff;
}
.bg-hero h1 {
  text-align: center;
  margin-bottom: 0.75em;
  font-size: 1.625rem;
}
.bg-hero p {
  line-height: 1.8;
  font-size: 0.875rem;
}
```

ブラウザ表示

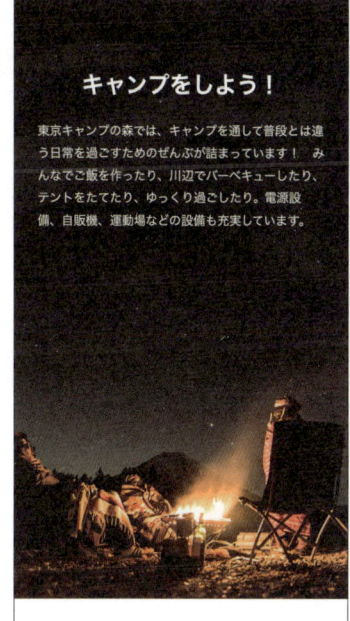

キャンプをしよう！

東京キャンプの森では、キャンプを通して普段とは違う日常を過ごすためのぜんぶが詰まっています！ みんなでご飯を作ったり、川辺でバーベキューしたり、テントをたてたり、ゆっくり過ごしたり。電源設備、自販機、運動場などの設備も充実しています。

一番外側にある <div class="bg-hero"> に対して、CSSで背景画像を指定しています 図2-①。

background-size プロパティは要素の背景画像のサイズを設定するものです。値に「cover」を指定すると、<mark>画像の縦横比を変えずに、要素の枠内いっぱいに背景画像が表示されます。</mark>

タブレット表示のメインビジュアル

次に、同じく background プロパティを使って、タブレット端末用（ここでは表示幅600px以下）にメインビジュアルを表示するCSSを見ていきます。スマートフォン表示では背景画像に正方形の画像を利用していましたが、タブレット用・PC用では横長の画像を用意して、切り替えて利用します 図3 図4。また、padding の値を変更し、テキストのフォントサイズを大きくしています。

> **memo**
> 図2 のCSSで使われている単位については78ページ、Lesson3-05 を参照してください。

> **! POINT**
> 「background-size: cover;」を使って背景画像を指定すると、画像の縦横比率を保ったまま、要素全体を覆うように背景画像が表示されます。要素の幅・高さより背景画像が大きい場合は、画像のはみ出した部分はカットして表示され、背景画像より要素の幅・高さが大きい場合は、要素の大きさに合わせて画像が拡大されます。

図3 背景に表示する画像（タブレット・PC兼用）

図4 メインビジュアルのCSSと表示（タブレット）

CSS

表示幅600px以上の画面で有効

```
@media screen and (min-width: 600px) {
  .bg-hero {
    background-image: url("../img/bg-hero-
pc.jpg");
  }
  .bg-info {
    padding: 10% 18%;
  }
  .bg-hero h1 {
    font-size: 1.875rem;
  }
  .bg-hero p {
    font-size: 1rem;
  }
}
```

タブレット・PC用の背景画像を指定

ブラウザ表示

PCでメインビジュアルを表示

　では、PC表示（ここでは表示幅960px以上）にメインビジュアル
を設定を行います。画像はタブレット用と同じもので、ブラウザ
での表示は 図5 のようになります。

図5 メインビジュアル（PC表示）

図5 のように、メインビジュアルとなる背景画像を横幅いっぱいに表示し、その上に <h1>・<p> タグを重ねて表示する場合、絶対配置を利用したレイアウトにするとよいでしょう ▶。

106ページ、**Lesson4-02**参照。

まず、背景画像が設定されている <div class="bg-hero"> に position プロパティで「position: relative」と基準となる相対位置を記述します。これで、子要素（<h1> と <p> を包んでいる <div class="bg-info">）の絶対配置の基準が <div class="bg-hero"> になります。そして、<div class="bg-info"> に「position: absolute」と絶対位置を指定し、左から「left: 120px」、上から「top: 20%」の位置を指定しています 図6。

図6 メインビジュアルのCSSと表示（PC）

CSS

```
@media screen and (min-width: 960px) {
  .bg-hero {
    position: relative;
  }

  .bg-info {
    padding: 0;
    width: 40%;
    position: absolute;
    top: 20%;
    left: 120px;
  }
```

960px 以上の画面で有効

基準となる相対位置指定

絶対位置の指定

上から・左からの距離

```
  .bg-hero h1 {
    text-align: left;
  }

  .bg-hero p {
    font-size: 1rem;
  }
}
```

Lesson4 04

PC用グローバルナビゲーションをデザインする

60 min

THEME テーマ <a>タグとリストタグを組み合わせて、グローバルナビゲーションを作ります。ここでは、PC表示のみを想定したものを作成するため、PC表示用のCSS指定を解説していきます。

グローバルナビゲーション

「グローバルナビゲーション」とは、Webサイトのどのページにも共通して（＝グローバルに）配置されるナビゲーションメニューのことです。本節ではPC用のHTMLとCSSを作成し、次節ではそれをベースにしたモバイル用の**ハンバーガーメニュー**を作成してみます。

まずPC用のHTMLを記述します。

WORD ハンバーガーメニュー

メニューを開くボタンがハンバーガーの形状に似ていることから呼ばれる名称。ナビゲーションメニューの一種で、モバイル表示用のサイトで多く見られる。メニューの項目が常時表示されているグローバルナビゲーションと異なり、ボタンのタップ（クリック）でナビゲーションが開閉し、メニュー項目の表示・非表示が切り替わる。

図1 PC表示のHTMLとCSS適用前の表示

HTML

```
<div class="gnav-wrap">
  <nav class="gnav-inner">
    <p class="gnav-logo">Logo</p>
    <ul class="gnav-list">
      <li>
        <a href="#">TOP<span> トップ </span></a>
      </li>
      <li>
        <a href="#">NEWS<span> お知らせ </span></a>
      </li>
      <li>
        <a href="#">ABOUT<span> 当店について </span></a>
      </li>
      <li>
        <a href="#">RECRUIT<span> 採用情報 </span></a>
      </li>
    </ul>
  </nav>
</div>
```

ブラウザ表示

Logo

- TOPトップ
- NEWSお知らせ
- ABOUT当店について
- RECRUIT採用情報

　ナビゲーション全体は<nav>タグで囲み、その中にナビゲーションメニューの項目を<ul>・<li>タグでマークアップしています。

PC表示のCSS

　続いて、PC用のCSSを見ていきます 図2 。「display: flex」● を<nav class="gnav-inner">に適用することでロゴとナビゲーションを左右に配置しています。さらに<ul class="gnav-list">にも「display: flex」適用して、子要素のナビゲーション内のリンクを横並び配置にしています。

102ページ、**Lesson4-01**参照。

図2 PC用のCSS

CSS

```
.gnav-wrap {
  background: #1b9aaa;
}
.gnav-inner {
  margin-inline: auto;
  padding: 0.5em 1.5em;
  max-width: 1200px;
  display: flex;
  align-items: center;
  justify-content: space-between;
}
.gnav-logo {
  font-size: 2em;
  font-weight: bold;
  color: #fff;
}
.gnav-list {
  text-align: center;
  background: #1b9aaa;
}
```

ロゴとナビゲーションを左右横並びに配置

```
  padding: 0;
  display: flex;
  gap: 2em;
}
.gnav-list li a {
  display: block;
  font-size: 16px;
  font-weight: bold;
  color: #fff;
  text-decoration: none;
}
.gnav-list li span {
  font-size: 12px;
  display: block;
}
```

ナビゲーション内のリンクを横並びに配置

ブラウザ表示

Logo

TOP　NEWS　ABOUT　RECRUIT
トップ　お知らせ　当店について　採用情報

図1のHTMLで、全体を囲む大枠として <div> タグがあり、その内側に <nav class="gnav-inner"> を用意しているのは、<div> タグでナビゲーションのブロック全体に背景色をつけ、さらに内側の要素（<nav class="gnav-inner">）を <div> タグ内で左右中央揃えに配置するためです。もし大枠の <div> を用意しない場合、図3 のように左右が塗りつぶされず、余白が生まれてしまいます。

図3　大枠を用意しない場合の表示

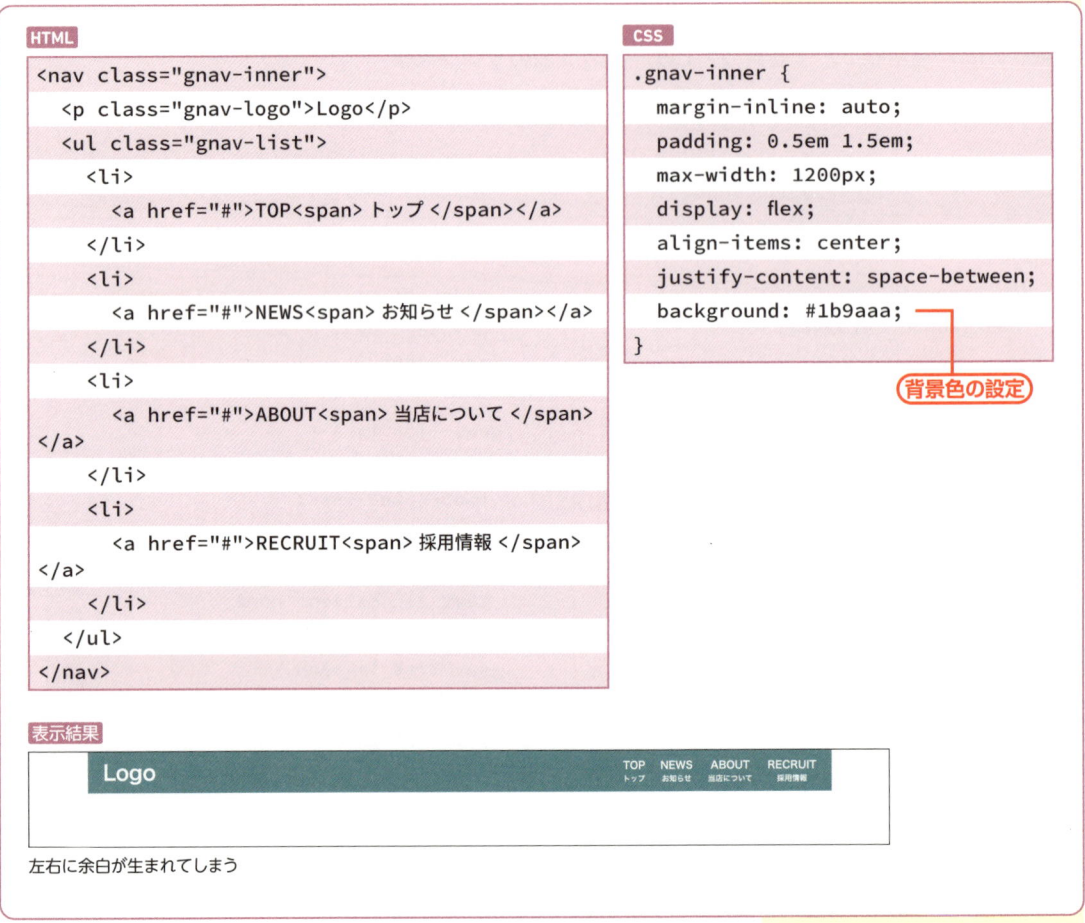

```
HTML
<nav class="gnav-inner">
  <p class="gnav-logo">Logo</p>
  <ul class="gnav-list">
    <li>
      <a href="#">TOP<span> トップ </span></a>
    </li>
    <li>
      <a href="#">NEWS<span> お知らせ </span></a>
    </li>
    <li>
      <a href="#">ABOUT<span> 当店について </span>
</a>
    </li>
    <li>
      <a href="#">RECRUIT<span> 採用情報 </span>
</a>
    </li>
  </ul>
</nav>
```

```
CSS
.gnav-inner {
  margin-inline: auto;
  padding: 0.5em 1.5em;
  max-width: 1200px;
  display: flex;
  align-items: center;
  justify-content: space-between;
  background: #1b9aaa;
}
```

背景色の設定

表示結果

左右に余白が生まれてしまう

ハンバーガーメニューを作ろう

THEME テーマ モバイルサイトでよく見るハンバーガーメニューは通常HTMLとCSSでデザインし、JavaScriptによってメニュー開閉のアニメーションを作ります。

ハンバーガーメニューとは

　ハンバーガーメニューとは、モバイル用サイトなどの上部に置かれている3本の線が入ったメニューボタンのことで、その見た目からそう呼ばれています。スマートフォンの普及とともに画面の狭いモバイル上でグローバルナビゲーションを格納するために作られました。PCサイトでも見かけますが、大きな画面上で小さなメニューボタンをクリックするのはユーザーに負担がかかることもあるため、PCでは展開された状態で表示、モバイルではハンバーガーメニューに格納、という切り替えをしているサイトが多いようです。ここでは画面右上のボタンをタップすると左側からメニューリストがスライドしてくるようなメニューを作ってみます。

メニュー開閉用のボタンを追加

　ハンバーガーメニューのHTMLとCSSは、前節 （112ページ）のPC用グローバルナビゲーションのものをそのまま利用します。グローバルナビゲーションのHTMLに、ハンバーガーメニューの開閉ボタンとなる <button> タグを追加します 図1 。このボタンタグは、PC表示の際は非表示としたいので、PC表示のCSSに「display: none;」を追加で記述します 図2 。

図1 **<button>を追加**

`HTML`

```
<nav>
  <div class="gnav-wrap" class="gnav-inner">
    <p class="gnav-logo">Logo</p>
    <button class="gnav-button"><span> メニュー </span></button>    ────●（追加）
    <ul class="gnav-list">
      <li>
        <a href="#">TOP<span> トップ </span></a>
      </li>
      <li>
        <a href="#">NEWS<span> お知らせ </span></a>
      </li>
      <li>
        <a href="#">ABOUT<span> 当店について </span></a>
      </li>
      <li>
        <a href="#">RECRUIT<span> 採用情報 </span></a>
      </li>
    </ul>
  </nav>
</div>
```

図2 **PC表示のCSSに追記**

`CSS`

```
.gnav-button {
  display: none;
}
```

displayプロパティは要素の表示の性質を指定するプロパティです。「display: none;」と値にnoneを指定すると、要素をブラウザ上で非表示にできます。

レスポンシブ用のCSSを用意

モバイル用（タブレット・スマートフォン）の表示で適用するCSSを記述していきます。ここでは表示幅800px以下で適用するされるようにしています 図3 。 図3 の段階では<button>タグへのスタイルはまだ設定していないため、デフォルト表示で問題ありません。

図3　モバイル用のCSS

`CSS`

```
@media screen and (max-width: 800px) {
  .gnav {
    padding-right: 1em;
  }
  .gnav-button {
    display: block;
    cursor: pointer;
  }
  .gnav-list {
    position: fixed;          ← 位置の固定
    padding-top: 10vh;
    top: 0;
    left: -100%;
    z-index: 100;             ← ①
    width: 100%;
    max-width: 240px;
    height: 100vh;
    flex-direction: column;   ← flexbox のアイテムの並び方向を縦に
    transition: 0.3s;
  }
}
```

> memo
> z-indexはボックスの重なり順を指定するプロパティです。詳しくは245ページ、**Lesson7-04** POINTも参照してください。

<ul class="gnav-list"> に対して、「flex-direction: column」を指定しています。flex-direction プロパティは、flexbox のコンテナ内でアイテムの並ぶ方向を指定するもので、column を指定するとアイテムが縦方向（垂直方向）に並びます。

また、画面内で要素の表示位置を固定する「position: fixed」➡︎を指定しています。position: fixed は「position: absolute」と同じように特定位置に固定表示されますが、position: fixed の場合はページをスクロールしてもブラウザ画面上の同じ位置に固定表示されるのが特徴です。ハンバーガーメニューでは、ボタンを画面内の同じ位置に常時表示させ、🖊押したらナビゲーションが開くようにしたいため、このプロパティを利用します**図4**。

➡︎ 106ページ、**Lesson4-02**参照。

> **! POINT**
> ナビゲーションメニューはボタンをタップ（クリック）で開く設定のため、非表示の状態が初期状態となりますが、もし表示を確認したい場合は「.gnav-list」の「left: -100%;」**図3-1** を「left: 0;」と書き換えると、ナビゲーションが表示されます。確認し終わったら、「left: -100%;」に戻しておきましょう。

図4 ナビゲーションを表示させたところ

120ページ 図8 図9 でJavaScriptとCSSを適用した
あとに、メニューボタンをクリックした際の様子

jQueryを利用して開閉機能を実装する

　メニューの開閉機能は、ここではJavaScriptのライブラリ➡で
あるjQueryを用いて実装します。

　jQueryはJavaScriptファル（.jsファイル）を記述して読み込む
のではなく、サーバー上にすでにあるファイルを読む込むCDNと
いう形式で利用します。jQueryの公式サイトにアクセスして、バー
ジョンjQuery 3.xの「slim minified」をクリックします。表示され
たモーダルウィンドウ上にあるクリップボードへコピーするボタ
ンをクリックしてください 図5 。

21ページ、**Lesson1-04**参照。

WORD ＞ **CDN**

Webサイトデータのディレクトリにあ
るファイルを読み込むのではなく、外部
のWebサーバーに置かれたファイルを
呼び出す形式をCDN（Content
Delivery Network）を呼ぶ。リセット
CSSのほか、Google FontsやjQuery
などの読み込みにもよく使われる。

図5 jQueryのソースコードをコピーする

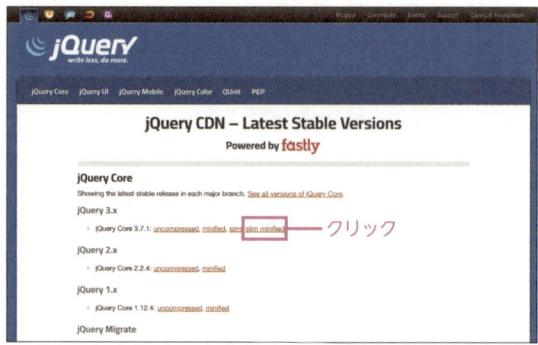

https://releases.jquery.com/

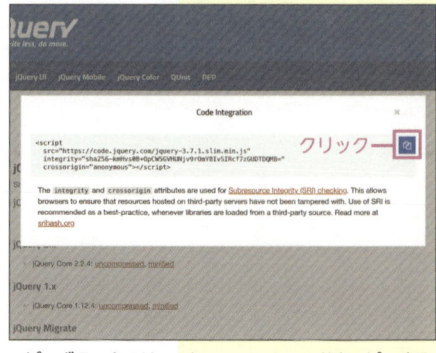

コピーボタンをクリックして、ソースコードをコピーする

続けて、HTML、CSS、JavaScriptの記述を進めていきます。

jQueryのCDNページでコピーしたソースコードをHTMLの<head>タグ内にペーストし、JavaScriptファイルの読み込みのための<script>タグ追加します図6。また、<nav>タグ、<button>タグ、<ul>タグにJavaScript用のid属性を3つ追加しています図7。

図6 <head>内にソースコードを貼り付ける（赤字部分）

HTML

```
<head>
  (省略)
  <script src="https://code.jquery.com/jquery-
3.7.1.slim.min.js" integrity="sha256-kmHvs0B+OpCW5GVHUN
jv9rOmY0IvSIRcf7zGUDTDQM8=" crossorigin="anonymous"></
script>
  <script src="js/4-05-8.js"></script>
</head>
```

図7 JavaScript用のid属性を3つ追加

HTML

```
<nav>
  <div class="gnav" id="js-gnav">
    <p class="gnav-logo">Logo</p>
    <button class="gnav-button" id="js-gnav-button">
<span>メニュー</span></button>
    <ul class="gnav-list" id="js-gnav-list">
      <li>
        <a href="#">TOP<span>トップ</span></a>
      </li>
    (省略)
    </ul>
  </div>
</nav>
```

赤字部分が追加したid属性

JSファイルとCSSファイルの記述

JavaScriptファイルでは、ボタンをタップ（クリック）すると、「is-open」というクラスの付与と削除が交互になされる記述と、ナビゲーションの範囲をクリックすることで「is-open」クラスの削除がなされる記述をしています図8。

CSSファイルでは、ボタンがタップされ、JavaScriptによって「is-open」クラスが付いた際にナビゲーションが表示されるように、leftの値を「0」にします図9。

memo

jQueryにはメリット・デメリットがあり、デメリットとしてはWebページの高速表示の妨げになる場合がありますが、実装のしやすさや、JavaScript初学者にとっての導入しやすさなどのメリットも多いので、ここでは採用しています。

memo

2つ目の<script>タグで読み込むJavaScriptファイルは図8で作成するため、それに合わせた名称にしています。

図8 JavaScriptの記述

`JavaScript`

```
$(function () {
  $("#js-gnav-button").on("click", function () {
    $("#js-gnav").toggleClass("is-open");
  });
  $("#js-gnav-list").on("click", function () {
    $("#js-gnav").removeClass("is-open");
  });
});
```

id「js-gnav-button」をクリックしたとき

class「is-open」を id「js-gnav-button」に削除・付与する

id「js-gnav-list」をクリックしたとき

class「is-open」を id「js-gnav-button」から削除する

図9 モバイル用のCSSに追記する（赤字部分）

`CSS`

```
@media screen and (max-width: 800px) {
  (省略)
  .is-open .gnav-list{
    left: 0;
  }
}
```

ブラウザ表示

Logo　　メニュー

ボタンをタップするとメニューが開いて表示される

　これでボタンでメニューを開閉して仕組みの実装は完了しました。本書では JavaScript（jQuery）を本格的には扱いませんが、興味を持った際はぜひ JavaScript の学習にチャレンジしてみましょう。

メニューボタンをスタイリング

　図9 ではメニューボタンのスタイルがデフォルトのままのため、CSS でスタイリングしていきます 図10 図11 。
　メニューボタンは「メニュー」というテキストと、3本の線で構成されています。テキストは <span> タグでマークアップしており、線は <button> タグの ::before 疑似要素と ::after 疑似要素 ➡ で上下の線、<span> タグの ::before 疑似要素で中央の線を表現しています。線を3本線 ☰ から ✕ の状態に変化させるための記述として、JavaScript（jQuery）で「is-open」クラスが追加された際に上下の線の角度を変え、さらに中央の線を透過させて、見えなくしています。

> **! POINT**
>
> ここでのJavaScript（jQuery）は「is-open」クラスの付与と削除のみを制御していて、アニメーションと表示・非表示については<ul class="gnav-list">のCSSプロパティで制御しています。アニメーションは「transition」プロパティ、表示・非表示は「left」プロパティが「0%」のときに表示、「-100%」のときに非表示となります。

162ページ、**Column**参照。

120　Lesson4-05　ハンバーガーメニューを作ろう

図10 CSSでスタイリング後のメニューボタン

HTML

```
<button class="gnav-button" id="js-gnav-button">
<span> メニュー </span></button>
```

ブラウザ表示

 メニューを表示するボタン　　 メニューを非表示にするボタン

図11 メニューボタンのCSSスタイル

CSS

```
/* ボタン本体の調整 */
.gnav-button {
  height: 50px;
  width: 60px;
  background-color: transparent;
  border: none;
  position: relative;
}

/* 「メニュー」テキスト */
.gnav-button span {
  font-weight: bold;
  color: #fff;
  width: 60px;
  position: absolute;
  top: 30px;
  left: 50%;
  transform: translateX(-50%);
}
```
　　　　　　　　　　　　　　テキスト部分のスタイル指定

```
/* ボタンの線 */
.gnav-button::before, .gnav-button::after, .gnav-button
span::before {
  content: "";
  display: block;
  position: absolute;
  left: 50%;
  transform: translateX(-50%);
  width: 28px;
  height: 2px;
  background-color: #fff;
  transition: all 0.3s;
}
```
　　　　　　　　　　　　　　3本線共通のスタイル指定

※次ページへ続く

121

```
.gnav-button::before {
  top: 8px;
}
.gnav-button::after {
  top: 24px;
}
.gnav-button span::before {
  top: -14px;
}

/* アイコンのアニメーション */
.is-open .gnav-button::before {
  transform: rotate(45deg);     線を斜め45度に回転
  top: 16px;
  left: 16px;
}
.is-open .gnav-button::after {
  transform: rotate(-45deg);     線を斜め45度に回転
  top: 16px;
  left: 16px;
}
.is-open .gnav-button span::before {
  background-color: transparent;     中央の線を透過
}
```

transform は要素を変形させるプロパティです○。移動
(translate)、回転(rotate)、拡大縮小(scale)、傾斜(skew)などの
変形ができます。次のような指定が可能です。

131ページ、**Lesson4-08**参照。

- transform: translateX(-50%);：X軸方向(横)に-50%移動
- transform: translateY(30px);：Y軸方向(縦)に30px移動
- transform: rotate(45deg);：45°回転

Lesson4

06

60
min

フッターをデザインする

THEME テーマ Webサイトのフッターは、地味なようで重要なテキスト情報がたくさん盛り込まれていることが多くあります。情報をきちんと整理し、マークアップに気をつけましょう。

フッターの役割

フッターは重要な情報を集約しているエリアですので、情報整理がデザインの鍵となります 図1。

フッターに記載する要素にこれといった決まりはありませんが、一般的なコーポレートサイトでは、次のような情報を記載していることが多いようです。

- ロゴや会社名（サービス名）
- サイトマップのようなサイト内リンク集
- 各種SNSリンク
- 電話番号や住所
- グループ会社などの外部リンク
- コピーライト表示

図1 HTMLとデフォルト表示

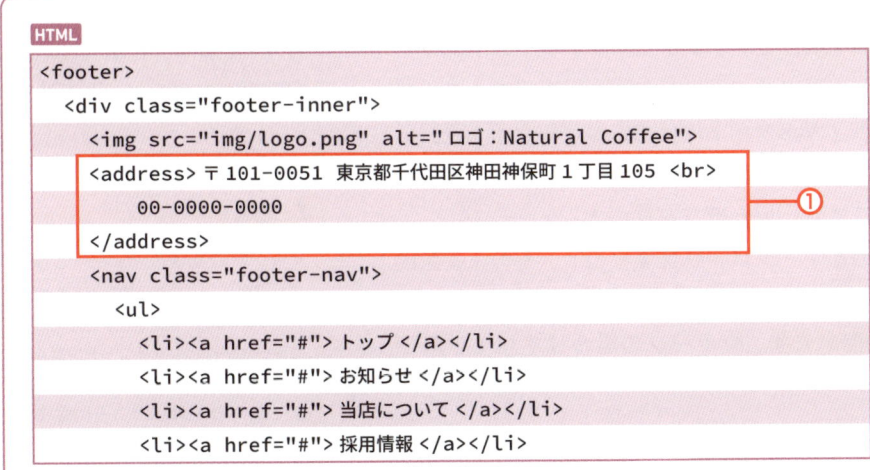

```html
<footer>
  <div class="footer-inner">
    <img src="img/logo.png" alt="ロゴ：Natural Coffee">
    <address> 〒 101-0051 東京都千代田区神田神保町 1 丁目 105 <br>
      00-0000-0000
    </address>                                                  ①
    <nav class="footer-nav">
      <ul>
        <li><a href="#"> トップ </a></li>
        <li><a href="#"> お知らせ </a></li>
        <li><a href="#"> 当店について </a></li>
        <li><a href="#"> 採用情報 </a></li>
```

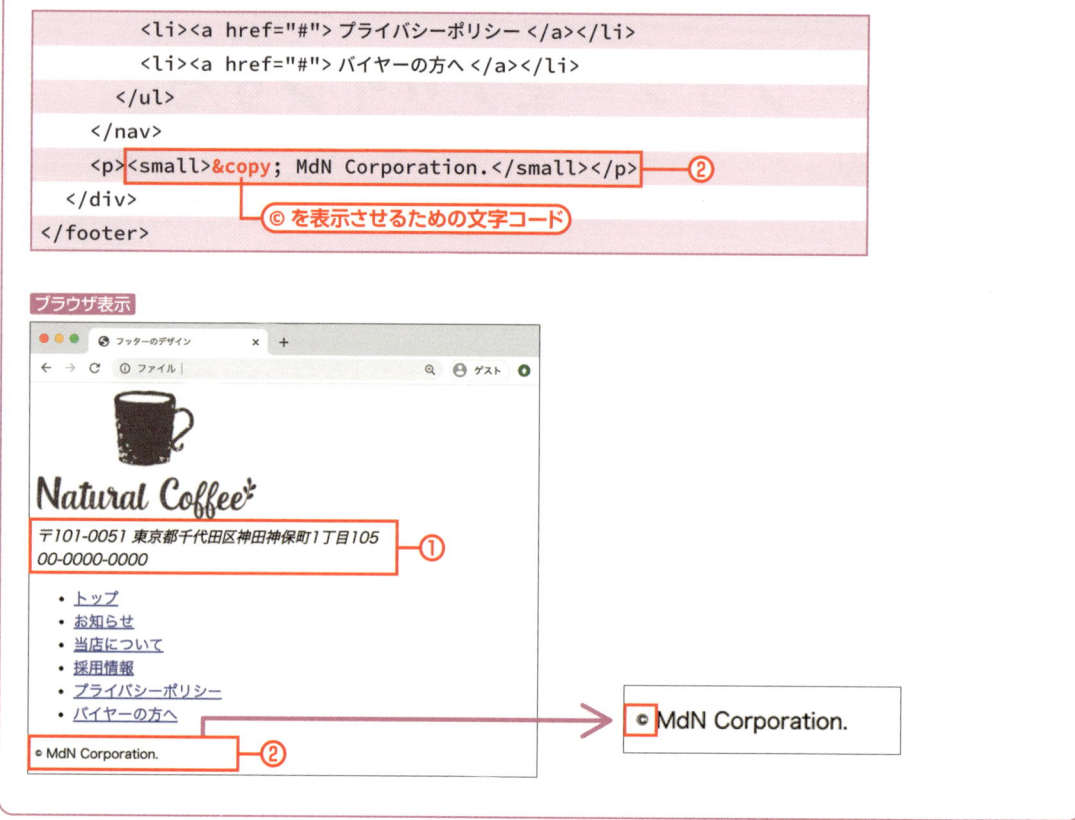

```
            <li><a href="#"> プライバシーポリシー </a></li>
            <li><a href="#"> バイヤーの方へ </a></li>
        </ul>
    </nav>
    <p><small>&copy; MdN Corporation.</small></p>  ②
    </div>
</footer>
```

© を表示させるための文字コード

ブラウザ表示

① 〒101-0051 東京都千代田区神田神保町1丁目105
00-0000-0000

② © MdN Corporation.

<address>タグと<small>タグ

　<address> タグはページ制作者もしくは管理者の連絡先（電話番号、住所、メールアドレス、名前など）に使います。サイト内で他者を紹介する場合には使用しません。デフォルトスタイルでは「font-style:italic」が適用されており、斜体で表示されています。

　<small> タグは注釈や細目を示すタグです。デフォルトスタイルでは他の文字よりひと回り小さくなりますが、文字を小さくする目的では使いません。Webサイトでは主にコピーライト表記に用いられますが、「重要」という意味は持ち合わせていません。サイト内で重要な情報には <strong> タグを使いましょう。

　コピーライト表記の©マークは特殊文字なので、そのまま記述すると文字化けする可能性があります。特殊文字を入力したい場合は 文字コードを使います。©マークの場合はすべて半角で「©」です。

POINT

特殊文字は©のほか、コーディングやプログラミングで使う半角記号も含まれます。半角の＜＞や＆などを文章中に使いたい場合も文字コードで書く必要があります。それぞれ実際の文字コードについては「特殊文字コード表」で検索してみるとよいでしょう。

フッターをデザインする

図1 のHTMLをもとに、デザインの一例としてフッターを中央揃えに、リストを横並びにしてみましょう。

図2 CSSと表示結果

CSS

```css
/* 全体の設定 */
*{
  box-sizing:border-box;
  margin: 0;
  padding: 0;
}

/* レイアウト */
footer{
  width: 100%;
  background: #7b645d;
  padding: 60px 0;
  text-align: center;
  color: #504543;
}
.footer-inner{
  width: 1000px;
  background: #fff;
  margin-inline: auto;      ── ボックスを中央揃え
  padding: 60px;
}

/* ロゴと連絡先 */
img{margin-bottom: 20px;}

address{
  margin-bottom: 20px;
```

```css
  font-style: normal;       ── 斜体を戻す
  font-size: 14px;
}

/* ナビゲーション */
.footer-inner nav{
  padding-bottom: 20px;
  border-bottom: 1px solid #ccc;
  margin-bottom: 20px;

}
.footer-inner nav ul{
  list-style: none;         ── リストマーカーを削除
}
.footer-inner nav ul li{
  display: inline-block;    ── 横並びにする
}

a{
  display: inline-block;
  padding: 0.5em;
  text-decoration: none;
  color: #b48456;
}

@media screen and (min-width: 960px) {
  a:hover{text-decoration: underline;}
}
```

PC用にだけホバー時の設定

ブラウザ表示

.footer-inner

Natural Coffee
〒101-0051 東京都千代田区神田神保町1丁目105
00-0000-0000
トップ　お知らせ　当店について　採用情報　プライバシーポリシー　バイヤーの方へ
© MdN Corporation.

20px
20px
20px
20px

memo
.footer-innerに適用している中央揃えのプロパティ「margin-inline: auto」は、次節で改めて解説します。

Lesson4
07
45
min

要素を水平方向（横方向）の中央に配置する

THEME
テーマ

簡単なようで陥りやすい「水平方向中央配置」の方法について、しっかり覚えましょう。水平方向中央に配置する方法は、対象の要素がブロックレベル性質かインライン性質（インラインブロックも含む）かによって、方法が異なります。

ブロックレベル性質の要素を中央に配置する

　水平方向中央配置（中央揃え）の方法は、要素の性質ごとに大きく分けて、左右のmarginをautoにする方法と、「text-align:center」を使う方法があります。ただし、それぞれ正しく使わないと効きません。

　セクショニング・コンテンツや、ヘッディング・コンテンツなどのブロックレベル性質のタグ及び「display:block」などでブロック性質にされている要素を中央寄せにするには、左右のmarginに該当する ⚠ margin-inline を auto にします。図1 にある <p> タグを中央寄せにしたものが 図2 です。

> **ℹ memo**
>
> ブロックレベル性質の要素を中央揃えにする場合、中央揃えにしたい要素のwidthを親より小さく指定しておきましょう。幅を指定しないと自動的に幅は親要素と同じ幅（100%）になるため、中央揃えの指定をしても効果はありません。

> **❗ POINT**
>
> marginの左右をautoにする手法として「margin: 0 auto」のプロパティが知られていますが、現在では「margin-inline: auto」も利用できます。

図1 中央配置にする前の共通コード

HTML

```
<div>
  <p>
    <span> 中央寄せ </span>
  </p>
</div>
```

CSS

```
/* 全体の設定 */
*{
  box-sizing:border-box;
  margin: 0;
  padding: 0;
}
```

```
/* 共通設定 */
div{
  width: 100%;
  padding: 1em;
  background: #eee;
}
p{
  width: 200px;
  height: 200px;
  background: #00c;
  color: #fff;
}
```

ブラウザ表示

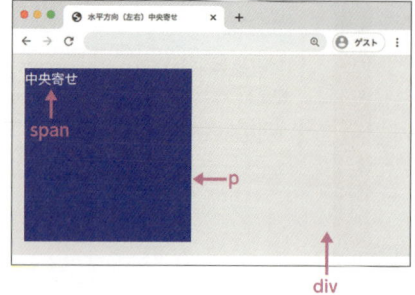

図2 ブロックレベル性質の要素を中央寄せにする

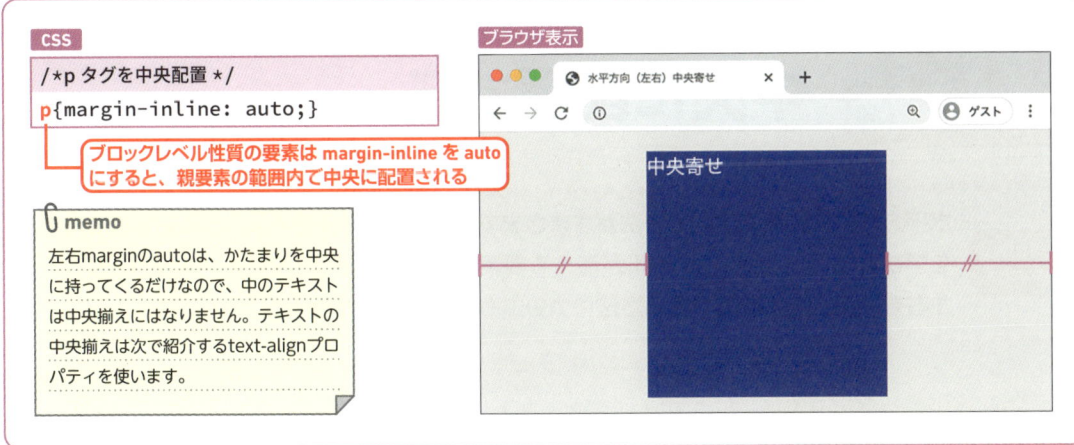

```
CSS
/*p タグを中央配置 */
p{margin-inline: auto;}
```

> ブロックレベル性質の要素は margin-inline を auto にすると、親要素の範囲内で中央に配置される

memo
左右marginのautoは、かたまりを中央に持ってくるだけなので、中のテキストは中央揃えにはなりません。テキストの中央揃えは次で紹介するtext-alignプロパティを使います。

インライン性質の要素を中央揃えにする

要素がインライン性質の場合は「text-align:center」を使います。ただし指定は、中央揃えにしたいテキストやフレージング・コンテンツを囲んでいるブロックレベル性質の親要素に対して行います。段落テキストを中央揃えにしたければ <p> タグに「display: inline」を指定します。図3のようにインライン性質の<span>タグに指定しても効かないため、それを囲む <p> タグへ指定する必要があります。

POINT
間違いやすいところですが、<p>タグはブロックレベル性質のタグです。また、text-alignの初期値はleft（左揃え）ですが、このほかright（右揃え）やjustify（均等割り付け）などがあります。

図3 インライン性質の要素やテキストを中央寄せにする

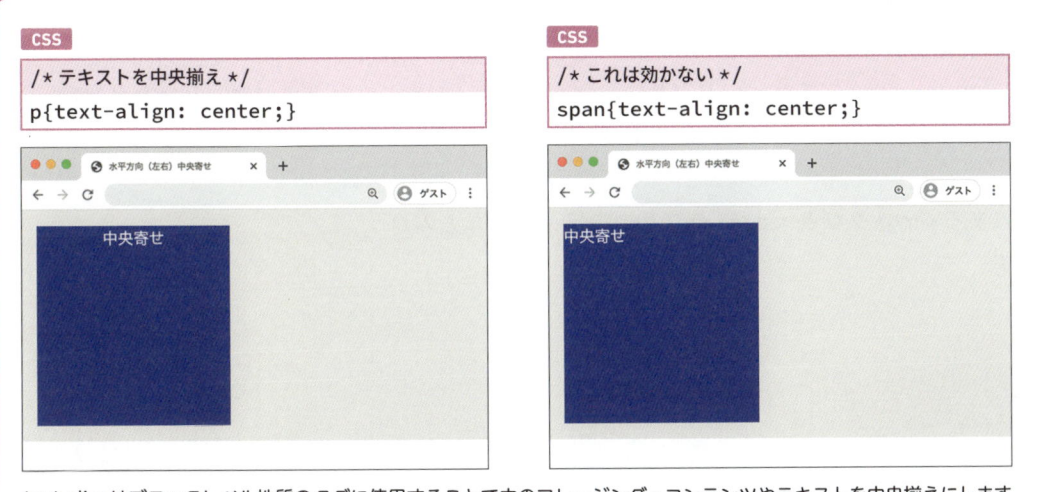

```
CSS
/* テキストを中央揃え */
p{text-align: center;}
```

```
CSS
/* これは効かない */
span{text-align: center;}
```

text-alignはブロックレベル性質のタグに使用することで中のフレージング・コンテンツやテキストを中央揃えにします（HTMLは図1のものを使用しています）。

127

要素を垂直方向（縦方向）の中央に配置する

Lesson4 08

60 min

THEME テーマ 水平方向中央配置に比べて方法がさまざまで少し難しい「垂直方向」の中央配置の方法を学びます。「vertical:align」が使える要素、使えない要素を知り、その他にも上下左右を一度に中央配置できる方法についても身に付けましょう。

インライン性質を垂直方向の中央に揃える

インライン性質もしくはインラインブロック性質の兄弟要素（入れ子関係にない、並列関係にある要素）同士では、どちらか高さの大きいほうを基準に中央揃えにできます。例えば、ボタンを作るときにテキストと矢印アイコンの位置を揃える、といった具合です。

71ページ、**Lesson3-03**参照。

状況によって方法が異なる

画像とテキストを横並びにする際、どちらもインライン性質（もしくはインラインブロック性質）であれば vertical-align:middle を使います。verticalは垂直という意味で、text-alignと似ていますが、こちらはインライン性質のタグに直接使います。気をつけたいのは、親要素に対して中央揃えではないというところです。また、テーブルのセル <th> タグや <td> タグに vertical-align: middle; を使うこともできますが、この場合はセルの中で中央揃えになります。

132ページ、**Lesson4-09**参照。

図1 にある <img> タグと <span> タグを中央揃えにしたものが 図2 です。

図1 垂直方向中央配置の共通コード

HTML

```
<div>
  <p>
    <img src="img/icon.png" alt="">
    <span> 中央寄せ </span>
  </p>
</div>
```

CSS

```
/* 全体の設定 */
*{
  box-sizing:border-box;
  margin: 0;
  padding: 0;
}

/* 共通設定 */
div{
  width: 100%;
  padding: 1em;
  background: #eee;
}
p{
  width: 200px;
  height: 200px;
  background: #ff0;
  color: #ef476f;
}
span{font-size: 20px;}
```

ブラウザ表示

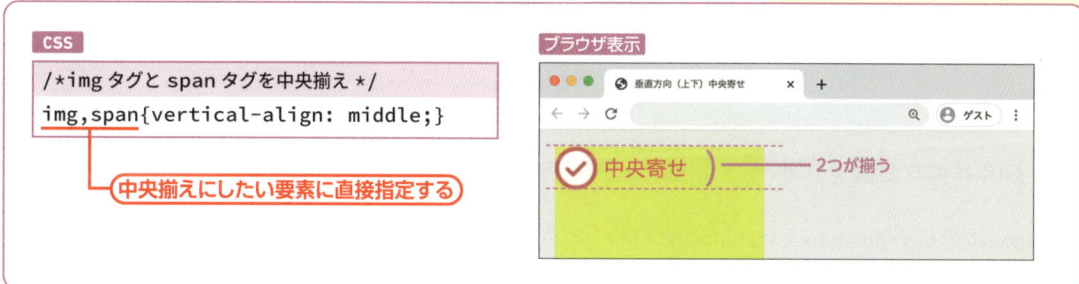

中央揃えにする前は
ずれている

img　span

←p

div

図2 インライン性質同士の中央揃え

CSS

```
/*img タグと span タグを中央揃え */
img,span{vertical-align: middle;}
```

中央揃えにしたい要素に直接指定する

ブラウザ表示

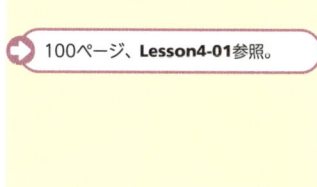

2つが揃う

flexboxを使った水平・垂直方向の中央配置

　高さを指定された親要素に対して中央に配置するにはいくつか
方法があります。flexbox➡️を使えば、インラインでもブロックで
も関係なく簡単に中央に配置することができます。ただし、コン
テナ内のすべての要素が中央揃えになるので注意が必要です。

　ここでは、<p> タグに対して <img> タグと <span> タグの2つを
中央寄せにしてみましょう 図3 。垂直方向（上下）中央に配置する

➡️ 100ページ、**Lesson4-01**参照。

プロパティは「align-items: center;」ですが、「justify-content: center;」プロパティを1行追加すると、水平方向（左右）も中央揃えにすることができます。

図3 flexboxを使った中央配置

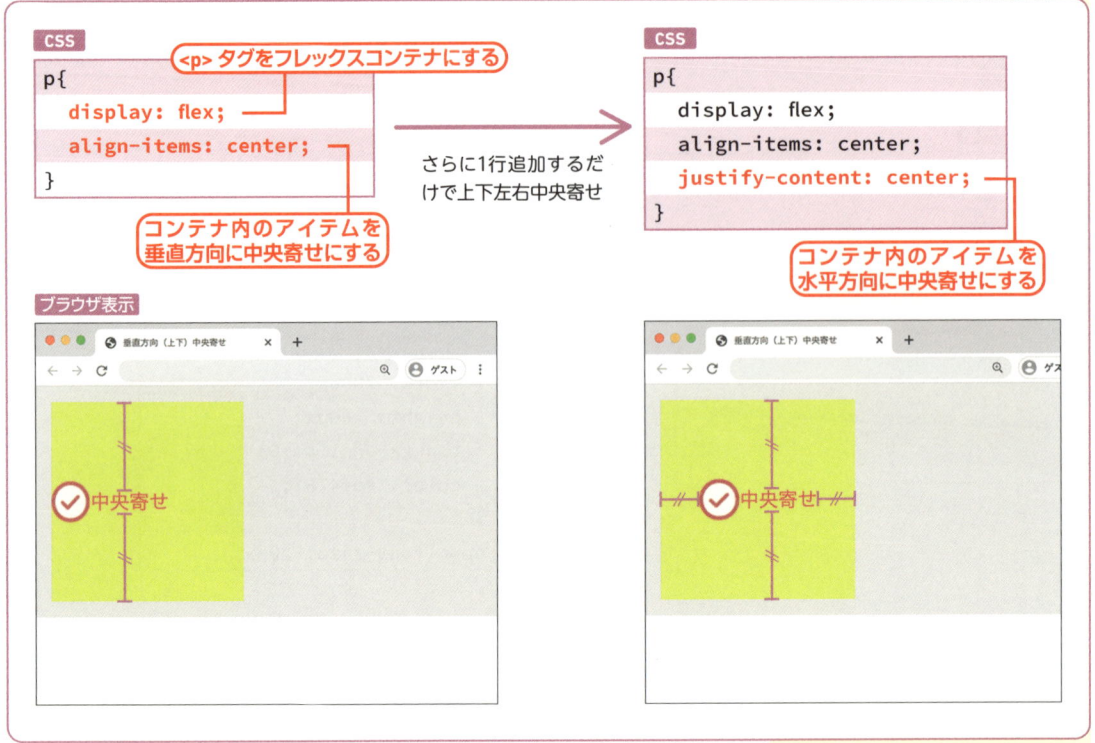

positionを使った水平・垂直方向の中央配置

flexbox以外にもpositionとtransformプロパティを使った中央配置の方法があります。この方法では特定の子要素だけを指定して中央揃えにできます。「position:absolute」を使うので、親要素には高さが指定されている必要がありますが、中央に配置したい子要素は高さが指定されていなくてもかまいません。また、flexboxと違い数値で設定するので、数値を変えれば中央から少しずらすなどの調整も可能です 図4 図5 。

> **memo**
> 例えば 図3 の<p>タグに高さが指定されていない場合、<p>タグの高さは画像とテキストがぎりぎり収まるサイズに縮むので、<p>タグの中で中央に寄ったようには見えませんが、<img>タグと<span>タグは「vertical-align: middle」のときのようにお互いに対し中央揃えになります。

図4　positionを使った水平垂直方向の中央配置

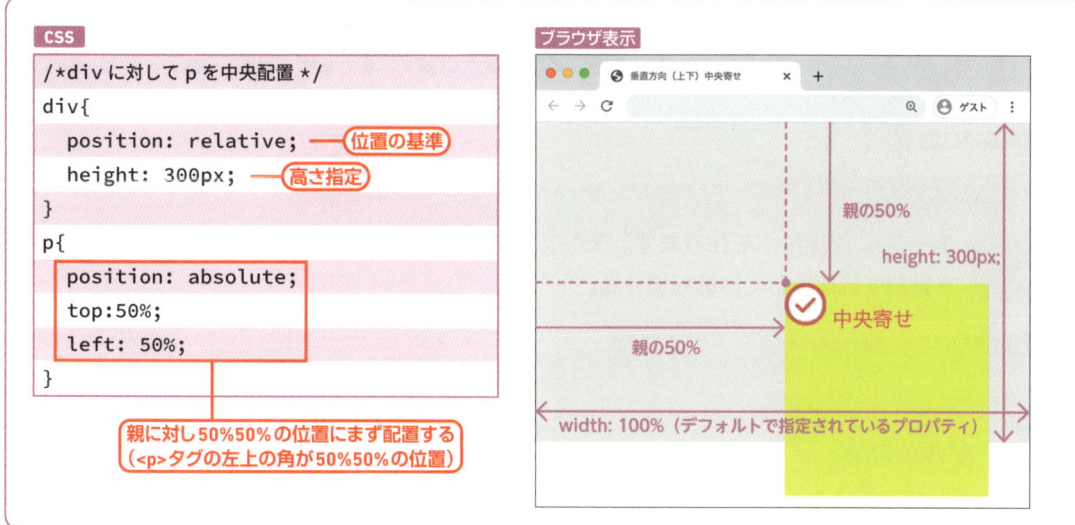

CSS

```
/*div に対して p を中央配置 */
div{
    position: relative;      ← 位置の基準
    height: 300px;           ← 高さ指定
}
p{
    position: absolute;
    top:50%;
    left: 50%;
}
```

親に対し 50%50% の位置にまず配置する
（<p>タグの左上の角が 50%50% の位置）

ブラウザ表示

親の50%
height: 300px;
中央寄せ
親の50%
width: 100%（デフォルトで指定されているプロパティ）

図5　transformを使った水平垂直方向の中央配置

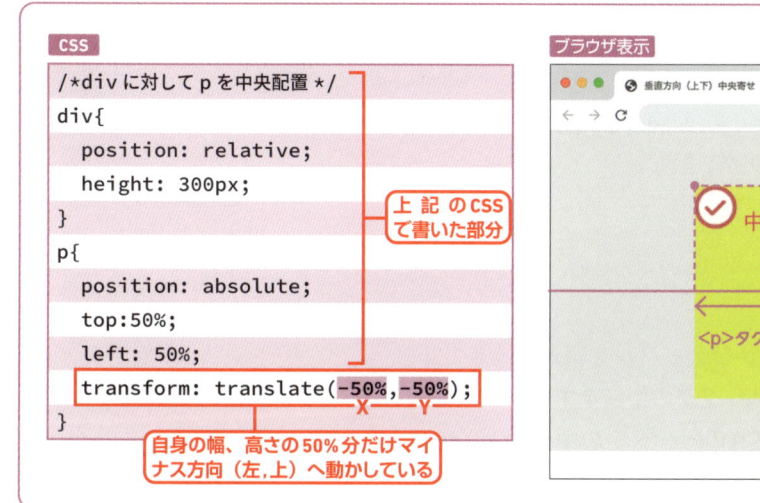

CSS

```
/*div に対して p を中央配置 */
div{
    position: relative;
    height: 300px;
}
p{
    position: absolute;
    top:50%;
    left: 50%;
    transform: translate(-50%,-50%);
}
```

上記のCSSで書いた部分

自身の幅、高さの 50% 分だけマイナス方向（左,上）へ動かしている

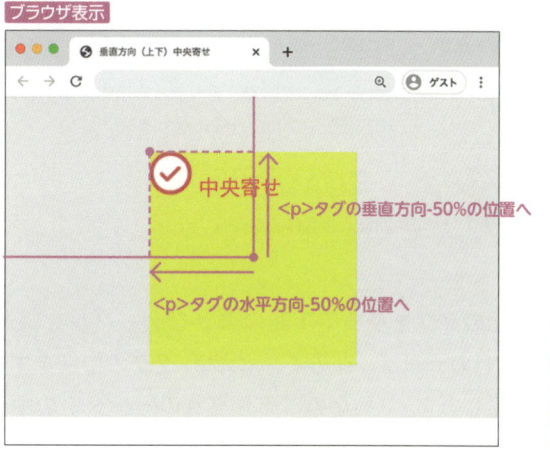

ブラウザ表示

中央寄せ
<p>タグの垂直方向-50%の位置へ
<p>タグの水平方向-50%の位置へ

> **memo**
>
> transformはたくさんの種類の値を持っています。ここでのtranslate(X,Y)はXとY部分に書いた分だけ要素を動かすものです。pxやemなども使えます。%を使った場合、親に対してではなく自身の大きさを基準にします。positionと違い、レイヤーが浮くわけではないので重なりを作ることはできません。transformは他にも要素を回転させたり、拡大させたりでき、アニメーションと相性のいいプロパティです（○156ページ、図4 参照）。

Lesson4 09 テーブルをデザインする

> **THEME テーマ**
> テーブル（表組み）を作ります。テーブル1つにつき複数のタグを使用しますが、構造を理解すれば難しくはありません。

テーブルの基本

テーブルは下記のタグで構成されています。

図1　テーブル（表）を作るタグ

タグ	説明
\<table> タグ	1つのテーブル全体をまとめるタグ
\<tr> タグ	table row の略で、テーブルの横の行を作るタグ。このタグの数がテーブルの行数になります
\<th> タグ	見出しセルを作るタグ
\<td> タグ	通常セルを作るタグ

　上記のタグを使って下記のようなテーブルを組んでみましょう。4行のテーブルなので、\<table> タグの中にまず \<tr> タグを4つ記述します。3列なのでそれぞれの \<tr> タグの中に3つのセル（\<th> タグ／ \<td> タグ）が入ります 図2 ～ 図5 。

図2　完成形

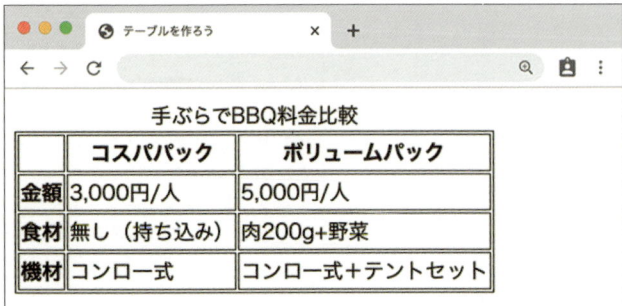

※デフォルトではボーダーはついていませんが、見やすくするため全体と各セルにボーダーを指定しています。

図3 HTML

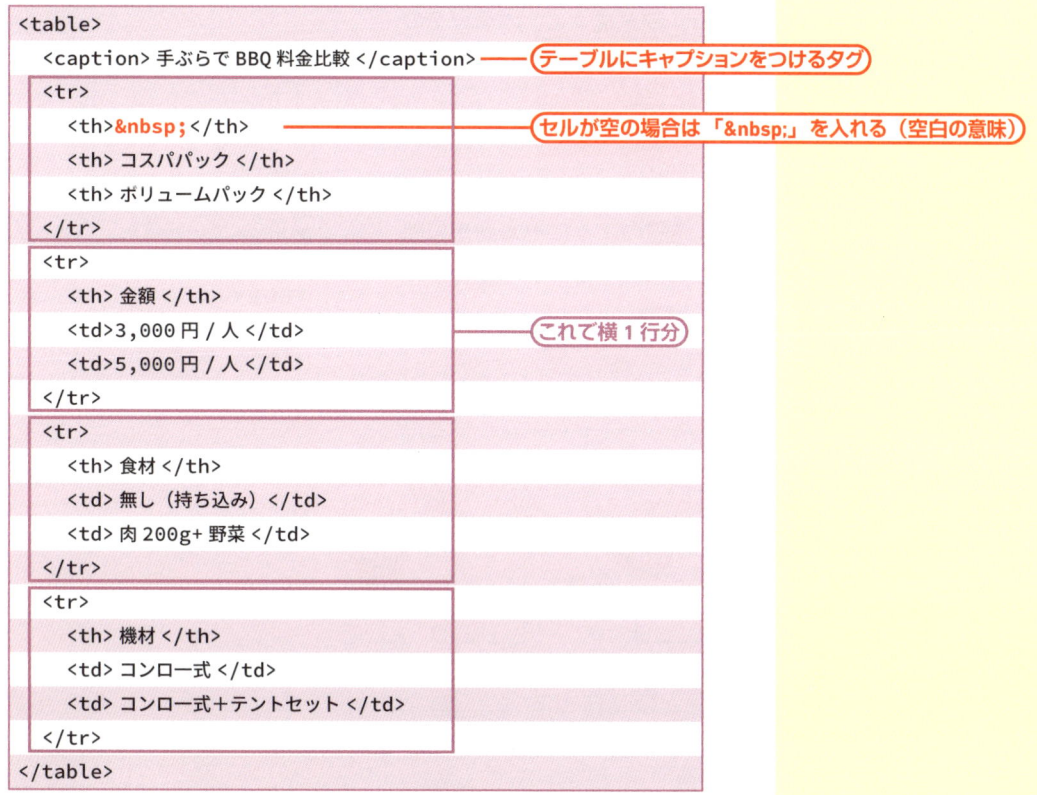

```
<table>
    <caption> 手ぶらで BBQ 料金比較 </caption>
    <tr>
        <th> </th>
        <th> コスパパック </th>
        <th> ボリュームパック </th>
    </tr>
    <tr>
        <th> 金額 </th>
        <td>3,000 円 / 人 </td>
        <td>5,000 円 / 人 </td>
    </tr>
    <tr>
        <th> 食材 </th>
        <td> 無し（持ち込み）</td>
        <td> 肉 200g+ 野菜 </td>
    </tr>
    <tr>
        <th> 機材 </th>
        <td> コンロ一式 </td>
        <td> コンロ一式＋テントセット </td>
    </tr>
</table>
```

テーブルにキャプションをつけるタグ

セルが空の場合は「 」を入れる（空白の意味）

これで横 1 行分

図4 CSS

```
table,th,td{border: 1px solid #000;}
```

デフォルトではボーダーがつ
かないためボーダーのみ指定

図5 表の構造

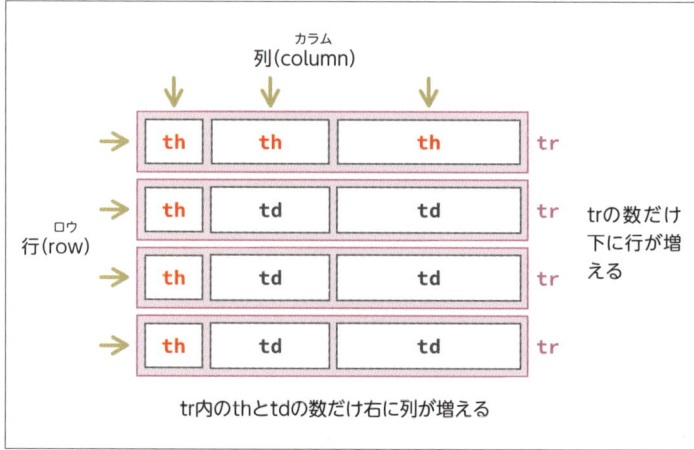

列(column)
カラム

th th th tr

行(row)
ロウ

th td td tr
th td td tr　trの数だけ
　　　　　　　下に行が増
th td td tr　える

tr内のthとtdの数だけ右に列が増える

1つの<tr>タグの中に入っているthやtdの数がテーブルの列数になるので、<tr>タグごとに中身のセル数が違うと、ガタガタのテーブルになってしまうのでセルの数に注意が必要です。

デザインの前準備

テーブルにボーダーを指定すると、図1のようにセル同士に隙間があり、二重になって見えます。この隙間をなくして整えるには、2行のCSSプロパティを指定します図6。

memo

reset.cssを使用する場合、この準備作業はreset.cssにすでに組み込まれている事が多いです。また、たった2行でも何度も書くのは面倒なので、reset.cssに組み込まれていなくても自分で追記しておくと、のちのち楽になります。

図6　ボーダーの調整

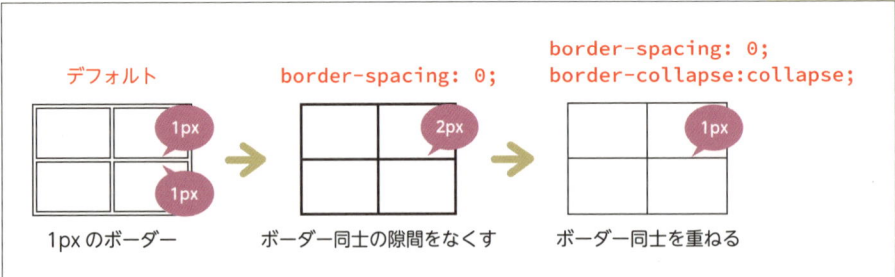

デザイン例

テーブルは、見出しと通常セルの見た目を区別させることと、テーブルの幅の指定が肝心です。また、モバイルの画面はPCに比べて小さくて縦長なので、列数が多いテーブルは非常に見づらくなります。HTMLを書く段階で、モバイルでも見やすい表組みを心がけましょう。また、セルの幅はemや%で指定するとよいでしょう。

図7　HTML

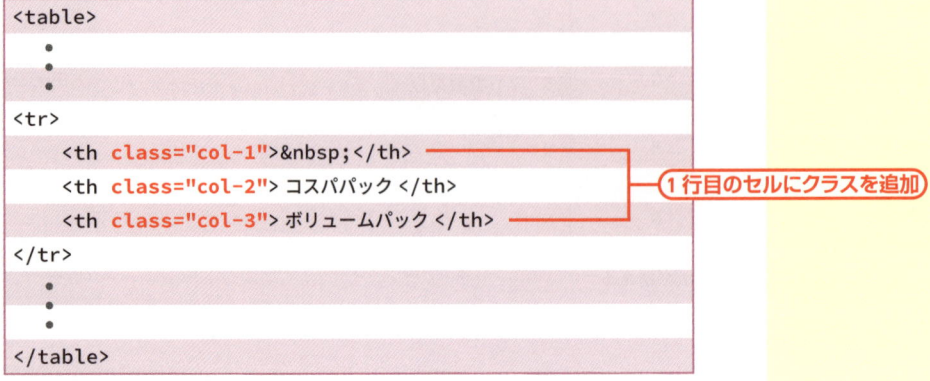

```
<table>
    ・
    ・
    ・
<tr>
    <th class="col-1"> </th>
    <th class="col-2"> コスパパック </th>
    <th class="col-3"> ボリュームパック </th>
</tr>
    ・
    ・
    ・
</table>
```

1行目のセルにクラスを追加

図8 CSS

```
table{
  border-collapse:collapse;
  width: 100%;
}

table,th,td{
  border: 1px solid #ccc;
  padding: 0.5em;
}

table caption{
  font-size: 0.8em;
  color: #666;
}

.col-1{width: 20%;}
.col-2{width: 40%;}
.col-3{width: 40%;}

th{
  background: #a50;
  color: #fff;
}
```

テーブルの線の色は控えめにすると見やすい

セル内の余白

キャプションを薄く小さく

各列の幅を指定

見出しを茶色に

図9 完成形

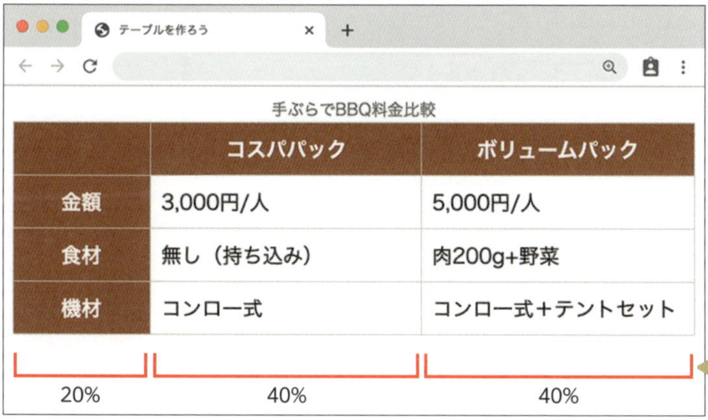

手ぶらでBBQ料金比較

	コスパパック	ボリュームパック
金額	3,000円/人	5,000円/人
食材	無し（持ち込み）	肉200g+野菜
機材	コンロ一式	コンロ一式＋テントセット

20%　　40%　　40%

各列の幅

　テーブルは各セルの文字量によって、各列の幅が自動で割り振られます。それによって見栄えが悪くなるようであれば幅を指定しましょう。図7では各列の1行目のセルにclassを振って、それぞれに幅を％指定しています 図8 図9 。

135

セルを結合する

Excelのようにセルを結合することができます。<th>タグや<td>タグの属性でcolspan（横に結合）、rowspan（縦に結合）を使い、属性値には結合するセルの数を入力します。

例えば図10のように<th>タグに「colspan="2"」と記述すると、<th>タグはセル2つ分の大きさになるので、同じ<tr>タグ内のセルを1つ減らす必要があります。結合というより、セルを伸ばすイメージです図11。

図10 セルの結合

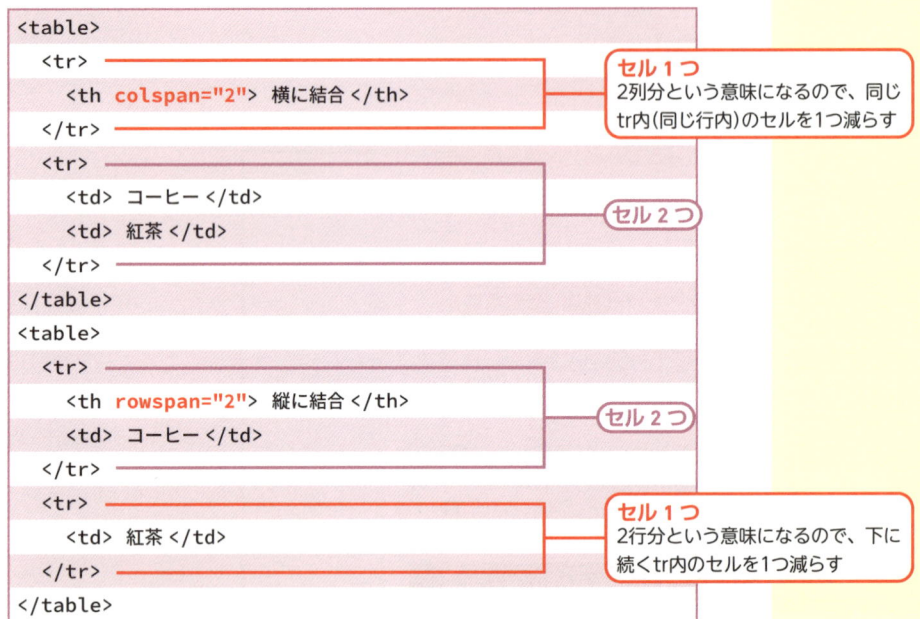

図11 完成形

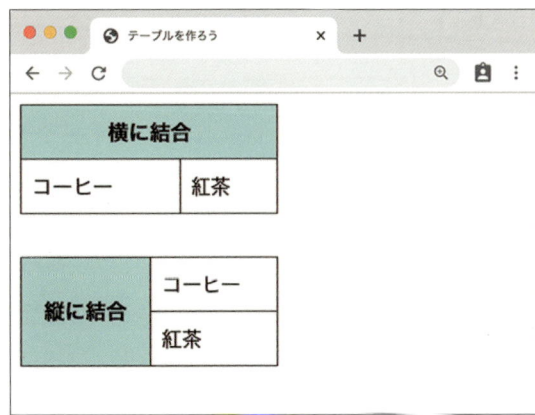

なお、結合した分のセルを減らさないと、セルがはみ出してしまいます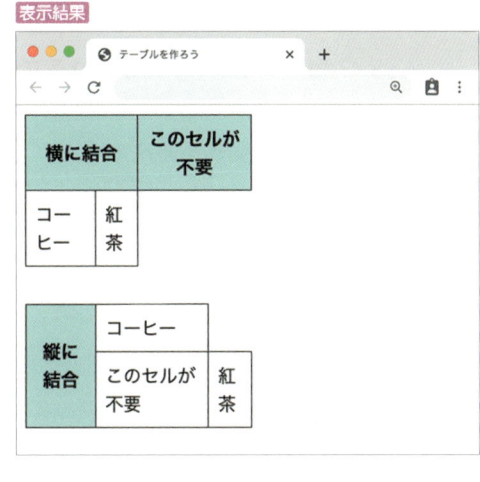図12。

図12 結合の間違った例

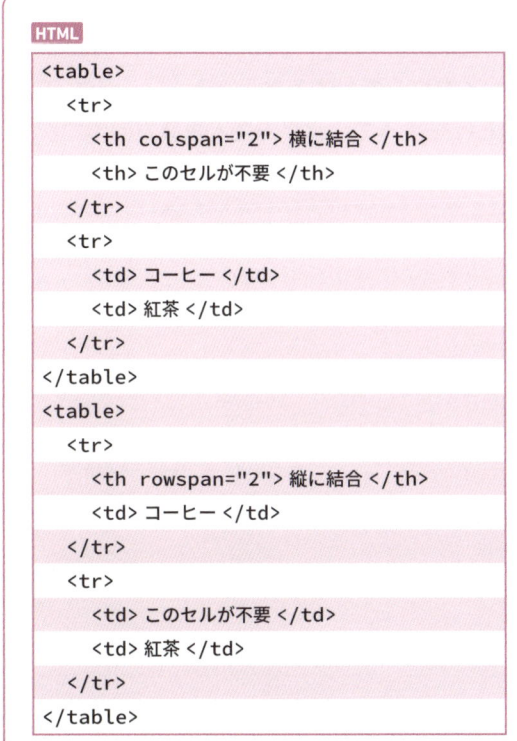

```
HTML
<table>
  <tr>
    <th colspan="2"> 横に結合 </th>
    <th> このセルが不要 </th>
  </tr>
  <tr>
    <td> コーヒー </td>
    <td> 紅茶 </td>
  </tr>
</table>
<table>
  <tr>
    <th rowspan="2"> 縦に結合 </th>
    <td> コーヒー </td>
  </tr>
  <tr>
    <td> このセルが不要 </td>
    <td> 紅茶 </td>
  </tr>
</table>
```

CSS Gridを使ったレイアウト

Lesson4
10
90 min

 **THEME テーマ**
CSS Grid（グリッド）と呼ばれる方法でレイアウトをしてみましょう。**Lesson4-01**で学んだFlexboxと違い、CSS Gridは列と行を使って、水平方向・垂直方向の二次元的に要素を配置する方法です。

CSS Gridとは

CSS Grid Layout Module（以下「CSS Grid」）とは、「グリッド」と呼ばれる見えない罫線を生成し、マス目を使ってレイアウトするシステムです。flexbox◯でも同じようなレイアウトを作れますが、CSS Grid は要素を二次元的に配置することができ、写真ギャラリーなどの配置も簡単に作ることができます。

100ページ、**Lesson4-01**参照。

図1 HTMLとGridを書く前段階のCSS

HTML

```html
<ul class="container">
  <li class="item"><img src="img/1.png" alt="1"></li>
  <li class="item"><img src="img/2.png" alt="2"></li>
  <li class="item"><img src="img/3.png" alt="3"></li>
  <li class="item"><img src="img/4.png" alt="4"></li>
  <li class="item"><img src="img/5.png" alt="5"></li>
  <li class="item"><img src="img/6.png" alt="6"></li>
</ul>
```

CSS

```css
/* 全体の設定・事前準備 */
*{
  box-sizing:border-box;
  margin: 0;
  padding: 0;
}
ul{list-style: none;}
img{
  display: block;
  max-width: 100%;
}
.container{
  width: 1000px;
  margin: 20px auto;
}
```

ブラウザ表示 Gridを使う前はただ縦に並んでいる

20px

1000px

1
2
3

グリッドを作る

　本節では番号の書かれた画像を列（水平方向）と行（垂直方向）の2方向から指定して配置していきます。図1はベースとなるHTML/CSSです。グリッドはテーブルのように列と行で構成します。grid-template-columnsプロパティとgrid-template-rowsプロパティを使って、箱の数と大きさを指定します。grid-template-columnsは、数値を書いた数だけ横に列が増え、grid-template-rowsでは数値を書いた数だけ下に行が増えていきます。図2の記述では、320pxの列が3つと240pxの行が2つ生成されます。

　アイテム同士の間隔を決めるには、marginなどは使わず、コンテナにgapプロパティで指定します。

図2　グリッドを作る

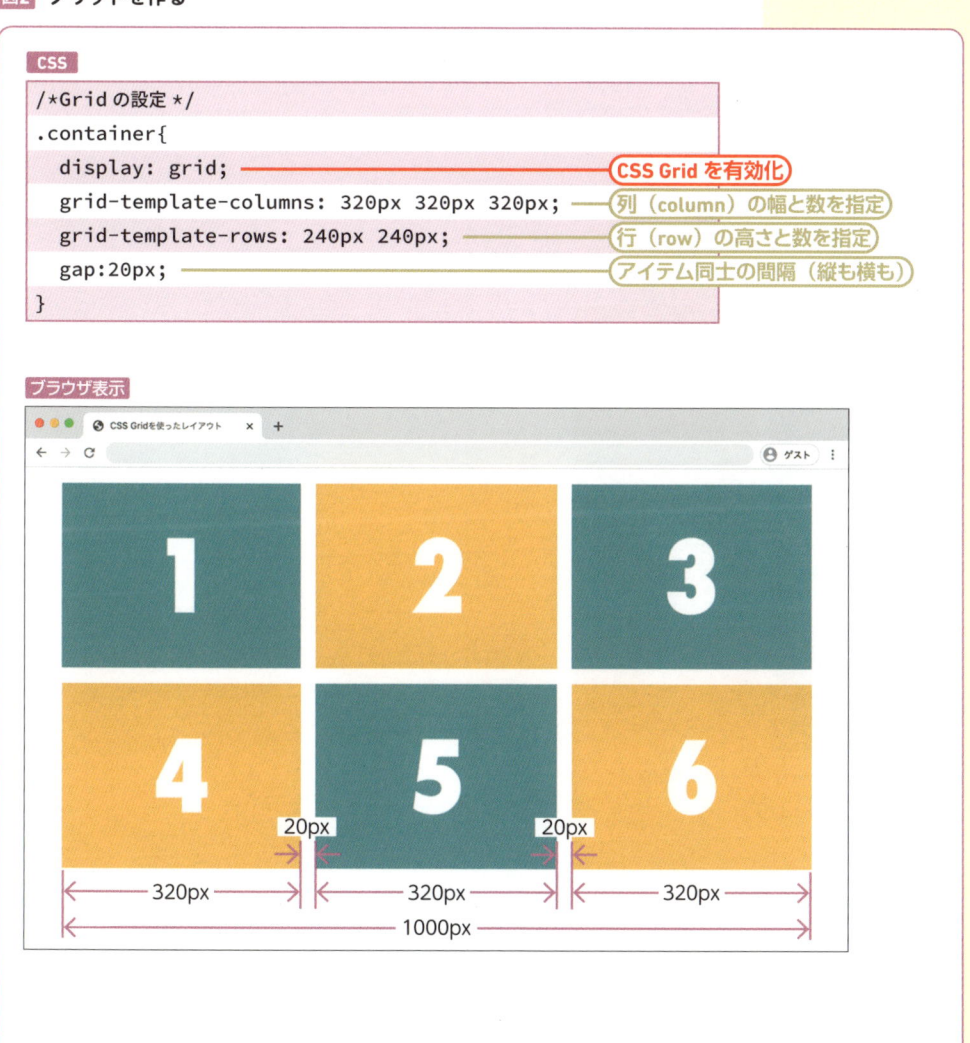

```
CSS

/*Gridの設定 */
.container{
    display: grid;                                      ──── CSS Grid を有効化
    grid-template-columns: 320px 320px 320px;           ──── 列（column）の幅と数を指定
    grid-template-rows: 240px 240px;                    ──── 行（row）の高さと数を指定
    gap:20px;                                           ──── アイテム同士の間隔（縦も横も）
}
```

139

レスポンシブにする

　ブラウザの幅が1000pxを切るとアイテムがはみ出るので、ブレイクポイントを999pxにします。先ほどの 図2 では幅320pxの列が3つだったのに対し、図3 のCSSでは、155pxの列が2つになっています。代わりに行が増えています。

図3　レスポンシブにする

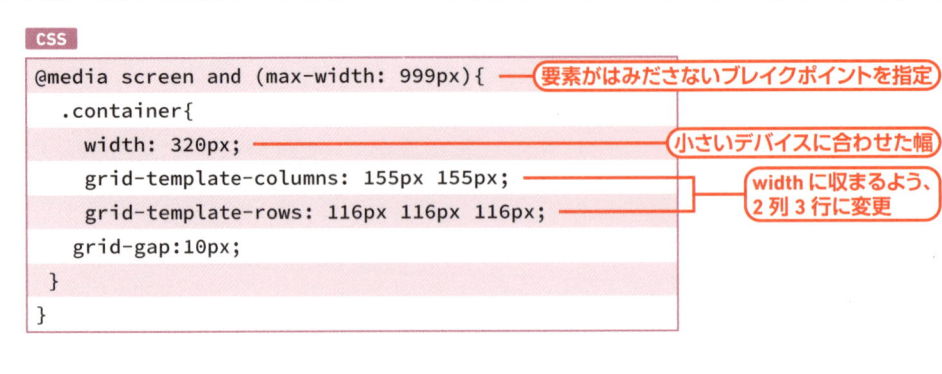

```
CSS
@media screen and (max-width: 999px){
  .container{
    width: 320px;
    grid-template-columns: 155px 155px;
    grid-template-rows: 116px 116px 116px;
    grid-gap:10px;
  }
}
```

要素がはみださないブレイクポイントを指定

小さいデバイスに合わせた幅

widthに収まるよう、2列3行に変更

モバイルブラウザ表示

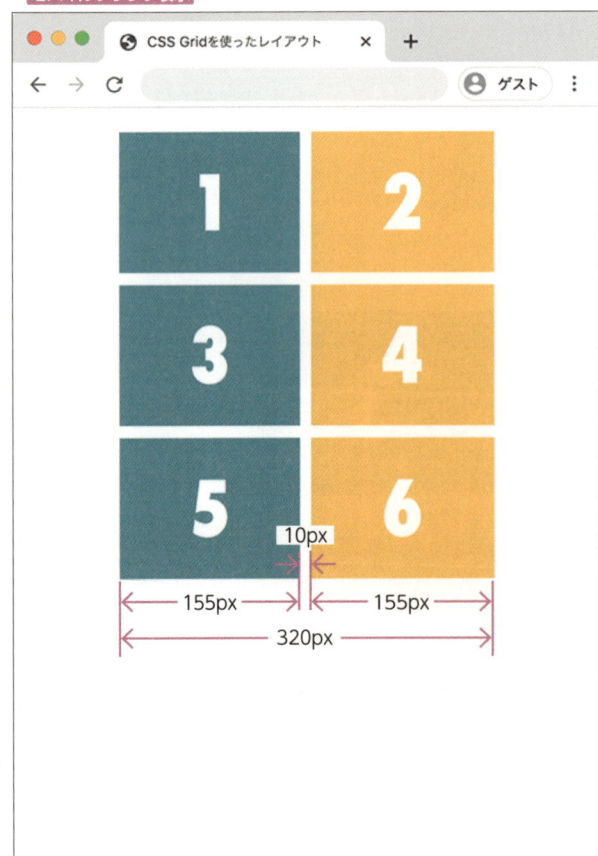

可変幅にしてみよう

図1 〜 図3 のCSSでは各グリッドの幅やコンテナの幅をpxで指定しているため、計算が面倒です。また、999px以下になった途端余白が大きく生まれてしまいます。CSS Gridには便利な可変の単位（fr）が用意されているため、それを使ってもう少し簡単に、かつ最適表示にできるようにしてみましょう図4（HTMLは図1と同じです）。

memo
紙面上では 図2 図3 との違いがわかりにくいため、実際に自分でブラウザで開き、ウィンドウ幅を変えて確認してみましょう。

図4　frを使った可変バージョンのCSS

```css
/* 全体の設定・事前準備 */
*{
  box-sizing:border-box;
  margin: 0;
  padding: 0;
}
ul{list-style: none;}
img{
  display: block;
  max-width: 100%;
}
.container{
  width: 100%;
  max-width: 1000px;
  margin: 20px auto;
}
.container{
  display: grid;
  grid-template-columns: 1fr 1fr 1fr;
  grid-template-rows: 1fr 1fr;
  gap:20px;
}


@media screen and (max-width: 650px){
  .container{
    grid-template-columns: 1fr 1fr;
    grid-template-rows: 1fr 1fr 1fr;
    gap:10px;
  }
}
```

memo
単位「fr」は「fraction（比率）」を意味しており、グリッドコンテナ（親要素）からグリッドアイテム（子要素）の大きさを割合で指定できます。

図1 とほぼ同じ

ここだけ変更
※コンテナの幅を100%にし、大きなブラウザで見て1000pxを超えないようにしている

トラックの幅を 1:1:1 で 3 等分

トラックの高さを 1:1 で 2 等分
（コンテナに高さは指定されていないので auto のイメージ）

画像の大きさが 320px なので、320+320+10(gap)=650

モバイル向けにも fr を使う
列と行の数を変えただけ

間隔も少し狭く

memo
「トラック」とは「グリッドトラック」ともいい、「グリッドカラム」（列）と「グリッドロウ」（行）の総称です。

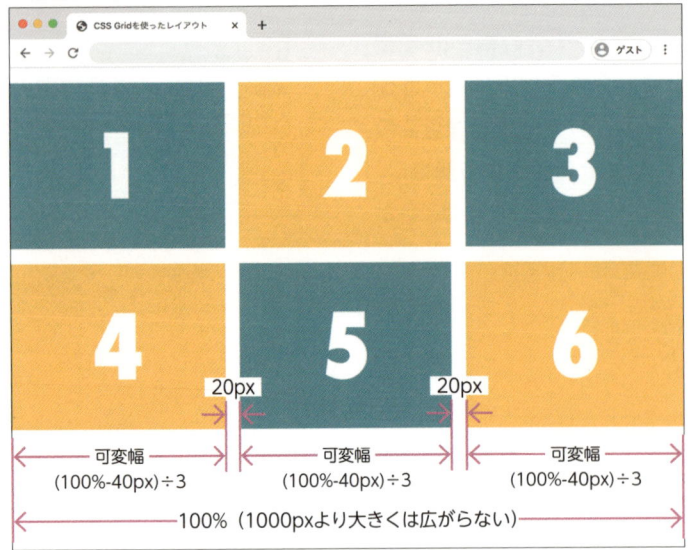

20px

20px

可変幅
(100%-40px)÷3

可変幅
(100%-40px)÷3

可変幅
(100%-40px)÷3

100%（1000pxより大きくは広がらない）

モバイルのブラウザ表示

10px

可変幅
(100%-10px)÷2

可変幅
(100%-10px)÷2

100%

Lesson4 11
15 min

フォームをデザインする
— 仕組み編

THEME テーマ

サイトの問い合わせや、会員登録などで使われる入力フォームは、入力データの処理にプログラミングの知識が必要ですが、本書では、HTMLでフォームの形を作るところまでを学びます。まずはフォームの仕組みについて知っておきましょう。

フォームの仕組み

Webページ上のお問い合わせフォームに入力して送信すると、直後に「お問い合わせを受け付けました」といったメールが届き、フォームに入力した内容がそのメールに反映されている、というようなWebサイトが多くあります。

このようなWebサイトは通常、送信ボタンを押してからメールが届くまでのほんの数秒の間に、ユーザーが入力した内容がWebサイトのサーバーへ送られ、サーバー側で設定したプログラムによりメールの形式に変換され、入力したメールアドレスに届く、というプロセスをたどっています。さらにWebサイトの担当者へも入力内容が届くため、後日担当者から連絡が来る、というサービスも可能になります 図1 。

こういったお問い合わせフォームや会員登録フォームなどはHTMLのタグで構成されていますが、入力内容を送信したりメールに変換するにはPHPやCGIといったプログラミングが必要です。

図1 フォームの仕組み

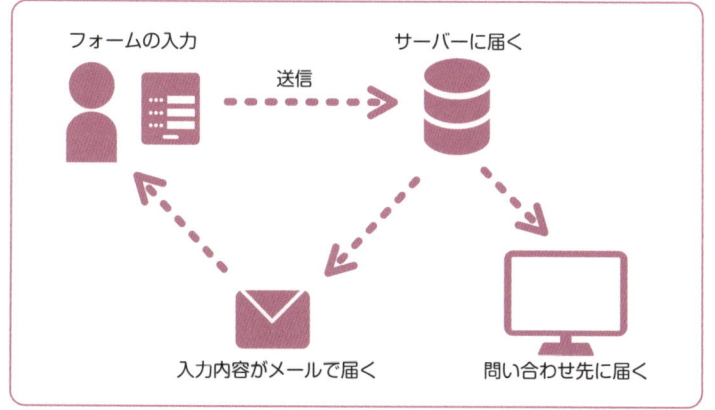

プログラミング言語については本書の学習範囲を超えるので扱いません。本書では、HTMLでフォームの形を作るところまでを学びます。

フォームの土台となる<form>タグ

フォームは<form>タグで作ります。<form> 〜 </form>の中に、入力欄やチェックボックスなどの項目から送信ボタンまでを配置していきます。また、<form>タグの属性を使って、入力内容を「どこに送るのか」「どうやって送るのか」を指定します。

「どこに送るのか」はaction属性で指定します。属性値に送り先のパスとファイル名を記述するのですが、これがPHPやCGIなどのプログラミング言語で作成されたファイルになります。ここでは仮にprogram.phpとしています。

次に「どうやって送るのか」ですが、これにはmethod属性を使います。Webサイトに設置するフォームにはpostという属性値を記述します 図2 。

図2 **フォームの土台となる<form>タグ**

```
<form action="program.php" method="post">
              送信先のプログラムファイル      送信方法
   〜 ここにフォームの部品を配置する 〜


</form>
```

フォームを作る際の配慮

最近ではサイトのURLが「https」で始まるものが多くなってきました。「http」の後の「s」は、httpと違って通信が暗号化されていることを表す「s」で、「SSL（Secure Socket Layer）対応サイト」などと呼ばれています。フォームの送信方法をpostにしていても、SSL化されていなければ内容を盗み見られる危険性があります。フォームで送る情報のほとんどは個人情報ですので、フォームを設置する場合、サイトはSSL化するようにしましょう。

また、個人情報の取り扱いについても明記しておきましょう。フォームを設置しているページ内や、プライバシー・ポリシーのページを準備しておくとよいでしょう。

memo
postの他にgetという送信方法があります。getで送信するとブラウザのURL部分に続けて表示されるため、入力内容が目に見えてしまいます。googleの検索が主な例で、検索フォームに入力した内容がURLのところに表示されています。

memo
SSL化の設定はサーバー側で行います。近年では、無料でSSL化できるレンタルサーバーが増えてきました。各レンタルサーバーのガイドに従って設定しましょう。

Lesson4 12

フォームをデザインする — HTML編

THEME テーマ 前節ではフォームの仕組みを学びました。本節では、お問い合わせフォームを構成する入力フィールドや各種ボタンなどの使い方について学び、実際にHTMLで書いて配置してみます。

フォームパーツの基本は\<input\>タグ

　フォームを構成するパーツには、文字入力フィールド、チェックボックス、ラジオボタンなどがありますが、これらは\<input\>タグにtype属性を記述し、その属性値によってさまざまな種類のパーツを作ることができます 図1 。さらに\<input\>タグ以外のパーツもありますので、必要に応じて覚えていきましょう。

図1　\<input\>タグで作成できるフォームパーツ

```
<input type=" フォーム部品の種類 " name=" 任意の部品名 ">
                                 部品名は設問ごとに決める
```

type 属性値	フォーム部品の種類	表示※	特徴
text	文字入力フィールド		汎用的な入力欄
email	メールアドレスの入力フィールド		@ が抜けていると送信時にアラートが出る
tel	電話番号の入力フィールド		スマートフォンでは数字の入力モードになる
password	パスワードの入力フィールド		入力した文字が見えないよう記号に変換される
checkbox	チェックボックス	☐ ☑	
radio	ラジオボタン	◯ ◉	
date	日付の入力フィールド	年 /月 /日	カレンダーから日付を選べる。ただしブラウザによって見た目が大きく異なり操作性が分かりづらいこともある
button	汎用ボタン		
submit	送信ボタン	送信する	

※表示の形はデバイスやブラウザによって異なります。ここではGoogle Chromeのデフォルト表示を示しています。

text、email、tel、passwordは見た目はまったく同じですが、それぞれに役割があるので、 !ユーザーが入力しやすいように使い分けましょう。

dateは▼部分をクリックするとカレンダーが表示される仕様ですが、ブラウザによっては入力欄部分をクリックすると日本語入力もできてしまうなど、不慣れなユーザーにとっては少し使いづらい仕様です。そのようなユーザー層のアクセスが予想される場合は、安易に使わず、汎用的なtextを使うことも頭に入れておきましょう。

チェックボックスとラジオボタン

チェックボックスは複数選択可能な選択肢、ラジオボタンはひとつだけ選択できる選択肢に使います。

<input>タグでは選択肢に表示されるチェックボックスやラジオボタンのアイコンを生成するので、選択肢のテキストは<input>タグの隣に書きます。

また、デフォルトではチェックボックスやラジオボタンのアイコン内をクリックしないとチェックが入りませんが、テキスト部分をクリックしてもチェックが入るようにするには、選択肢全体を<label>タグで囲みます 図2 。

図2 **ラジオボタンの例**

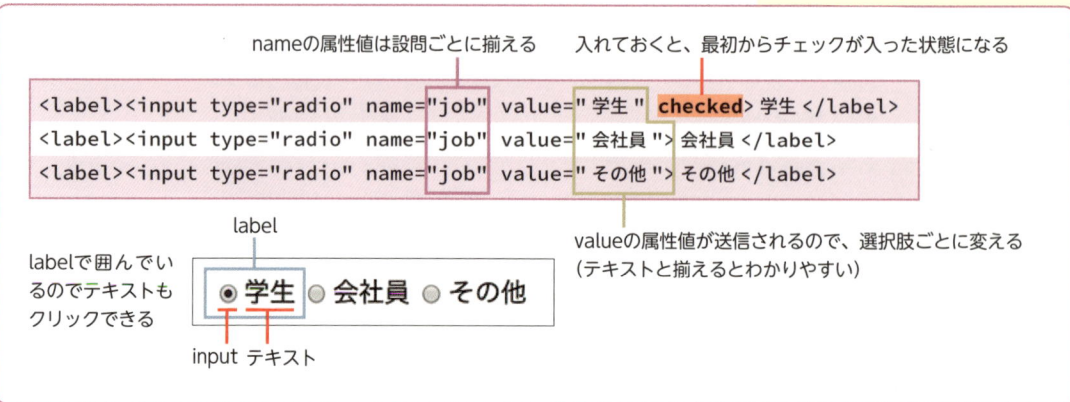

nameの属性値は設問ごとに揃える　入れておくと、最初からチェックが入った状態になる

```
<label><input type="radio" name="job" value=" 学生 " checked> 学生 </label>
<label><input type="radio" name="job" value=" 会社員 "> 会社員 </label>
<label><input type="radio" name="job" value=" その他 "> その他 </label>
```

valueの属性値が送信されるので、選択肢ごとに変える（テキストと揃えるとわかりやすい）

label

labelで囲んでいるのでテキストもクリックできる

◉ 学生 ◎ 会社員 ◎ その他

input テキスト

セレクトボックス

セレクトボックスは、プルダウン式の選択肢です。<input>タグではなく、<select>タグを使います。<select>タグの中に<option>タグで選択肢をリストのように並べます。都道府県や生年月日などにセレクトボックスを使っているフォームをよく見かけますが、選択肢が多すぎるとユーザーにストレスがかかります。

そのような場合は汎用的な文字入力フィールドに置き換えることも検討しましょう図3。

図3 セレクトボックスの例

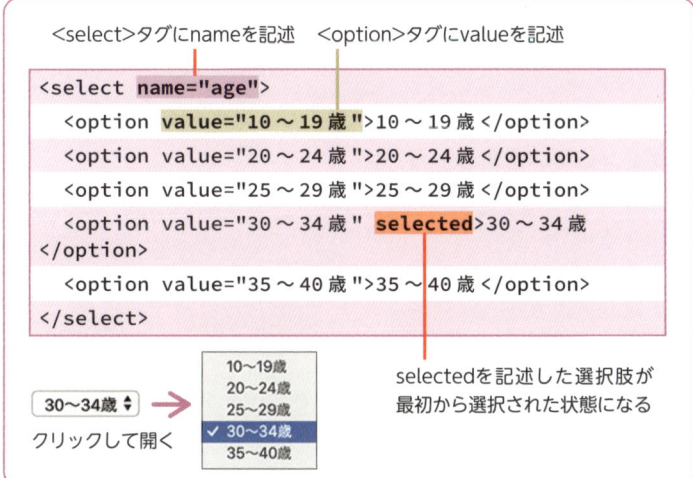

```
<select name="age">
  <option value="10〜19歳">10〜19歳</option>
  <option value="20〜24歳">20〜24歳</option>
  <option value="25〜29歳">25〜29歳</option>
  <option value="30〜34歳" selected>30〜34歳
</option>
  <option value="35〜40歳">35〜40歳</option>
</select>
```

<select>タグにnameを記述　<option>タグにvalueを記述

selectedを記述した選択肢が最初から選択された状態になる

30〜34歳 → 10〜19歳 / 20〜24歳 / 25〜29歳 / ✓30〜34歳 / 35〜40歳

クリックして開く

memo

セレクトボックスは、ひとつしか選択できないという点ではラジオボタンと同じです。ラジオボタンの利点は選択肢が最初からすべて見えていること、セレクトボックスの利点はスペースを省略できることです。設問の内容や、選択肢の数、選択肢の文字数、ページのレイアウトなどを考えて、ユーザーにとってどちらが最適か考え、使い分けましょう。

送信ボタン

<input>タグのvalue属性に書いた内容がボタン上に表示されます図4。

図4 送信ボタンの記述例

```
<input type="button" value="送信する">
```

複数行のテキスト入力フィールド

複数行入力できるフィールドは<input>タグではなく、<textarea>タグを使います。<input>タグと異なり、終了タグが必要ですが、「<textarea>〜</textarea>」の中には何も書きません図5。

図5 複数行のテキスト入力フィールド記述例

```
<p><label for="content">お問い合わせ内容</label></p>
<textarea name="message" id="content"></textarea>
```

memo

ここでは「お問い合わせ内容」のテキストに<label>タグを設定しており、textarea要素と「お問い合わせ内容」が関連していることを表す目的があります。<label>タグのfor属性の値を「content」とし、<textarea>タグのid属性も「content」と同じものにすることで、これら2つを関連付けています。

13

フォームをデザインする — CSS編

90 min

> **THEME テーマ** Lesson4-12（145ページ）で学んだパーツを実際に組み立てて、フォームを形成します。そしてCSSを使ってデザインしていきましょう。

お問い合わせフォームを作る

Lesson4-12で紹介した各パーツを利用してフォームを組み立てていきます。フォームの各設問は設問名（「お名前」「メールアドレス」など）と回答欄で構成されます。図1ではフォームを<dl>タグに当てはめて、設問名を<dt>タグ、解答欄を<dd>タグでマークアップしています。コードが長いので難しそうに見えますが、分解してひとつひとつ見ていきましょう。

図1 土台となるコード

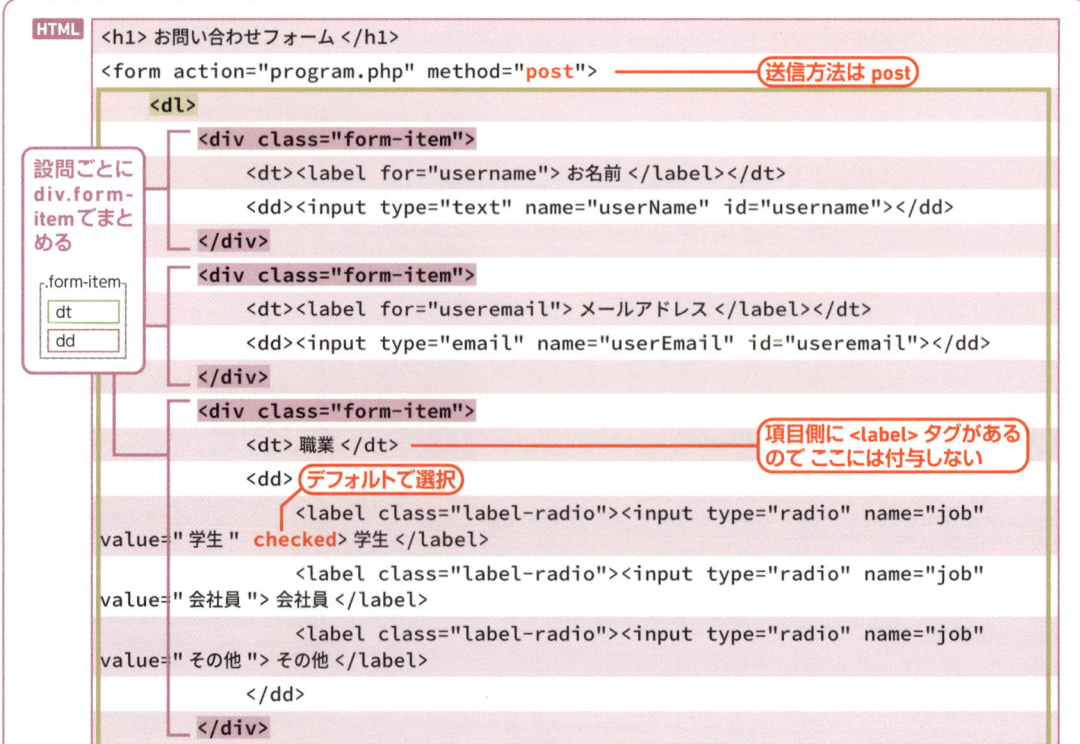

設問ごとにdiv.form-itemでまとめる

.form-item
- dt
- dd

```html
<h1> お問い合わせフォーム </h1>
<form action="program.php" method="post">        送信方法は post
    <dl>
        <div class="form-item">
            <dt><label for="username"> お名前 </label></dt>
            <dd><input type="text" name="userName" id="username"></dd>
        </div>
        <div class="form-item">
            <dt><label for="useremail"> メールアドレス </label></dt>
            <dd><input type="email" name="userEmail" id="useremail"></dd>
        </div>
        <div class="form-item">
            <dt> 職業 </dt>        項目側に <label> タグがあるので ここには付与しない
            <dd>   デフォルトで選択
                <label class="label-radio"><input type="radio" name="job"
value=" 学生 "  checked> 学生 </label>
                <label class="label-radio"><input type="radio" name="job"
value=" 会社員 "> 会社員 </label>
                <label class="label-radio"><input type="radio" name="job"
value=" その他 "> その他 </label>
            </dd>
        </div>
```

```
        <div class="form-item">
            <dt><label for="messagetype"> お問い合わせ種別 </label></dt>
            <dd>
                <select name="messageType"> id="messagetype"
                    <option value=" 商品について " selected> 商品について </option>
                    <option value=" 採用について "> 採用について </option>
                    <option value=" その他お問い合わせ "> その他お問い合わせ </option>
                </select>
            </dd>
        </div>
        <div class="form-item">
            <dt><label for="content"> お問い合わせ内容 </label></dt>
            <dd><textarea name="message" id="content"></textarea></dd>
        </div>
    </dl>
    <div class="form-submit">
        <input type="submit" value=" 送信する ">
    </div>
</form>
```

デフォルトで選択

送信ボタンは <dl> タグの外

ブラウザ表示

memo

それぞれのフォームの意味がわからないときは145ページ、**Lesson4-12** に戻って復習しましょう。

レイアウトに関するCSS

　フォームの各パーツの細かい装飾をしていく前に、大きな箇所からCSSで整えていきます。今回はPC用の表示では2カラム、画面が狭くなると1カラムになる、というレスポンシブなレイアウトにしていきます 図2 。

図2 レイアウトに関するCSS

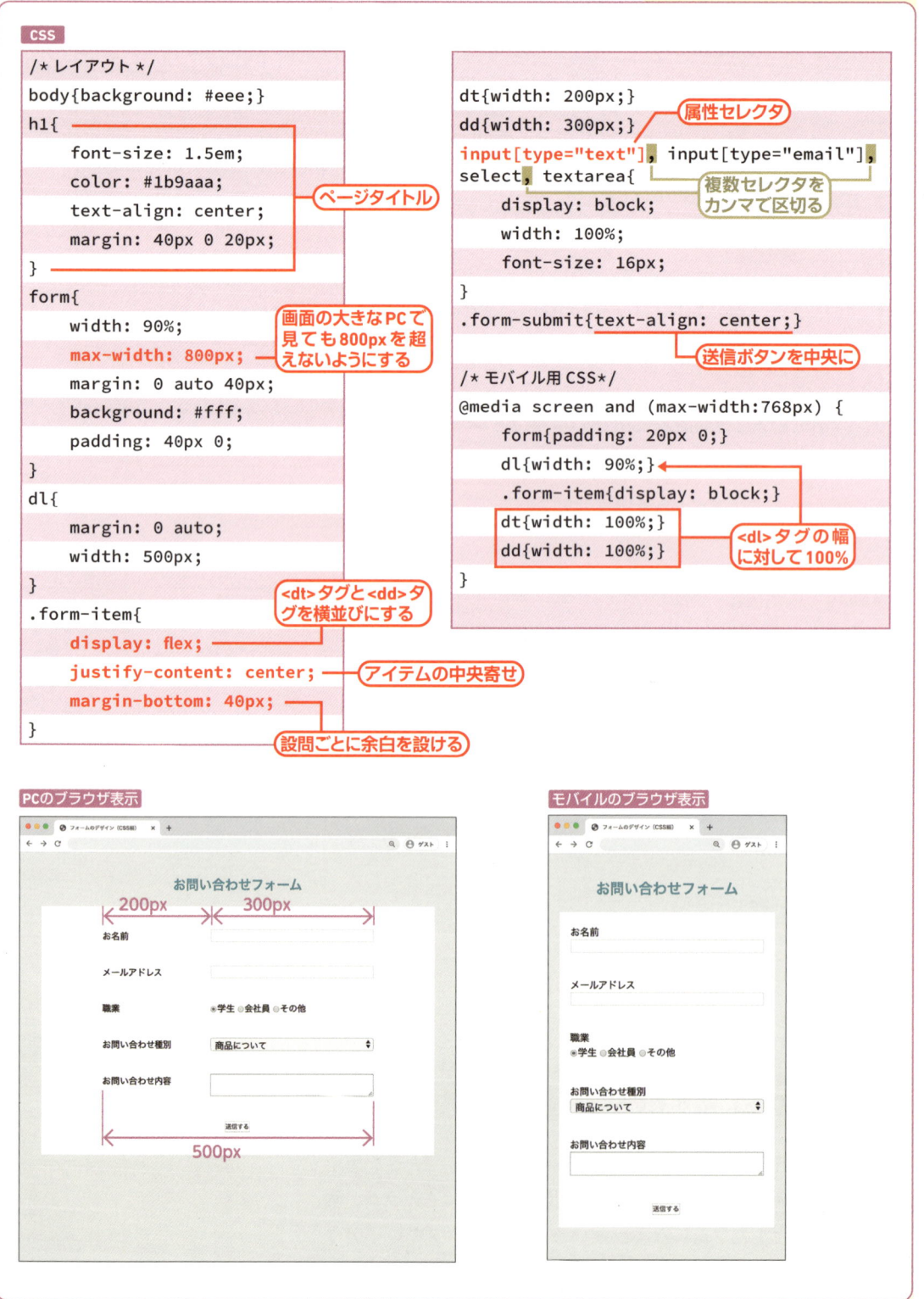

```
CSS

/* レイアウト */
body{background: #eee;}
h1{
    font-size: 1.5em;
    color: #1b9aaa;
    text-align: center;
    margin: 40px 0 20px;
}
form{
    width: 90%;
    max-width: 800px;
    margin: 0 auto 40px;
    background: #fff;
    padding: 40px 0;
}
dl{
    margin: 0 auto;
    width: 500px;
}
.form-item{
    display: flex;
    justify-content: center;
    margin-bottom: 40px;
}
```
ページタイトル

画面の大きなPCで見ても800pxを超えないようにする

<dt>タグと<dd>タグを横並びにする

アイテムの中央寄せ

設問ごとに余白を設ける

```
dt{width: 200px;}
dd{width: 300px;}
input[type="text"], input[type="email"],
select, textarea{
    display: block;
    width: 100%;
    font-size: 16px;
}
.form-submit{text-align: center;}

/* モバイル用 CSS*/
@media screen and (max-width:768px) {
    form{padding: 20px 0;}
    dl{width: 90%;}
    .form-item{display: block;}
    dt{width: 100%;}
    dd{width: 100%;}
}
```
属性セレクタ

複数セレクタをカンマで区切る

送信ボタンを中央に

<dl>タグの幅に対して100%

PCのブラウザ表示

お問い合わせフォーム

お名前
メールアドレス
職業　●学生 ○会社員 ○その他
お問い合わせ種別　商品について
お問い合わせ内容
送信する

200px　300px
500px

モバイルのブラウザ表示

お問い合わせフォーム

お名前
メールアドレス
職業　●学生 ○会社員 ○その他
お問い合わせ種別
商品について
お問い合わせ内容
送信する

フォームパーツに関するCSS表示

　フォームのデフォルトのスタイルは、OSの設定やブラウザごとに大きく異なります。ラジオボタンやチェックボックスなどをおしゃれに装飾しているサイトも多くありますが、その多くは<input>タグを一度「display:none」で消してから上書きしています。

　ただし「display:none」を指定すると、キーボードによるフォーカスができなくなるため、キーボード操作でサイトを閲覧しているユーザーは回答できません。そういったアクセシビリティを考慮し、また各ブラウザを使い慣れているユーザーのことを考えると、おしゃれな装飾をするより、元のスタイルを活かしつつ装飾を追加していくほうがよいでしょう 図3 。

図3 設問名とフォームパーツの装飾

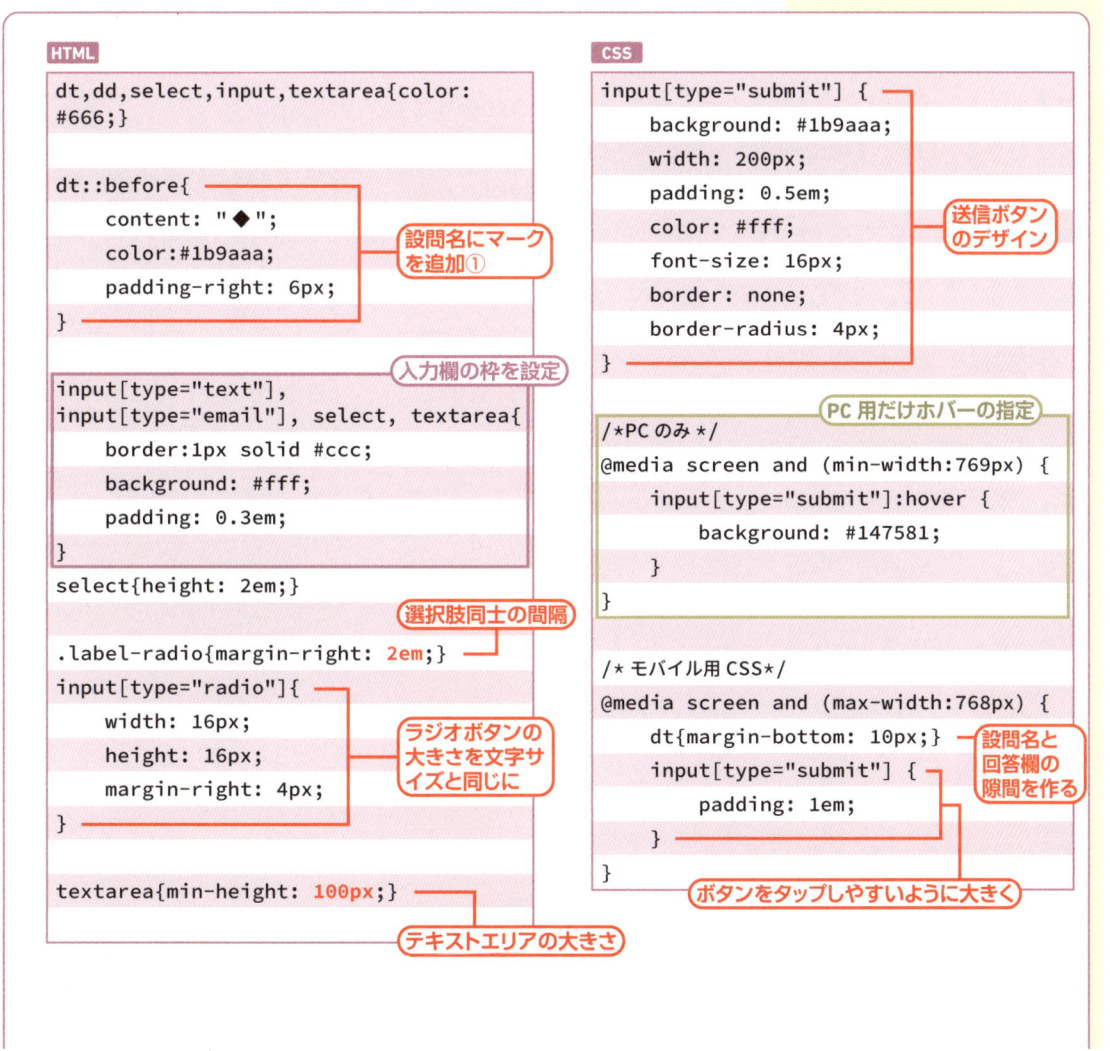

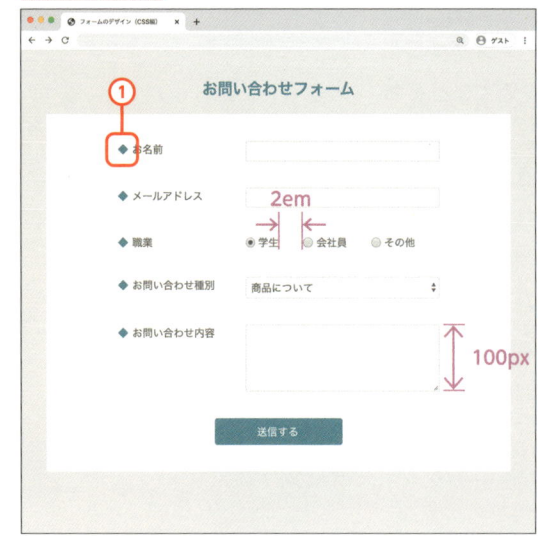

　テキストエリアはユーザーが大きさを変更できるようになっていることが多いので、最初に表示させておきたいサイズ（高さ）をmin-heightで指定しておきましょう。また、ここでは説明のためCSSを 図2 と 図3 に分けていますが、同じセレクタへの指定はひとつにまとめて書きましょう。

memo

入力欄にフォーカスすると、強調された色（デフォルトでは青）の枠が出現しますが、これも「フォーカスされている」ことを示す、アクセシビリティにおいて重要なスタイルなので、消さないでおくことを推奨します。

フォームのスタイリングは、見栄えだけを重視してはいけません。とはいえ正解があるわけではないので、アクセシビリティについてしっかり考え、作った後も常に改善していく気持ちが大切です。

Lesson4

14

60min

簡単なアニメーションを取り入れる

THEME テーマ

CSSだけで実装できる簡単なアニメーションを使って、デザインをリッチにしてみましょう。状況に適したアニメーションを使うことで、UX（ユーザー体験）の向上も図れます。

CSSだけで実装できるアニメーション

要素をふわふわと動かしたり、くるっと回転させたり、ホバーするとズームアップしたりするアニメーションは **CSS だけで実装できます**。ここではCSSで実装できる簡単なアニメーションについて学びます。

CSS transition を使ったアニメーション

「:hover」（要素の上にカーソルが乗ったとき）や「:checked」（ラジオボタンやチェックボックスが選択されたとき）のようなきっかけをトリガーとして、状態を変化させる単純なアニメーションにはtransitionプロパティを使います。

transitionプロパティは、これまで変化にかける時間を指定するのに使っていましたが、**「変化させるスタイル」｜（transition-property）**、「変化にかける時間」（transition-duration）、「**イージング**」（transition-timing-function）、「遅延時間」（transition-delay）をまとめて指定できるプロパティです。省略した値には初期値が適用されます。時間だけを書くと、transition-durationとして適用されます **図1**。

! POINT

本書の範囲を超えるので扱いませんがJavaScriptを使えば表現の幅が広がり、スクロールにあわせて奥行きを表現するようなパララックス（視差効果）とよばれる表現や、スクロールすると要素が出現するというような高度なアニメーションも実装できます。

! POINT

「変化させるスタイル（transition-property）」の初期値はallです。省略すると初期値allが設定されますが、その場合、ページを読み込んだ場合にもアニメーションが発生してしまうため注意しましょう。

WORD ▸ イージング

イージングとは、アニメーションの速度に変化をつけること。初期値はease（開始と終了をなめらかに）で、linear（等速）、ease-in（ゆっくり開始）、ease-out（ゆっくり終了）、ease-in-out（開始と終了をゆっくり）がある。

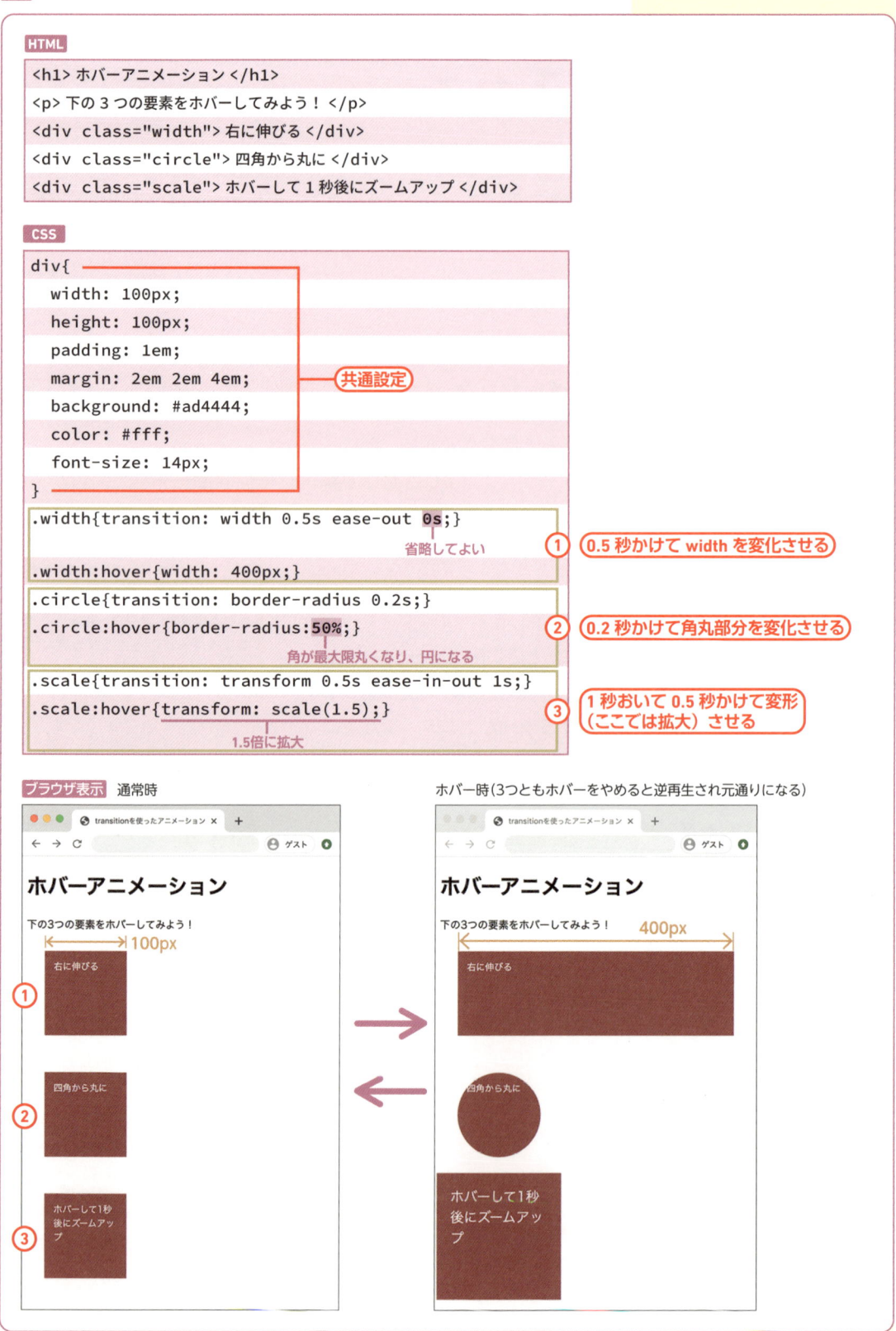

図1 いろいろなホバーアニメーション

HTML

```
<h1> ホバーアニメーション </h1>
<p> 下の 3 つの要素をホバーしてみよう！</p>
<div class="width"> 右に伸びる </div>
<div class="circle"> 四角から丸に </div>
<div class="scale"> ホバーして 1 秒後にズームアップ </div>
```

CSS

```
div{
  width: 100px;
  height: 100px;
  padding: 1em;
  margin: 2em 2em 4em;          共通設定
  background: #ad4444;
  color: #fff;
  font-size: 14px;
}
```

```
.width{transition: width 0.5s ease-out 0s;}
                              省略してよい
.width:hover{width: 400px;}
```
① 0.5 秒かけて width を変化させる

```
.circle{transition: border-radius 0.2s;}
.circle:hover{border-radius:50%;}
              角が最大限丸くなり、円になる
```
② 0.2 秒かけて角丸部分を変化させる

```
.scale{transition: transform 0.5s ease-in-out 1s;}
.scale:hover{transform: scale(1.5);}
             1.5倍に拡大
```
③ 1 秒おいて 0.5 秒かけて変形（ここでは拡大）させる

ブラウザ表示 通常時

ホバー時（3つともホバーをやめると逆再生され元通りになる）

CSS Animationを使ったアニメーション

　CSS Animationでは、キーフレームを使った細かい動きができます。アニメーションの開始を0%、終了を100%として、任意のポイントに細かく変化の過程（キーフレーム）を追加できるので、transitionより複雑なアニメーションを作ることができます。animationプロパティでアニメーションの時間やタイミング、繰り返しなどを設定し、実際にどんな動きをさせるかは@keyframes{ }の中で定義します。animationプロパティと@keyframesを、任意のアニメーション名で紐付けることで初めてアニメーションが発動します。

　animationプロパティには次の6つの値をまとめて記述します。省略すると初期値が適用されます 図2 。

図2 animationプロパティの値

値	機能
animation-name	任意のアニメーション名
animation-duration	アニメーション1回分の時間
animation-timing-function	イージング
animation-delay	遅延時間
animation-iteration-count	繰り返しの回数
animation-direction	繰り返しの際の再生方法

memo

animation-iteration-countは、infiniteと記述するとアニメーションを無限に繰り返します。
animation-directionは、初期値のnormalでは「0%→100%」のアニメーションを繰り返します。alternateは偶数回目の再生だけ「100%→0%」と逆再生になり、複数回繰り返しを設定すると「0%→100%→0%→100%→0%……」という繰り返しになります。

　以下にアニメーションのサンプルコードを示します 図3 ～ 図6 。

図3 CSS Animationでキーフレームアニメーション（HTML）

```
<h1> キーフレームアニメーション </h1>
<p> サンプル1：開始1秒で右下へ、次の1秒で右上へ。を3回繰り返す </p>
<div class="sample1"> ジグザグに動く </div>


<p> サンプル2：開始2秒で拡大しながら赤→青へ、次の2秒で縮小しながら青→緑へ。その後は逆再生。</p>
<div class="sample2"> イージングも逆再生される </div>


<p> サンプル3、4：ローディングアニメーション </p>
<img class="sample3" src="img/loading.png" alt="">
<img class="sample4" src="img/heart.svg" alt=" ハート ">
```

155

図4 CSS Animationでキーフレームアニメーション（CSS）

```
.sample1{animation: zigzag 2s ease 0s 3 normal;}
```
2秒かけて再生、3回繰り返し

キーフレーム

```
@keyframes zigzag {
    0%{transform: translate(0,0);}
    50%{transform: translate(50px,50px);}
    100%{transform: translate(100px,0px);}
}
```
座標を変えて div の位置を動かしている

ジグザグに動くアニメーション

```
.sample2{animation: scale-and-color 4s linear 0s infinite alternate;}
```
4秒再生、4秒逆再生の繰り返し

```
@keyframes scale-and-color {
    0%{
        background: #ad4444;
        transform: scale(1);
    }
    50%{
        background: #3946ad;
        transform: scale(1.5);
    }
    100%{
        background: #4dad48;
        transform: scale(1);
    }
}
```
赤・等倍

キーフレーム

青・1.5倍

緑・等倍

大きさと色が変わるアニメーション

```
img{
    width: 100px;
    margin-right: 2em;
}
```

キーフレーム

```
.sample3{animation: loading 1s linear 0s infinite;}
```
1秒で1回転を繰り返す

```
@keyframes loading {
    0% {transform: rotate(0deg);}
    30% {transform: rotate(180deg);}
    100% {transform: rotate(360deg);}
}
```
30%で180°回転
70%で180°回転

前半の回転が速く、後半は遅くなる

ローディングアニメーション

```
.sample4{animation: heart .8s ease 0s infinite normal;}
```
キーフレーム

```
@keyframes heart {
    0% {transform: scale(1);}
    8% {transform: scale(1);}
    15% {transform: scale(1.1);}
    100% {transform: scale(1);}
}
```
変化なし
7%で拡大
85%で縮小

急に大きくなりゆっくり小さくなる

鼓動しているようなアニメーション

図5 表示結果

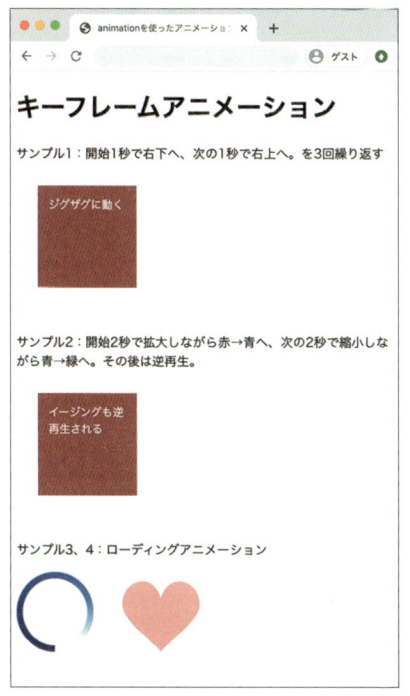

図6 サンプル2の動き

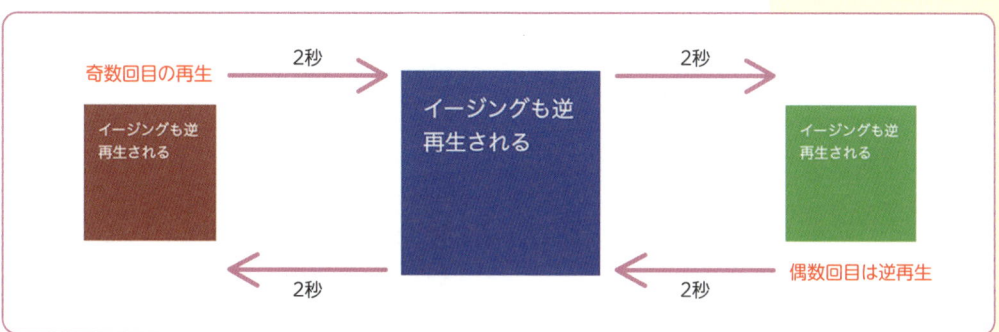

transition と animation の違いとポイント

transition と animation の違いとポイントをまとめました **図7** 。

図7 transitionプロパティとanimationプロパティ

プロパティ	ポイント
transition	・hover や checked などのトリガー（きっかけ）で発動 ・1回のトリガーでアニメーションは1回のみ（連続して繰り返されない） ・単純なアニメーションに向いている
animation	・トリガーがなくても発動 ・無限に繰り返すこともできる ・svg 画像や JavaScript と組み合わせることで多彩な表現ができる

> **memo**
>
> アニメーションの制作は、作り手は楽しいのですが、取り入れすぎると閲覧するユーザーにはストレスを与えることもあるので、適切／必要なアニメーションなのか冷静に考える時間を持ちましょう。またアニメーションは速度も重要で、特にホバー時のアニメーションは1秒以内に収めましょう。

FlexboxとCSS Gridで レイアウトしてみよう

記事一覧などで見かける、カード型レイアウトのWebページを、FlexboxとCSS Gridのそれぞれでスタイリングしてみましょう。スマートフォン、タブレット、PCでレイアウトが変化します。

\STEP/
① **完成レイアウトと仕様の確認**

　カード型のレイアウトのWebページを、FlexboxとCSS Gridそれぞれで作成してみましょう。まずは、完成形を確認します 図1 。

　レスポンシブデザインを実装する場合、どの画面幅（スマートフォン、タブレット、PC）で、それぞれどのようなレイアウトにするのかを確認しましょう。今回は、PCの幅では横に3つ、タブレットの幅では2つ、スマホでは1つとします。

　実際のWeb制作の現場では、FigmaやPhotoshopなどのデータでデザインカンプ（164ページ）が支給されますが、ここではPNG形式の画像データを用意しています。FigmaやPhotoshopのデータでは、文字や画像、余白などのサイズを確認したうえで、それらを再現するためのコーディングをすることになります。

図1 **完成形のレイアウト**

スマートフォン表示では縦に並ぶ

タブレット表示では左右に2列並ぶ

PC表示では左右に3列並ぶ

\STEP/ 2 HTMLファイルの確認

HTMLの構造はFlexbox（flex.html）もCSS Grid（grid.html）もほぼ同じです。カード型にあたる部分は<ul>・<li>タグでマーアップしています 図2 。

図2 HTMLの構造

```
<body>
  <section>
    <h1> カード型レイアウト：CSS Grid</h1>
    <ul class="card">
      <li class="card__item">                    ── カードアイテム①
        <a href="#">
          <h2 class="card__title"> 今日の日記 11
月 19 日 </h2>
          <img src="img/photo01.jpg" alt=""
class="card__thumb" width="300" height="172">
          <p class="card__date">2024/11/19</p>
          <p class="card__desc"> こんばんは！　今日
はいいニュースがあります！　なんとついにこのブログのタイトル
が決ま…</p>
        </a>
      </li>                                      ──
      <li class="card__item">                    ── カードアイテム②
      (省略)
      </li>                                      ──
      <li class="card__item">                    ── カードアイテム③
      (省略)
      </li>                                      ──
      <li class="card__item">                    ── カードアイテム④
      (省略)
      </li>                                      ──
    </ul>
  </section>
</body>
```

159

どちらのHTMLにも共通のスタイルは「common.css」を記述しており、個別のスタイルはFlexboxで「flex.css」、CSS Gridで「grid.css」を読み込むようにしています 図3 。

common.cssでは複数の単位を使い分けており、marginやpaddingの指定では「em」、font-sizeは「rem」、幅は「%」と「px」、それ以外は「px」としています（79ページ）。また、.card__thumb（<img>タグ）を対象に、ボックスのアスペクト比を指定するaspect-ratioプロパティと「object-fit: cover;」（81ページ）を使って、画像の縦横比を保つ設定にしています 図4 。

詳細は学習用サンプルデータで確認してください。

Flexboxでレイアウトします。.cardに「display: flex」を設定し、さらに「flex-wrap: wrap」を適用することで、画面幅を縮めた際にカードが折り返される設定になります 図5 。

ここではカードの幅を「max-width: 360px」としていて、カードが左右に3つ入るとしたら「360px×3＝1080px」、カードとカードの間の余白が「gap: 1em（16px相当）×2」で32px、これを合計すると1112pxとなります。画面幅にこの1112pxの要素が入り切らない場合、3列が2列になる、という挙動になっています。

図3 読み込むCSSファイルの違い

Flexbox
```
<link rel="stylesheet" href="css/common.css">
<link rel="stylesheet" href="css/flex.css">
```

CSS Grid
```
<link rel="stylesheet" href="css/common.css">
<link rel="stylesheet" href="css/grid.css">
```

図4 共通スタイル

```
.card__thumb {
  width: 100%;
  object-fit: cover;          画像の縦横比を
  aspect-ratio: 5 / 3;        保つ設定
  border-radius: 4px;
}
```

図5 FlexboxのCSSスタイル

```
.card {
  display: flex;
  flex-wrap: wrap;            要素を折り返す
  flex-direction: column;
  gap: 1em;                   要素を縦並びにする    スマートフォン用
}
.card__item {
  max-width: 100%;
}


@media screen and (min-width: 768px) {
  .card {
    flex-direction: row;      要素を横並びにする
  }                                               PC・タブレット用
  .card__item {
    max-width: 360px;
  }
}
```

CSS Gridでレイアウト

　続いては、CSS Gridでのレイアウトをします図6。

　.cardに「display: grid」を設定し、600px以上となるブレイクポイントでは2列になるよう「grid-template-columns: 1fr 1fr」とし、900px以上のブレイクポイントでは3列になるよう「grid-template-columns: 1fr 1fr 1fr」としています。

　FlexboxでのスタイルとCSS Gridでのスタイル、どちらもまったく同じ見た目になるようスタイリングすることもできますが、意図的にやや違いが出るスタイルとしています。ここでは2つの手法で同じ見た目にすることが目的ではないのと、それぞれシンプルな理解しやすいCSSで実装しているためです。

図6 CSS GridのCSSスタイル

```
.card {
  display: grid;
  gap: 1em;
}                          スマートフォン用
.card__item {
  max-width: 100%;
}

@media screen and (min-width: 600px) {
  .card {
    grid-template-columns: 1fr 1fr;
  }
  .card__item {        左右2列に    タブレット用
    max-width: 360px;
  }
}

@media screen and (min-width: 900px) {
  .card {                            PC用
    grid-template-columns: 1fr 1fr 1fr;
  }
}                        左右3列に
```

疑似要素と疑似クラス

疑似要素も疑似クラスも、CSSのセレクタの一種です。「疑似」という言葉から難しい印象がありますが、噛み砕いて言えば疑似要素は「要素の前後や一部分だけにスタイルを適用させるもの」、疑似クラスは「この要素がこういう状態のときのみスタイルを適用する」という制限をかけたセレクタです。

◎どういうときに疑似要素を使うの？

HTML上で、見出しの文頭に「★」を入れたり、リストマーカーに使うオリジナル画像を<img>タグとして挿入するのはあまり好ましいことではありません。これらは「飾り」であって文書構造には不要なものだからです。HTML上には置きたくないが見栄えをよくするために入れたいという場合には、CSSで「::before」や「::after」などの疑似要素を使います。「::before」や「::after」にはcontentプロパティが必須で、このcontentを使って「★」や画像を挿入します。その他、「::first-letter」（要素内の最初の1文字だけにスタイルを適用）、「::first-line」（要素内の最初の1行だけにスタイルを適用）などがあります。

◎どういうときに疑似クラスを使うの？

疑似クラスでよく使われるのは「:hover」です。「a:hover{}」と書くと「<a>タグがホバーされたときのみ適用」という制限がかかります。

また、「n番目の要素」を表す「:nth-of-type(n)」もよく使われます。「li:nth-of-type(2){}」と書くと「兄弟要素の中で2番目のli要素に適用」という意味になります。

「( )」の中に入るのは数字だけでなく、「even」（偶数）、「odd」（奇数）などもあります。「3n」と書けば3の倍数、「2n+1」と書けばoddと同じ奇数になります 図1。

図1 疑似要素と疑似クラスの使い方

HTML
```
<ul>
    <li> 奇数なので白 </li>
    <li> 偶数は水色 </li>
    <li> 奇数なので白 </li>
    <li> 偶数は水色 </li>
</ul>
```

CSS
```
ul{
  list-style: none;
  padding: 0;
}
/* 疑似要素 */
li::before{content:" ★ ";}

/* 疑似クラス */
li:nth-of-type(even){background: #91d5de;}
```

ブラウザ表示

★奇数なので白
★偶数は水色
★奇数なので白
★偶数は水色

シンプルな
Webページを作る

制作現場でのWeb制作のワークフローを学びながら、シンプルなWebページを作ってみます。ここまで学んだHTMLのタグの書き方やCSSのスタイリングを思い出しながら、チャレンジしてみましょう。

読む　練習　制作

制作現場のワークフロー

Lesson5
01
15 min

THEME
テーマ

実際の制作現場の進め方を学びながら、Lesson5では簡単な1ページのサイトを作ってみます。制作に入る前に、Web制作のワークフローやWebデザイナーの仕事について把握しましょう。

一般的なWeb制作の流れ

Lesson5以降の本書の実践では、完成しているデザインをもとにWebサイトのコーディングを行っていきますが、実際の制作現場ではWebサイト1つを制作するにもさまざまなフローがあります。

一般的なWeb制作の流れとしては、受注するとまずヒアリングをし、どんなサイトが必要なのか、またサイトの目的（ゴール）などをはっきりさせ、企画を決めます。その企画をもとに情報を整理し、**ワイヤーフレーム**や**プロトタイプ**と呼ばれるサイトの骨子を固めていきます。ワイヤーフレームが決まると、次はデザインツールを使ってビジュアルを作り込んで肉づけしていきます。完成した**デザインカンプ**をもとにHTMLやCSSでコーディングをすることで、実際に機能するサイトになっていきます。

その後は必要に応じてブログシステムなどを導入するプログラミングが入り、プログラミングがあってもなくても公開前には必ず動作確認テスト（検証ともいう）を行います。さまざまなブラウザで表示に問題がないか入念に検証し、問題があれば修正し、問題がなければ公開となります 図1 。

WORD ▶ ワイヤーフレーム

WebサイトやWebページの画面設計図。ページのどこに、何を、どのように配置するのかといった大まかな構成を簡単な線画で表したもの。専用の作成ツールもあるが、手描きで作成したりもする。

WORD ▶ プロトタイプ

動作確認・検証を行うための試作品のこと。静止画であるワイヤーフレームに、画面遷移やアニメーションなどの動的な要素を加え、動きや流れを確認する。

WORD ▶ デザインカンプ

Webサイトのデザインやレイアウトの仕上がりを具体的に示した完成見本のこと。単に「カンプ」と呼ばれることもある。

図1 Web制作の一般的なワークフロー

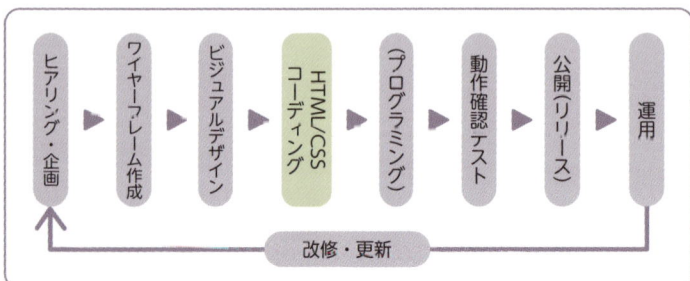

このように「前工程をもとに作成」を繰り返していくものですので、序盤で小さなほころびを放置すると、後工程に進むごとに問題は大きくなっていきます。後の工程に響かないよう、**！一つひとつ確実に仕上げてコマを進める**ことが肝心です。

Webサイトは息の長い制作物

Webサイトは公開して終わりではなく、運用し、常に改修・更新をしていく、長い付き合いとなるメディアです。運用しはじめてすぐの改修作業もあれば、数年後に大きなリニューアルをすることもあります。そのため自分でもどんな記述をしたか忘れていたり、違うWebデザイナーが担当することもあります。その際にHTMLのインデントがなかったり、意味のわからないクラス名が乱立していたりしたら、コードをまず読み解くという無駄な作業が生まれてしまいます。

つまりHTML/CSSのコーディングにおいて、「誰が見てもわかりやすく」また「修正しやすく」設計し作ることはとても重要です。どんなコードが修正しやすいのか、といった具体的なポイントは**Lesson5-05**で紹介しています◯。

Webデザイナーの仕事

「Webデザイナー」とひとくちに言っても仕事はさまざまです。ビジュアルデザインからコーディング、そして公開作業までが基本的な守備範囲となりますが、すべてを一人でやったり、デザイン担当とコーディング担当に別れるパターンもあります。デザインのみを担当する場合でも、コーディングの知識がなければ作ったデザインがWebサイトとして成り立たないこともあります。

また制作現場には、プロジェクト全体の進行を管理し、クライアント（依頼主）と制作陣の架け橋となるディレクターが要となります。

> **！ POINT**
> デザインが確定しないままコーディングに進んだりすると、せっかくコーディングした部分のデザインが変更になってしまうなど、作ったものが無駄になってしまうこともあります。チーム内やクライアントと定期的にイメージを擦り合わせ、認識の齟齬をなくしましょう。最初のうちはなかなか難しいですが、「急がば回れ」の通り、焦らず着実に進めていくのが一番の近道です。

185ページ、**Lesson5-05**参照。

> **memo**
> 5ページほどのWebサイトであれば1〜3人でやってしまうことが多いですが、大きなサイトになると、複数人でコーディングを担当したりします。その際にマークアップの仕方やクラス名のつけ方が全員バラバラだと、お互いを補い合えなくなるので、着手前にしっかりチーム内で方向性を決めておきましょう。

Lesson5
02 事前準備と完成形の確認

45min

THEME テーマ デザインが完成しても、いきなりコーディングを始めてはいけません。コードを書く前に3つの視点からデザインをしっかり確認し、把握して頭の中を整理しましょう。

デザインカンプの確認と全体の構造把握

Lesson5では、旅行のツアーを紹介するWebページを作成していきます。通常、ビジュアルデザインはPhotoshopやIllustrator、XD🔗、Figma🔗などのデザインツールを使って作成します。**図1**のようにページ全体のデザインを書き出したデザインカンプ（略して「カンプ」）をもとにHTMLやCSSでコーディングしていきます。

図1 デザインカンプ

WORD XD（エックスディー）

Adobe XD。Webサイトやモバイルアプリのプロトタイプを作成するUIデザインツール。2024年8月現在、XD単体では利用することができず、Adobe Creative Cloudのコンプリートプランの契約が必要になる。

WORD Figma（フィグマ）

XDと同じくWebサイトやモバイルアプリのUIデザインツール。Webブラウザ上で利用できるのが特長の一つ（デスクトップアプリをダウンロードすることもできる）。スターターと呼ばれる無料プランも用意されている。

コーディングに入る前には、次の3つを必ず行います。

❶ ディレクトリ作成
❷ メタ情報の整理（<head>タグ内を書くため）
❸ 全体構造の把握（<body>タグ内の組み立て方を決める）

順番は決まっていませんが、今回はこの❶～❸の順番でやっていきましょう。

準備①ディレクトリ作成

コーディングをはじめる前に、サイトデータの保存場所を決めましょう。図2では、制作作業を行うPCの任意の場所に「Lesson5_sample」というフォルダを作成し、その中に「css」フォルダと「img」フォルダを作成しました。

ここで作成するのは1ページのみのサイトですので、シンプルな構造になっています。このようなフォルダ構造は、Webでは「ディレクトリ」と呼びます。ディレクトリの整理ができたら「index.html」を新規作成し、Lesson3-01で学んだHTMLのテンプレートを記述しましょう⤵。

図2 ディレクトリ構成

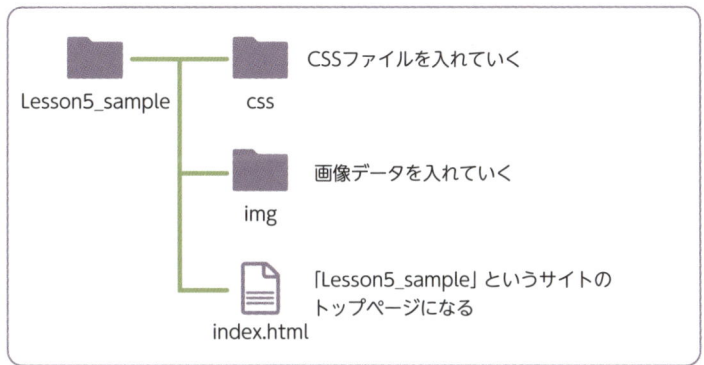

Lesson5_sample

css　CSSファイルを入れていく

img　画像データを入れていく

index.html　「Lesson5_sample」というサイトのトップページになる

準備②メタ情報の整理

<head>タグに記述するためのメタ情報は、実務ではデザインができ上がる前にチーム内で共有されていることが多いですが、ここではでき上がっているデザインカンプからページについての情報を整理してみましょう。

図1のデザインカンプを見ると、北海道旅行のツアー紹介のペー

WORD ディレクトリ

41ページ、Lesson2-02参照。

! POINT

自分の使用しているPCの中にサイトデータを入れていくためのフォルダを一つ用意し、これから作るサイトを一覧で見られるようひとまとめにしておきましょう。Webサイト制作にはファイルやフォルダをたくさん扱うので、とにかく整理する習慣をつけましょう。

61ページ、Lesson3-01 図2 参照。

ジであること、割引キャンペーンを実施していることなどがうかがえ、申し込みフォームが設置されているのも確認できます。このページで一番伝えたいのは「雄大な自然と美味しい食を満喫する旅」というキャッチコピーで、このページの目的はツアーの「申し込みを得ること」です。

準備③全体構造の把握

次に、全体の構成を「マークアップ目線」で見てみましょう。このサイトは 図3 のように、大きく❶ <header> タグ、❷ <main> タグ、❸ <footer> タグ、と切り分けることができそうです。またメインコンテンツの中はメインビジュアル、4つのセクション、画像、に分けられます。

図3 **全体の構造を把握する**

❶ <header>
メインビジュアル
セクション
セクション
❷ <main>
セクション
セクション
画像
❸ <footer>

もう少し細かく、各セクションの中身を見てみましょう 図4。各セクションは文字色や見出しのデザインは同じですが、背景色がそれぞれ違います。また、背景色は横幅いっぱいに塗られていますが、テキストなどの情報は幅が指定してあり、中央配置になっています。つまり <section> タグの中にもうひとつ <div> タグを入れる必要があることがわかります。

memo

コーディングの前にはこのように必ず全体像を把握し、どういう構造にするか頭の中で設計しましょう。長いページや情報の多いページの場合は、手描きで紙に書き出して整理するのも手です。プロのWebデザイナーはコーディング前の情報整理や設計を考えるのにとても時間をかけます。

図4 セクション部分の幅

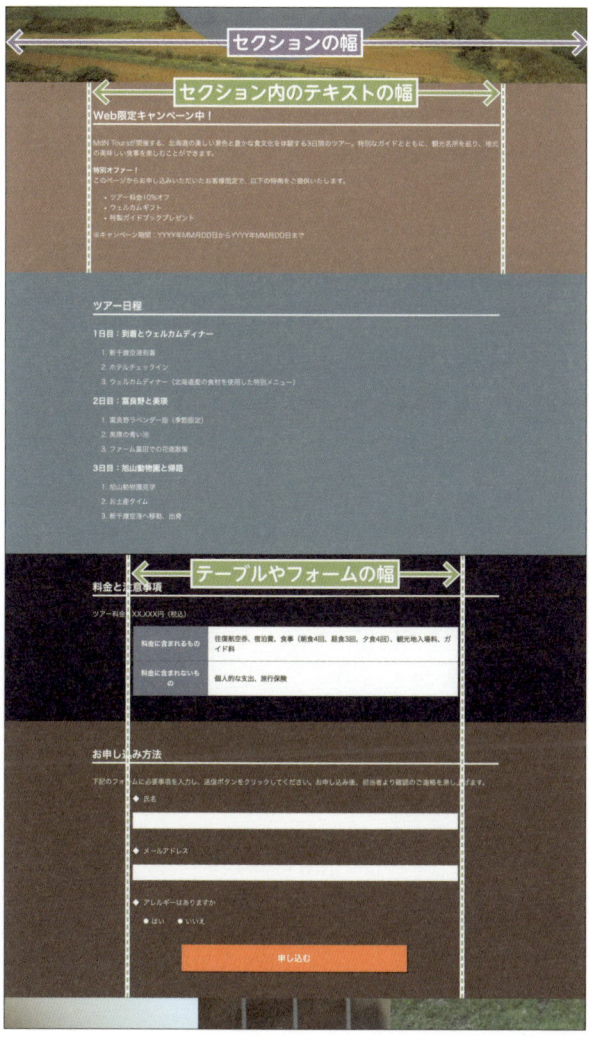

HTMLでマークアップしよう

> **THEME**
> テーマ
>
> HTMLのマークアップを進めていきます。ここまで学んだHTMLの基本や各タグの意味を復習しながら、ページ全体の構造を「マークアップ目線」で見て、どこに・どんなタグを使うとよいか考えてみましょう。

<head>タグの中を書いてみよう

Lesson5-02で整理した情報をもとに、HTMLのテンプレートに記述していきます、<title>タグは「秋季限定！北海道3日間ツアー - MdN Tours」にしました 図1 。<title>タグにはサイトのタイトルだけではなく「このページ」のタイトルを書きます。

今回の場合は「MdN Tours」だけでも問題はないですが、「秋季限定！北海道3日間ツアー」も加えてページの趣旨が伝わるようにします。

図1 <head>タグ内の記述

```
<head>
  <meta charset="UTF-8">
  <title> 秋季限定！北海道 3 日間ツアー - MdN Tours</title>
  <meta name="description" content=" 北海道の美しい景色と豊か
な食文化を体験する 3 日間のツアー。特別なガイドとともに観光名所を巡り、地
元の美味しい食事を楽しむことができます。">
</head>
```

次にdescriptionを記述します。ページの紹介文を書くところですが、検索結果に表示される場合を考慮して、今回はキャンペーンの内容も記述しておきました。

このサイトはレスポンシブ化しないため、ビューポートの記述🡒は入れていません。また、CSSの読み込みをする<link>タグ🡒は、後述するCSSを書く際に追記します。

> **memo**
> ページが複数あるサイトを制作する場合、<title>タグやdescriptionの内容（content属性の値）はページごとに変えることが好ましいでしょう。

🡒 26ページ、**Lesson1-06**参照。

🡒 179ページ、**Lesson5-04**参照。

`<body>`タグの中を書いてみよう

Lesson5-02 **図3** でページ全体を見て設計の予測を立てた通り、`<body>`タグの中を大きく`<header>`タグ、`<main>`タグ、`<footer>`タグで切り分け、`<main>`タグの中を画像のエリアとセクションに分けます。ページ上部の画像だけが入るエリアはセクションではないので`<div>`タグを使い、見出しがそれぞれついている部分は`<section>`タグを使います **図2**。

> **memo**
> `<div>`タグを書くときは、**図2** のようにあらかじめクラスを振って、なんのエリアかわかるようにしておくと、CSSを書く際に便利です。

図2 `<body>`タグ内をエリアに分ける

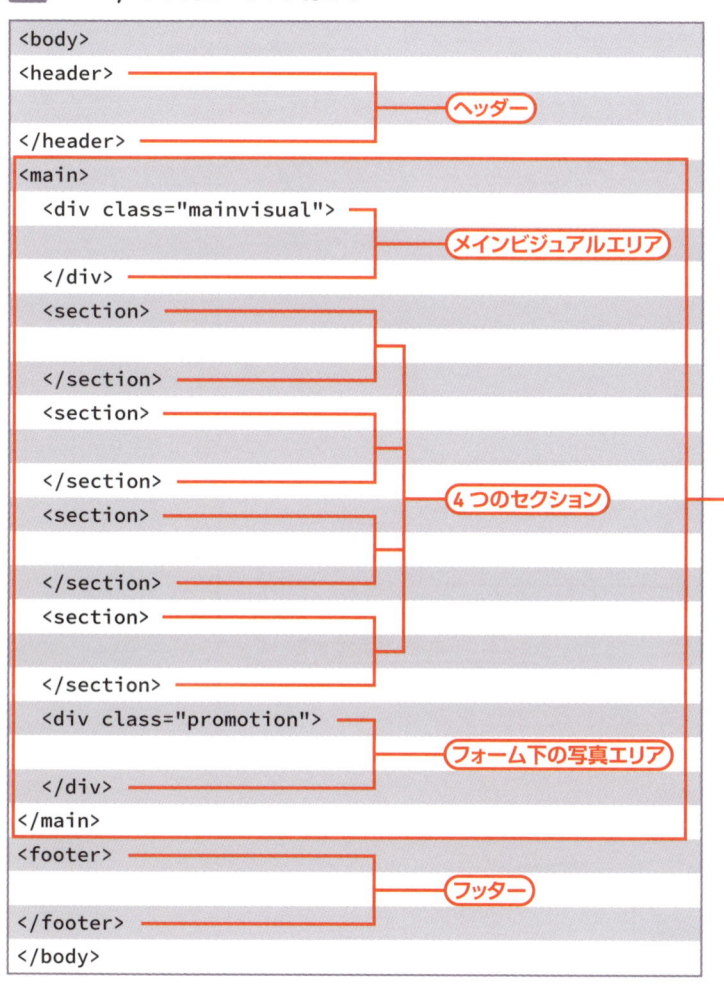

<header>からメインビジュアルまで

<header>タグの中身には、ロゴ画像を配置するため<img>タグを使います。「MdN Tours」のロゴは文書の一番大きな見出しとなるので、<h1>タグで囲む形で<img>タグを配置します。

メインビジュアルとなる画像には、今回は写真の中央に文字が入った1枚画像を使用します。レスポンシブ対応のサイトを制作する場合は、背景画像と文字部分の画像の2枚に分けておくほうが好ましいです。CSSのメディアクエリを使って、写真とテキストの位置や大きさををそれぞれで調整できるためです。今回のサイトはレスポンシブ対応は行わないため、マークアップも簡易的な1枚画像にしています。

> **memo**
>
> メインビジュアルには大きな画像を使用しているため、図3ではブラウザのウィンドウから画像が見切れてしまっていますが、後々CSSでサイズを調整するので問題ありません。

図3 <header>からメインビジュアルまでのマークアップ

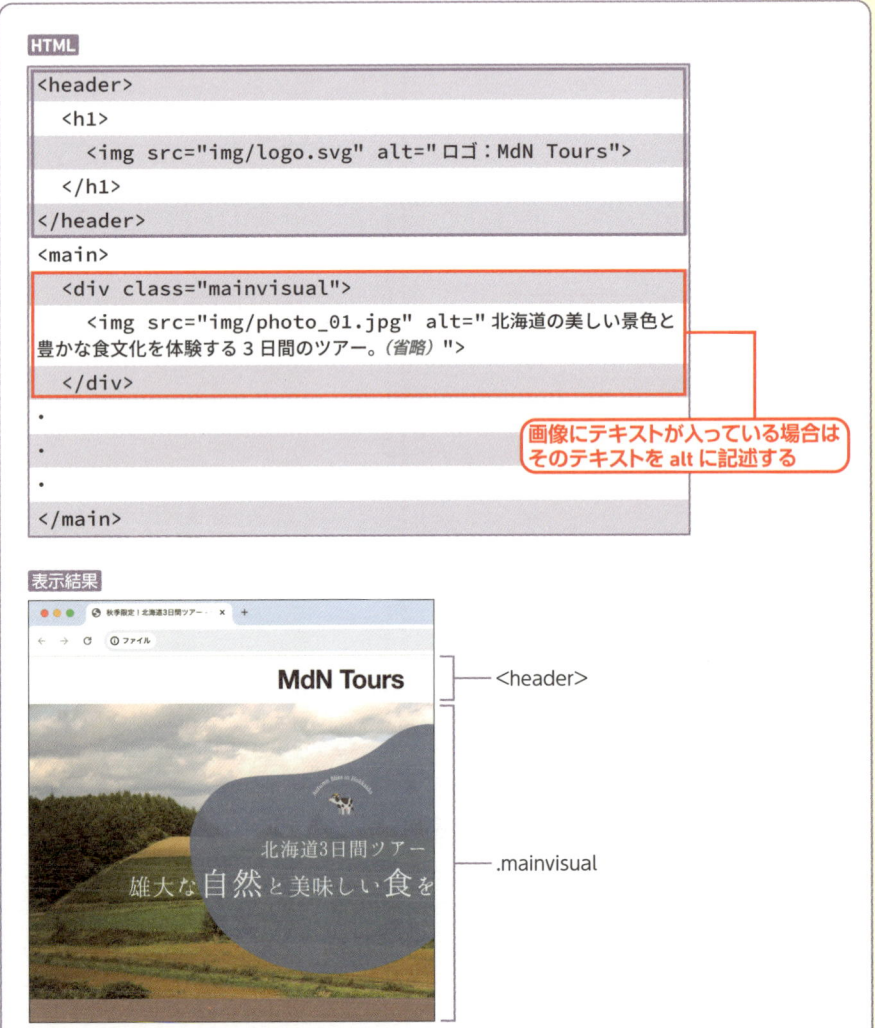

```
HTML
<header>
  <h1>
    <img src="img/logo.svg" alt="ロゴ：MdN Tours">
  </h1>
</header>
<main>
  <div class="mainvisual">
    <img src="img/photo_01.jpg" alt="北海道の美しい景色と
豊かな食文化を体験する3日間のツアー。(省略)">
  </div>
  ・
  ・
  ・
</main>
```

画像にテキストが入っている場合はそのテキストを alt に記述する

表示結果

<header>

.mainvisual

セクションを作り込む

まず、図2の4つの<section>タグそれぞれの直下に<div>タグを作ります。クラス名はすべて「.inner」とします。もう一度デザインカンプを見ると、4つの<section>の見出しはすべて同じレベル感・同じスタイルですので、4つとも<h2>タグにします。

各セクションの中身は次の通りです。

- 1つ目：<h2>見出し、段落、リスト
- 2つ目：<h2>見出し、<h3>見出し、番号付きリスト
- 3つ目：<h2>見出し、段落、テーブル
- 4つ目：<h2>見出し、段落、フォーム

> **memo**
> 同じレベルの見出しでも、デザインの違うものが混在している場合は、それぞれデザインごとにクラス名をつけて区別するとよいでしょう。

1つ目のセクション

1つ目のセクションで使われているリストは順不同のため、<ul>タグ（順序なしリスト）を使用しています図4。

図4 1つ目のセクションの作り込み

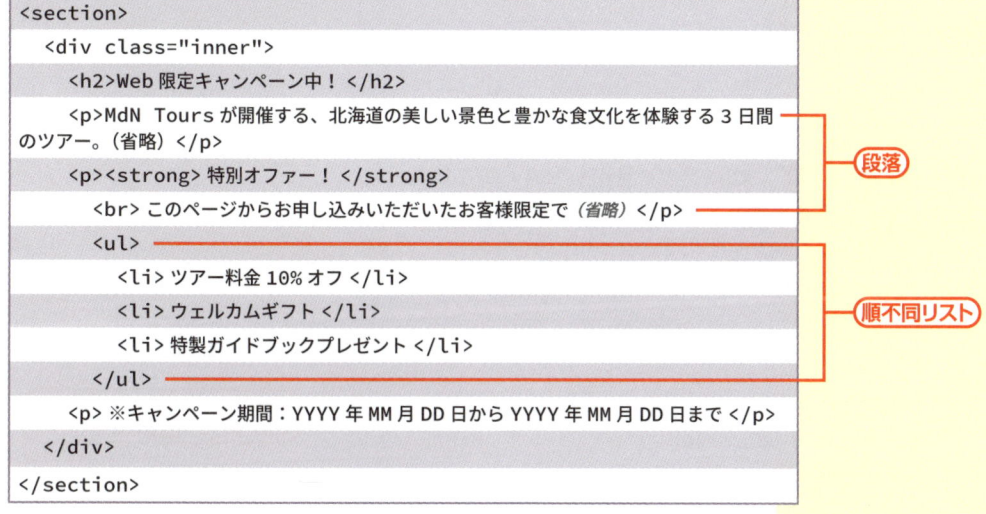

```
<section>
  <div class="inner">
    <h2>Web限定キャンペーン中！</h2>
    <p>MdN Toursが開催する、北海道の美しい景色と豊かな食文化を体験する3日間のツアー。（省略）</p>
    <p><strong>特別オファー！</strong>
      <br>このページからお申し込みいただいたお客様限定で（省略）</p>
    <ul>
      <li>ツアー料金10%オフ</li>
      <li>ウェルカムギフト</li>
      <li>特製ガイドブックプレゼント</li>
    </ul>
    <p>※キャンペーン期間：YYYY年MM月DD日からYYYY年MM月DD日まで</p>
  </div>
</section>
```

段落

順不同リスト

2つ目のセクション

2つ目のセクションで使われているリストは手順を表しているので<ol>タグ（番号付きリスト）を使いましょう図5。

図5 2つ目のセクションの作り込み

```
<section>
  <div class="inner">
    <h2> ツアー日程 </h2>
    <h3>1 日目：到着とウェルカムディナー </h3>
    <ol>
      <li> 新千歳空港到着 </li>
      <li> ホテルチェックイン </li>
      <li> ウェルカムディナー（北海道産の食材を使用した特別メニュー）</li>
    </ol>
    <h3>2 日目：富良野と美瑛 </h3>
    <ol>
      <li> 富良野ラベンダー畑（季節限定）</li>
      <li> 美瑛の青い池 </li>
      <li> ファーム富田での花畑散策 </li>
    </ol>
    <h3>3 日目：旭山動物園と帰路 </h3>
    <ol>
      <li> 旭山動物園見学 </li>
      <li> お土産タイム </li>
      <li> 新千歳空港へ移動、出発 </li>
    </ol>
  </div>
</section>
```

番号付きリスト

3つ目のセクション

また、テーブルは 2 行 2 列で、<th> タグ（見出しセル）が左側に来るようにマークアップします 図6 。

図6 3つ目のセクションの作り込み

```
<section>
  <div class="inner">
    <h2> 料金と注意事項 </h2>
    <p> ツアー料金：XX,XXX 円（税込）</p>
    <table>
      <tr>
        <th> 料金に含まれるもの </th>
        <td> 往復航空券、宿泊費、食事（朝食 4 回、昼食 3 回、夕食 4 回）、観光地入場料、ガイド料 </td>
      </tr>
      <tr>
        <th> 料金に含まれないもの </th>
        <td> 個人的な支出、旅行保険 </td>
      </tr>
    </table>
  </div>
</section>
```

テーブル
<th> タグの位置に気をつける

4つ目のセクション

　そしてフォームは、まず<form>タグを記述し、action属性（送信先）とmethod属性（送信方法）を記述します。今回はフォームを送信するphpプログラムは書きませんので、仮に「program.php」としています 図7 。

図7　4つ目のセクションの作り込み

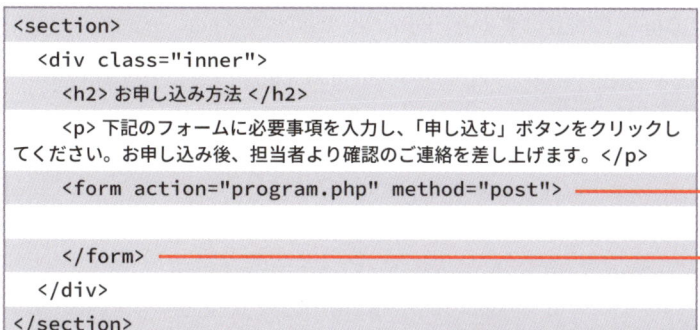

```
<section>
  <div class="inner">
    <h2> お申し込み方法 </h2>
    <p> 下記のフォームに必要事項を入力し、「申し込む」ボタンをクリックし
てください。お申し込み後、担当者より確認のご連絡を差し上げます。 </p>
    <form action="program.php" method="post">

    </form>
  </div>
</section>
```

この中にフォームパーツを
配置していく

　ここまで終えたあと、HTMLファイルをWebブラウザで表示すると 図8 のようになります。

図8　図7 までマークアップしたブラウザ表示

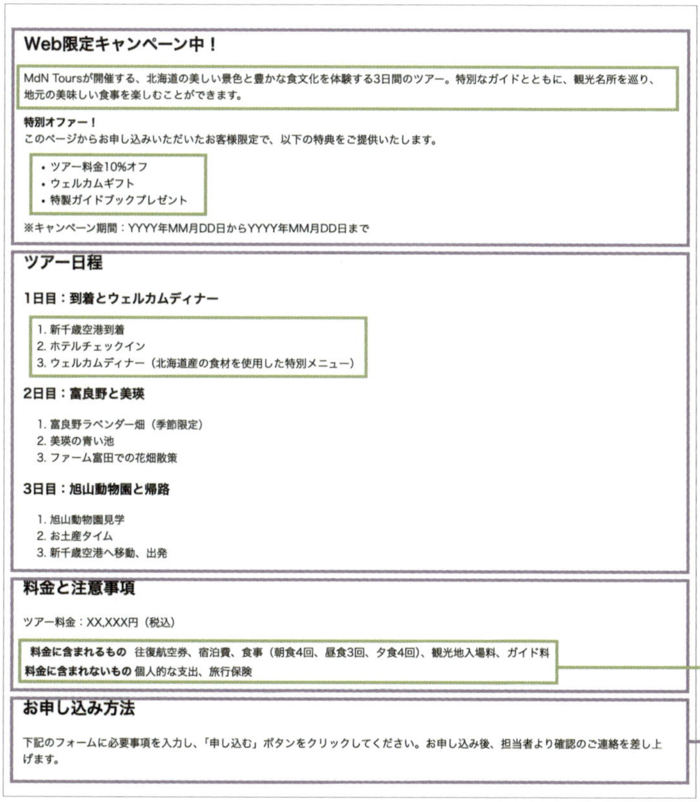

Web限定キャンペーン中！

MdN Toursが開催する、北海道の美しい景色と豊かな食文化を体験する3日間のツアー。特別なガイドとともに、観光名所を巡り、地元の美味しい食事を楽しむことができます。

特別オファー！
このページからお申し込みいただいたお客様限定で、以下の特典をご提供いたします。

- ・ツアー料金10%オフ
- ・ウェルカムギフト
- ・特製ガイドブックプレゼント

※キャンペーン期間：YYYY年MM月DD日からYYYY年MM月DD日まで

ツアー日程

1日目：到着とウェルカムディナー

1. 新千歳空港到着
2. ホテルチェックイン
3. ウェルカムディナー（北海道産の食材を使用した特別メニュー）

2日目：富良野と美瑛

1. 富良野ラベンダー畑（季節限定）
2. 美瑛の青い池
3. ファーム富田での花畑散策

3日目：旭山動物園と帰路

1. 旭山動物園見学
2. お土産タイム
3. 新千歳空港へ移動、出発

料金と注意事項

ツアー料金：XX,XXX円（税込）

料金に含まれるもの 往復航空券、宿泊費、食事（朝食4回、昼食3回、夕食4回）、観光地入場料、ガイド料
料金に含まれないもの 個人的な支出、旅行保険

お申し込み方法

下記のフォームに必要事項を入力し、「申し込む」ボタンをクリックしてください。お申し込み後、担当者より確認のご連絡を差し上げます。

テーブルのボーダーは
CSSで作る

この時点ではフォームは
まだ表示されていない

復習ページ
順序なしリストと番号付きリストは**Lesson3-08**（89ページ）、テーブルは**Lesson4-09**（132ページ）、フォームは**Lesson4-12**（145ページ）を参照してください。

フォーム内を作り込む

フォームの各パーツの作り方は**Lesson4-12**で学びました●。ラジオボタンと選択肢のテキストを<label>タグで囲むと、テキスト部分をクリックしてもラジオボタンにチェックが入るようにできることを学びました。<label>タグでフォームパーツを囲む以外にも、<label>とフォームパーツを紐付けることができます。

<label>のfor属性とフォームパーツのid名を同じにすると、「テキスト部分（label部分）をクリックすると入力欄にカーソルが入る」といったことが可能になります。図9では「氏名」を<label>タグで囲み、「for="user-name"」としています。氏名を入力する<input>タグには、紐付けるため「user-name」というidを追加しています。

145ページ、**Lesson4-12**参照。

図9 フォームパーツの配置

```html
<form action="program.php" method="post">
  <dl>
    <dt><label for="user-name">氏名 </label></dt>
    <dd><input name="user-name" id="user-name" type="text"></dd>
    <dt><label for="user-email">メールアドレス </label></dt>
    <dd><input name="user-email" id="user-email" type="text"></dd>
    <dt> アレルギーはありますか </dt>
    <dd>
      <input type="radio" name="allergy" value=" はい " id="allergy-yes">
      <label for="allergy-yes"> はい </label>
      <input type="radio" name="allergy" value=" いいえ " id="allergy-no">
      <label for="allergy-no"> いいえ </label>
    </dd>
  </dl>
  <button type="submit"> 申し込む </button>
</form>
```

memo

nameとidとforが同じ名前だと混乱しがちですが、ラジオボタンの設問を見るとわかりやすいでしょう。name属性はフォームを送信するために必要なもので、設問ごとに同じ名前に揃えます。idは同一ページ内で同じ名前が使えないので、1つの設問の中でも選択肢ごとに変える必要があります。<label>タグはフォームパーツ1つ1つに結びつけたいので、nameではなくidと紐付きます。

表示結果

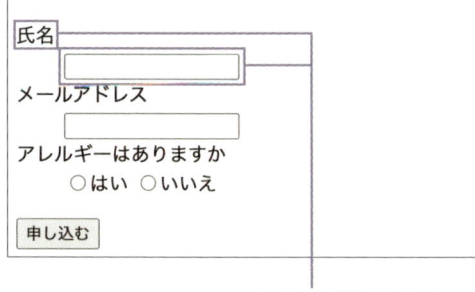

お申し込み方法

下記のフォームに必要事項を入力し、「申し込む」ボタンをクリックしてください。
お申し込み後、担当者より確認のご連絡を差し上げます。

氏名

メールアドレス

アレルギーはありますか
　　○ はい　○ いいえ

申し込む

forとidで紐付けている

フォーム下の画像とフッターのマークアップ

　プロモーションの写真の配置はメインビジュアルと同じように
`<div>`タグで`<img>`タグを囲む形で記述します。配置の仕方は同
じですが、メインビジュアルはページの中でも重要な役割をもっ
ているので、クラス名は変えています。

　フッター部分にはツアー会社の連絡先とコピーライト情報を記述
します。連絡先はすべて`<address>`タグで囲み、情報の区切りご
とに`<br>`タグで改行させています。コピーライト情報は脚注やライ
センス表記をする`<small>`タグを使います 図10。ここまで書け
たら、マークアップは完成です。

> **memo**
> ©の表記は特殊文字で「`&copy;`」と書く
> やり方もありますが、文字コードが
> UTF-8の場合は文字化けの問題は起こ
> らないため、このサンプルでは©表記の
> まま記載しています。

図10　フォーム下の画像とフッター

```html
<main>
  .
  .
  .
  <div class="promotion">
    <img src="img/photo_02.jpg" alt=" 写真：花と動物 ">
  </div>
</main>
```

※次ページへ続く

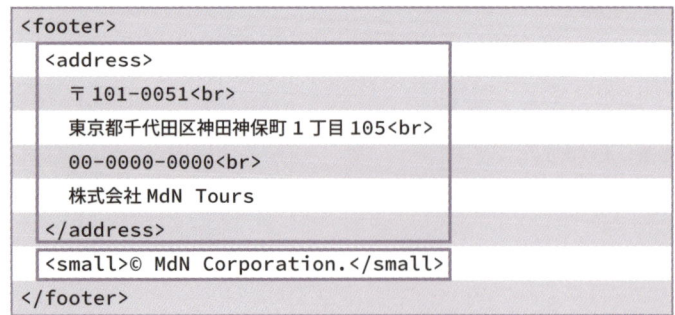

```
<footer>
  <address>
    〒 101-0051<br>
    東京都千代田区神田神保町 1 丁目 105<br>
    00-0000-0000<br>
    株式会社 MdN Tours
  </address>
  <small>© MdN Corporation.</small>
</footer>
```

表示結果

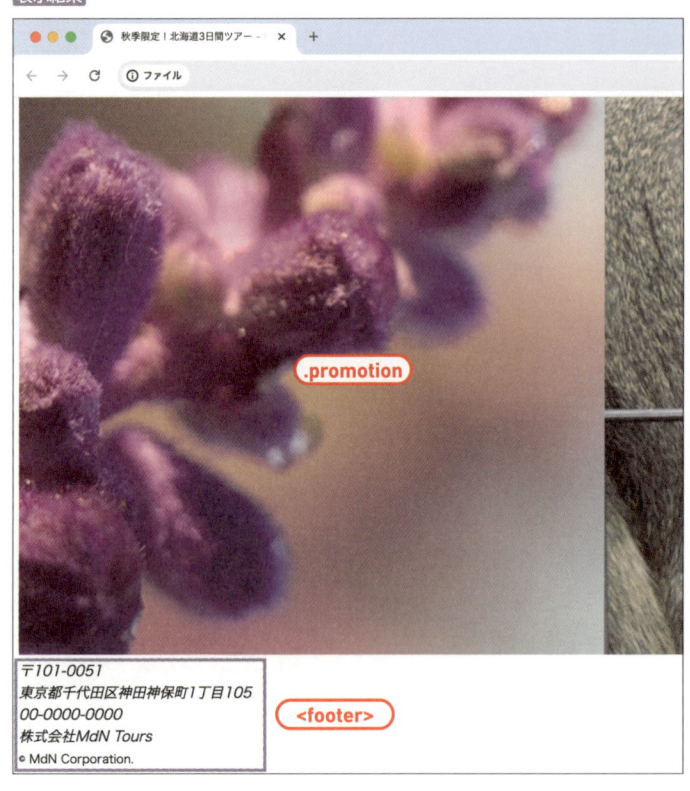

 Lesson5

CSSを書いてみよう

THEME テーマ　HTMLでマークアップを終えたページにCSSでスタイルをつけていきましょう。CSSファイルはHTMLファイルの<head>タグ内で、<link>タグを使って読み込ませます。

CSSの読み込み

CSSを記述していく前に読み込みの設定をします。今回はデフォルトCSSを打ち消すための「normalize.css」と、自分が書くCSSファイル（style.css）の2つを使います。normalize.cssで標準化した後style.cssで上書きしていくので、図1のような順番で読み込ませます。

図1の右図は、normalize.cssと空のstyle.cssを読み込ませた状態の表示結果です。

> **memo**
> normalize.cssはインターネット上で配布されている、MITライセンス（誰でも無料で自由に使うことができる）のもので、ここではv8.0.1を使用しています。

図1　<head>タグ内でCSSを読み込む

HTML

```
<head>
  <meta charset="UTF-8">
  <title> 秋季限定！北海道 3 日間ツアー - MdN Tours</title>
  <meta name="description" content=" 北海道の美しい景色と豊かな食文化を体験する 3 日間のツアー。特別なガイドとともに観光名所を巡り、地元の美味しい食事を楽しむことができます。">
  <link rel="stylesheet" href="css/normalize.css">
  <link rel="stylesheet" href="css/style.css">
</head>
```

表示結果

normalize.cssだけが効いている状態（余白などが調整されている）

全体構造からレイアウト

　では、CSSでスタイルを書いていきます。大きな要素や、共通のものから作り、後から細かい部分を作ったり、例外的な部分を上書きしていきます。

　全体の共通設定とヘッダーまでを書いてみましょう 図2 。font-familyプロパティはフォントの種類を決めるプロパティです。複数のフォントを記述すると最初に書いたフォントが適用されますが、ユーザーのデバイスにそのフォントがインストールされていなければ、次のフォントが適用され、それもなければ次、というように適用されるフォントが決まります。「font-weight: 400」は細字でも太字でもない標準的な太さです。フォントにもよりますが、100（細）〜 900（太）の100刻みの数字で設定できます。

図2 共通設定、ヘッダー、MVのスタイル

```css
/* 基本設定 */
*,
*::before,
*::after {
  box-sizing: border-box;          ← ボックスモデルの一括設定
}
body {
  font-family: "Hiragino Kaku Gothic ProN", Meiryo,
sans-serif;                        ← フォントの設定
  font-size: 16px;                 ← 文字サイズ
  font-weight: 400;                ← 文字の太さ
  line-height: 1.5;                ← 行高
  color: #fff;                     ← 文字色
}
img {
  display: block;
}


/* ヘッダー・メインビジュアル */
header img {
  width: 200px;                    ← ロゴのサイズを決め中央配置
  margin: 0 auto;
}
.mainvisual img {                  ← メインビジュアル画像が
  width: 100%;                        画面いっぱいになるよう
}                                      幅100%を指定
```

セクションのスタイル

　ここでセクション部分の完成形をもう一度見てみます図3。背景色は幅100%で塗られていますが、テキスト部分はもっと狭い幅になっています。背景色は100%幅の<section>タグに塗り、「div.inner」でコンテンツの幅を設定し中央寄せにします図4。

図3　セクション部分の完成イメージ

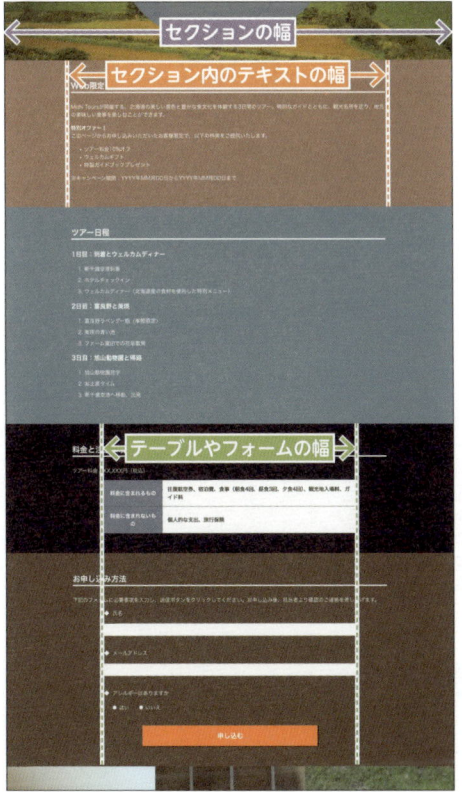

図4　メインコンテンツのCSSスタイル（共通部分、h2見出し、段落）

```
/* セクション共通 */                              ← <section> の設定
section {
  width: 100%;                                   ← 幅は 100% で共通
  padding: 40px 0 60px;                          ← 上下余白の指定
}


/* 各セクション */
section:nth-of-type(1) { background-color: #a68072; }
section:nth-of-type(2) { background-color: #6889a6; }
section:nth-of-type(3) { background-color: #010d26; }   ← 背景色はそれぞれ指定
section:nth-of-type(4) { background-color: #624a3b; }
```

※次ページへ続く

```
.inner {
  width: 70%;
  margin: 0 auto;
}
```

.inner が対象①
<section> に対して幅 70%
<section> 内て上下左右中央に

```
h2 {
  margin-bottom: 30px;
  border-bottom: 4px solid #fff;
}
```

見出しの共通スタイル

HTML ①の対象となっているHTML

```
<section>
  <div class="inner"></div>
</section>
```

図5 メインコンテンツのCSSスタイル（リスト、テーブル、フォーム）

```
/* 番号付きリスト */
ol li {
  margin-bottom: 10px;
}
```

項目間の余白

```
/* テーブル */
table {
  width: 80%;
  margin: 0 auto;
  border-spacing: 0;
  border-collapse: collapse;
  background: #fff;
}
th,
td {
  padding: 1em;
  border: 1px solid #3d5a6d;
}
th {
  background-color: #687c9f;
}
td {
  color: #222;
}
```

.inner に対して幅 80%
.inner 内て上下左右中央に
表の枠線の余白設定
表の枠線の重なり方

セル内の余白

<th> のみの背景色

<td> のみの文字色

```
/* フォーム */
form {
  width: 80%;
  margin: 0 auto;
}
```

.inner に対して幅 80%
.inner 内て上下左右中央に

```
form dt {
    margin-bottom: 20px;        ← <dt> の下余白
}
form dt:before {
    margin-right: 10px;
    content: "◆";              ← 項目名に
                                   マークを追加
}
form dd {
    margin-bottom: 40px;        ← <dd> の下余白
    margin-left: 0;
}
input {                        ┐
    width: 100%;               │
    padding: 0.5em;            │ 入力フィールド
    font-size: 1.1em;          │ 共通の装飾
    border: none;              │
}                              ┘
input[type="radio"] {
    width: 1em;
    margin-right: 4px;          ← インデントの調整    ← ラジオボタンの装飾
    margin-left: 24px;             （見やすいように）
}
```

```
button[type="submit"] {         ← 申し込みボ
    display: block;               タンの装飾
    width: 70%;
    padding: 20px;
    margin: 40px auto 0;
    font-size: 20px;
    font-weight: bold;
    color: #fff;
    background-color: #ff8124;
}

/* プロモーション */
.promotion img {
    width: 100%;                ← プロモーション画像
}                                 の幅（画面いっぱ
                                  いに収まるように）
```

フッターのスタイル

カンプ（166ページ、**Lesson5-02** 図1）を見ると、フッターのデザインはとてもシンプルです。フッターはページのメインコンテンツではないので、文字サイズも小さめになっています。また、余白をしっかり設定しましょう。フッター内すべてのテキストが中央揃えですので、<footer> 自体に text-align:center を指定しています。ここまで書けたらCSSの完成です 図6 。

図6 フッターのスタイル

```
/* フッター */
footer {
    padding: 30px;
    font-size: 0.9em;
    text-align: center;
    color: #666;
}
address {
    margin-bottom: 10px;
}
```

Lesson5
05 完成と制作のポイント

THEME テーマ 旅行ツアーのサイトを題材にHTML/CSSのコーディングを学んできましたが、コーディング後の検証や、修正しやすいコードを書くためのポイントについて解説します。

コーディングを終えたら必ず検証しよう

コーディング中もブラウザで表示のチェックをしますが、HTML/CSSのコーディングが終わったら各ブラウザで表示崩れがないかを検証します。実務であれば、この後クライアントの最終確認を経て公開となります 図1 。

図1 完成形のブラウザ表示

ポイント①：大枠から作っていく

HTMLもCSSも大きなパーツや共通のパーツから書いていきましょう。

HTMLはエリアを作ってから中を作り込んでいき、CSSは共通設定を先に書いてから、例外的なところや具体的なところを作り込んだり上書きすれば、無駄なコードが少なくなります。そのためには、着手前にデザインをしっかり見て設計を考えましょう。

ポイント②：classやidの命名規則を決めよう

修正しやすいサイトを作るためには、少なくともそのサイト内で命名規則を決めておくとよいでしょう 図2。他の人が見たときに想像がつかないような名前は、時間が経つと自分でも忘れてしまいます。慣れるまでは難しいですが、後々どういったことが問題になりそうか、少しずつ予測できるようになりましょう。

> **memo**
> 大規模なサイトや、制作会社での制作は複数人で1つのサイトをコーディングしていくため、BEM（ベム）やOOCSSと呼ばれるクラスの命名法を取り入れることもあります。気になる方はまずメジャーなBEMについて調べてみるとよいでしょう。

図2　避けたいclassの名前

避けたいclass名／id名	例	想定される問題点	解決策の一例（この限りではありません）
名前から役割が連想しづらい1単語	.area、.item など	クラス名のレパートリーが作りづらい	パーツ名と内容をつなげた2語以上にする（例：.img-area、.merit-item など）
略称	.sc-i など	後でわからなくなる	略称はなるべく避ける。略す場合は誰でも想像がつく形にする（例：.section-inner、.sec-inner など）
意味のない採番	.text-1 など	後から順番が変更になるかもしれない	番号が必要な場合はつけてもよいが、疑似クラス nth-of-type(n) でスタイリングできるものは疑似クラスを使う（● 162ページの Column 参照）。
具体的な色名	.text-red、.blue-area など	後から色が変更になるかもしれない	色名ではなく、用途で書く（例：.text-attention、.article-area など）

ポイント③：マークアップには正解がない

マークアップの方法は1通りではありません。例えば、サンプルのMdN Toursのサイトでは\<header>タグの中にメインビジュアルを入れてしまってもいいですし、今回「promotion」というクラス名をつけた\<div>タグのエリアは\<main>タグの中から出して、\<aside>タグにする方法もあるでしょう。このように絶対的な正解はありませんが、大切なのはサイト内で一貫性を保つことです。

> **memo**
> 何も考えず上から順番に作っていると、むだなタグが増えたり、書き終わったはずの箇所に\<div>タグを追加したり、と手戻りが増えます。慣れないうちはそういった手戻りは多々ありますが、追記したり書き直したりする際に、インデントが崩れてしまうので適宜インデントも調整しましょう。HTMLのインデントが整っていると、終了タグを誤って消してしまったときに気づきやすく、タグの親子関係も把握しやすくなります。

CSSセレクタの優先順位

CSSは上から下へ読み込まれるので、CSSファイルの上のほうに共通設定を書き、より具体的、例外的な部分は下の方に書いて、上書きしましょうという話をしました。必ずしも上方が弱く下方が強いというわけではなく、セレクタの書き方によっては下方に書いても上書きできないことがあります。セレクタで見る優先順位について知っておきましょう。

図1の<p>タグに対し、図2では6通りのセレクタで文字色を指定しています。セレクタの強さは①→⑥の順に強くなります。⑥のidセレクタが一番強いので、①から⑥をどんな順番で書いても<p>タグはブルーになります。

図4の⑦はidセレクタに子孫セレクタが掛け合わさって、さらに強くなるため、⑦まで書くと、<p>タグはピンクになります。このように、セレクタをかけ合わせて限定的にすればするほどセレクタは強くなります。そして、図5の⑧のように、値のうしろに「!important」を記述すると、前述したすべてのセレクタよりも強くなり、上書きすることはできなくなります。

セレクタを掛け合わせて長くしすぎると、「なぜか効かない」「上書きできない」などの問題が生まれるため、自分が管理できる長さに留めましょう。また、効かないからと「!important」を乱用すると、運用や修正の難しいCSSになってしまうため、どうにもならないときの最終手段にとっておきましょう。

図1 HTML

```
<div id="pink">
  <p class="red" id="blue"> 何色になる？ </p>
</div>
```

図2 CSSセレクタの優先順位

```
*{color: black;}          ① 全称セレクタ
p{color: brown;}          ② 要素セレクタ
p.red{color: red;}        ④ class セレクタ
p#blue{color: blue;}      ⑥ id セレクタ
div p{color: yellow;}     ③ 子孫セレクタ
div p.red{color: orange;} ⑤ 子孫+ class セレクタ
```

図3 図2の表示結果

図4 さらに強いセレクタ

```
div#pink p{color: pink;}      ⑦ id+ 子孫セレクタ
p{color: green !important;}
```

図5 ①〜⑦より強いCSS指定

```
p{color: green !important;} ⑧
```

シングルページの
サイトを作る

レスポンシブWebデザインに対応した「シングルページ」の
Webサイトを作ってみましょう。モバイルファーストの考
え方で制作するため、CSSではスマートフォン表示を想定
したスタイルから先に書いていきます。

読む ＞ 練習 ＞ 制作 ＞

Lesson6

完成形と全体構造の確認

30
min

このLesson6では、1ページで完結するレスポンシブWebデザインのサイトを制作していきます。まずは全体の構造をつかみ、テキストや画像などの素材を用いてHTMLやCSSを記述することでどのように完成形に持っていくのかをイメージしましょう。

サンプルサイトの仕様の確認

ここではサンプルサイトとして、エムディエヌコーポレーションから出版されているWebデザイン初学者向けの書籍『初心者からちゃんとしたプロになる Webデザイン基礎入門 改訂2版』を紹介するページを作成します。書籍の情報をモバイル表示用としてレイアウトし、続けてPC表示用にレイアウトをするためのスタイル調整を付加していきます。以下は本サンプルサイトの仕様です。

- 1ページで完結するページを作成する
- モバイル閲覧時には1カラムで表示する
- メディアクエリでレイアウトを変更する
- PC閲覧時には、一部のコンテンツをFlexbox○で2カラムで表示する

31ページ、**Lesson1-07**参照。
100ページ、**Lesson4-01**参照。

レスポンシブWebデザインの設定

このサンプルサイトでは、Webブラウザの表示幅768px を ⚠️「ブレイクポイント」に設定し、モバイル表示用とPC表示用の2つに分けて制作していきます。CSSでスタイルを指定するポイントは次のようになります。

- ブレイクポイントを768pxに設定する
- メディアクエリ○を使って**モバイルファースト**で記述する
- 768px以上の場合は、PC用のスタイルで設定を上書きする

! POINT

スマートフォン、タブレット、デスクトップなど、ブレイクポイントの数が増えるとCSSでの記述項目も多くなります。今回は、レスポンシブWebデザインの基礎としてブレイクポイントを1つ設定し、モバイル用とPC用の2つのレイアウトを切り替えます。

27ページ、**Lesson1-06**参照。

WORD　モバイルファースト

ユーザーがモバイルデバイスで閲覧や利用することを想定し、モバイル用の設定を優先してWebページを開発・構築していくことを指す。

サンプルサイトの構成

サンプルサイトのタイトルは書名と同じ『初心者からちゃんとしたプロになる Web デザイン基礎入門 改訂 2 版』です。まずは、ページを構成しているコンテンツを確認していきます 図1 図2 。

memo

Lesson6 のサンプルサイトで使用している一部の写真は、棚田瑛葵 氏に提供いただいたものです。

1. ヘッダー（メインビジュアル）
2. 本書の特長（特長1・特長2・出版社の書籍紹介ページへのリンク）
3. 本書の章構成
4. 本書の著者
5. フッター（書籍情報・SNS リンク・コピーライト）

図1　表示幅768px未満（モバイル用）の完成イメージ

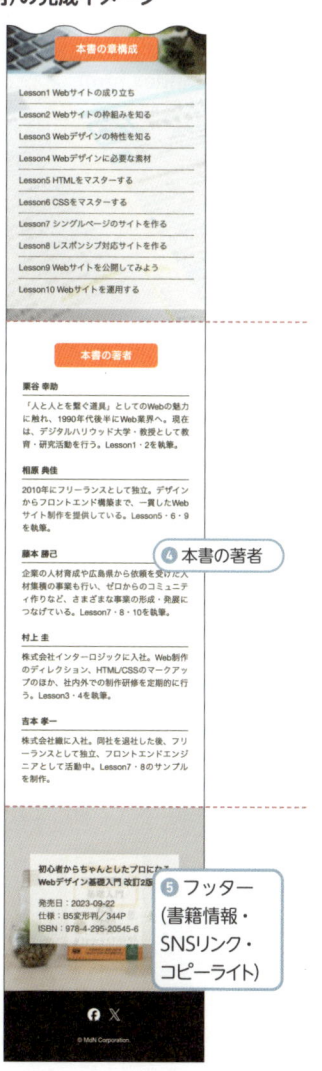

図2　表示幅768px以上（PC用）の完成イメージ

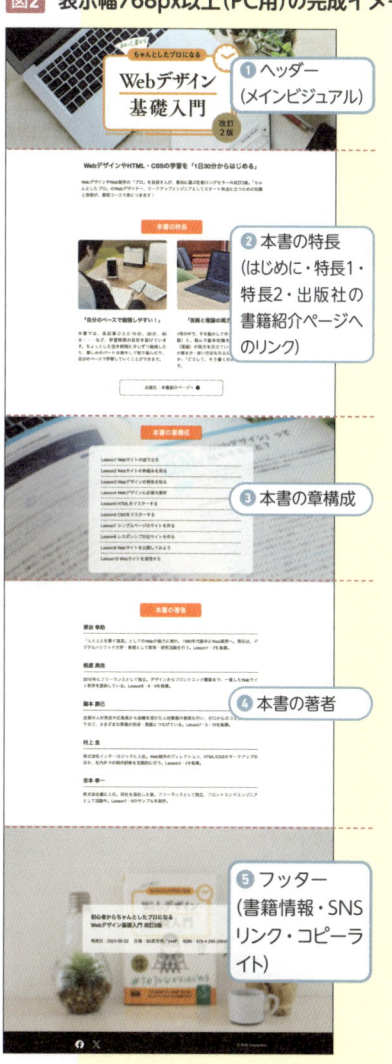

HTMLでページの
大枠をマークアップする

120
min

THEME テーマ

ページの骨組みとなる大枠からマークアップしていきます。まず、テキスト原稿を
HTMLファイルに貼りつけ、HTMLのコーディングを行う下準備をしましょう。そう
することで、後の作業を効率的に進められます。

データを収納するフォルダを作成する

HTMLのコーディングに入る前に、Webサイトのデータを収納
するフォルダ（ディレクトリ）を作成します。サンプルでは
「Lesson6_sample」というフォルダを作成し、その中にindex.html
を用意しています。さらにCSSファイルを収納する「css」フォルダ、
画像類を収納する「img」フォルダを作成しています 。

図1 サンプルサイトのフォルダ構造

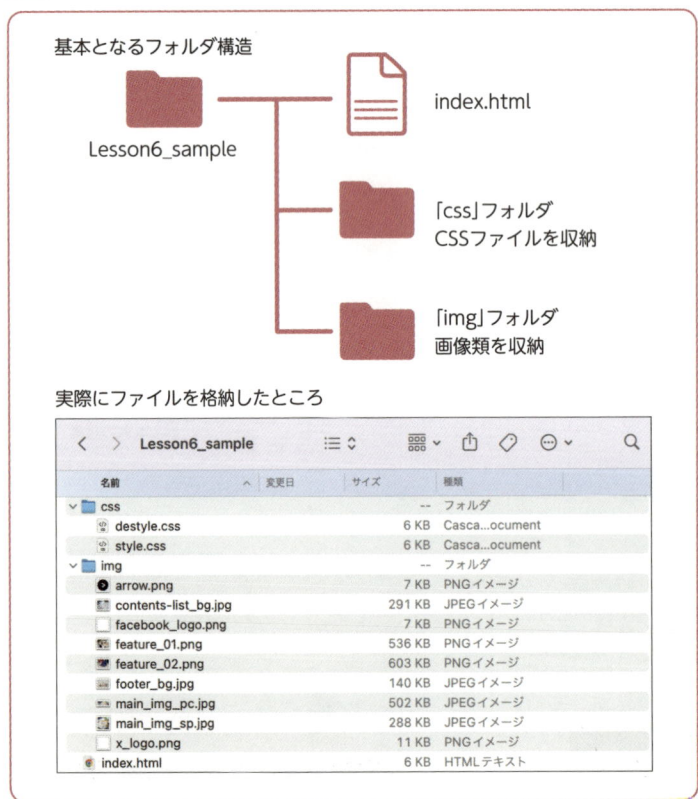

基本となるフォルダ構造

Lesson6_sample — index.html

「css」フォルダ
CSSファイルを収納

「img」フォルダ
画像類を収納

実際にファイルを格納したところ

名前	変更日	サイズ	種類
∨ css		--	フォルダ
destyle.css		6 KB	Casca...ocument
style.css		6 KB	Casca...ocument
∨ img		--	フォルダ
arrow.png		7 KB	PNGイメージ
contents-list_bg.jpg		291 KB	JPEGイメージ
facebook_logo.png		7 KB	PNGイメージ
feature_01.png		536 KB	PNGイメージ
feature_02.png		603 KB	PNGイメージ
footer_bg.jpg		140 KB	JPEGイメージ
main_img_pc.jpg		502 KB	JPEGイメージ
main_img_sp.jpg		288 KB	JPEGイメージ
x_logo.png		11 KB	PNGイメージ
index.html		6 KB	HTMLテキスト

Webサイトのデータを収納するフォルダの構造は、Webサイトのページ構成と合わせます。❶最上層にトップページ（index.html）があり、下位ページのHTMLファイルは下層フォルダに収納するのが一般的です。ここで制作をするサンプルサイトは1ページで完結するサイトですので、下層ページがないためフォルダの構造もシンプルですが、HTMLのページ数や使用しているファイルによってフォルダの数も増えていきます。

index.htmlのベース

　テキスト原稿を貼りつける前のindex.htmlのベースは 図2 です。今回のサンプルサイトはHTMLファイルが1枚だけですので、必ずしもHTMLのテンプレートを用意しなくてもかまいませんが、HTMLファイルが複数になる場合はこのようなテンプレートをもとに各ページのHTMLファイルを作成していくと効率よく作業を進めることができます。

図2　index.htmlのベースになるHTML

```
<!DOCTYPE html>
<html lang="ja">
<head>
<meta charset="UTF-8">
<title> ページタイトル </title>
</head>

<body>
ここにテキスト原稿を貼りつける
</body>
</html>
```

HTMLのテンプレートはおおよそこのような状態で用意されるが、細かい部分はサイトによって異なる

! POINT

多くのWebサーバーではディレクトリの中に「index.html」というファイル名のデータがある場合に、そのファイルをトップページだと認識してくれます。例えば、株式会社電通のWebサイトのトップページのファイル名は「index.html」ですが、本来は「https://www.dentsu.co.jp/index.html」へアクセスする必要があります。もちろん、そのURLでもアクセスできるのですが、実際には「https://www.dentsu.co.jp/」でもアクセスできます。これは「index.html」というファイルがトップページであるとWebサーバーが認識をしてくれているためです。このようなことがあるのでディレクトリ内のトップページのHTMLファイルには「index.html」という名前をつけることが一般的なのです。

ページ構造の確認とテキスト原稿の準備

　index.htmlにテキスト原稿を貼りつける前に、あらためてページ全体の構造を確認しておきましょう。ここではモバイルファーストで作成するので、モバイル用の完成イメージで確認します 図3 。

図3　サンプルサイトの構造

ヘッダー
（メインビジュアル）

はじめに

本書の特長
（特長1・特長2・出版社の書籍紹介ページへのリンク）

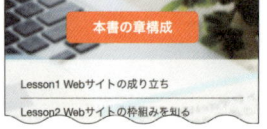

本書の章構成

本書の章構成

本書の著者

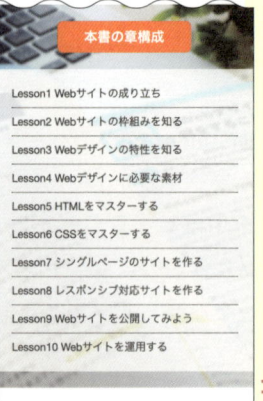

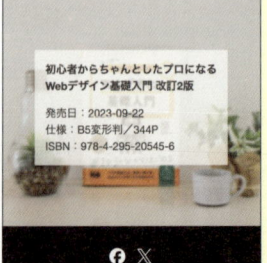

フッター
（書籍情報・SNSリンク・コピーライト）

続けて、テキスト原稿を確認します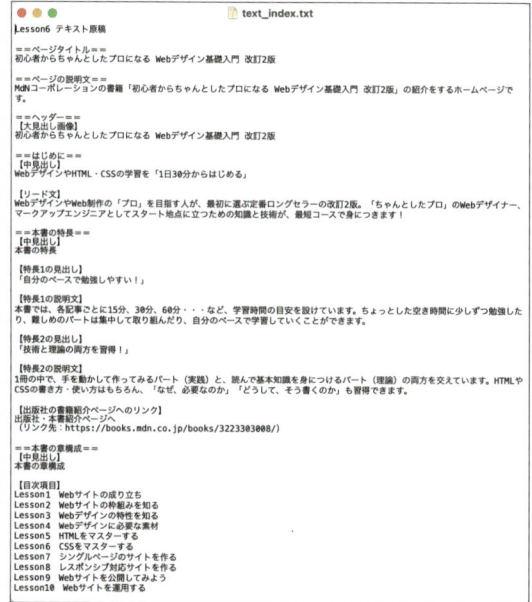図4 。サンプルサイトの構造に合わせて、テキスト情報や画像のalt属性用のテキストが用意されています。自分でWebサイトを作成する場合にも、このように掲載をする情報をテキスト原稿にまとめておくとよいでしょう。また、クライアントから受注したWebサイト制作案件では、伝えるべき情報のことを知っているのはクライアントなので、このようなテキスト原稿をクライアントに用意してもらうと、情報のまちがいが少ないでしょう。

図4 テキスト原稿

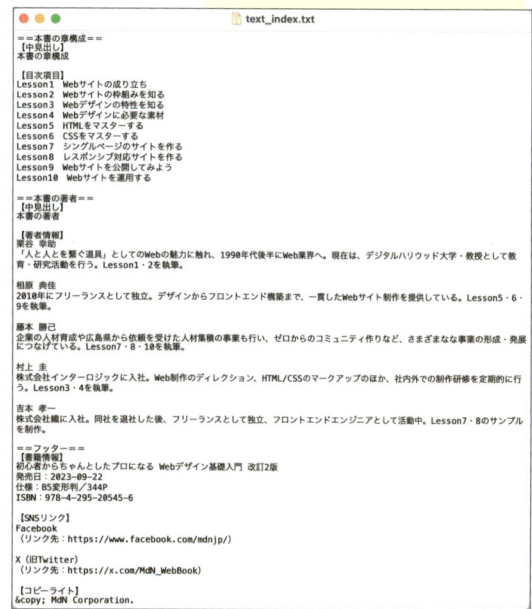

図3で確認したページ構造の順番にテキストを整えている

head要素を編集する

さっそくbody要素内をマークアップしていきたいところですが、その前にhead要素内の編集を行います。title要素内にページタイトルを入れ、meta要素を使用してページの説明文を加えます（次ページ 図5 ）。

また、今回のサンプルサイトには書籍情報に中に「**ISBNコード**」というハイフン区切りの数字が含まれています。このようなハイフン区切りの数字がある場合にスマートフォンがその数字を電話番号だと認識してしまい、自動リンクしてしまいます。その自動リンク機能を無効にする記述をmeta要素に加えます。

WORD　ISBNコード

「International Standard Book Number」の略で、図書および資料の識別用に設けられた国際規格コードを指す。

図5 head要素の編集

```
<!DOCTYPE html>
<html lang="ja">
<head>
<meta charset="UTF-8">
<title> 初心者からちゃんとしたプロになる Web デザイン基礎入門 改訂 2 版 </title>
<meta name="description" content="MdN コーポレーションの書籍「初心者からちゃ
んとしたプロになる Web デザイン基礎入門 改訂 2 版」の紹介をするホームページです。 ">
<meta name="format-detection" content="telephone=no">
</head>

<body>
ここにテキスト原稿を貼りつける
</body>
</html>
```

→ ページタイトル
→ ページの説明文
→ 電話番号の自動リンクの無効化

ヘッダー、メインコンテンツ、フッターの箱を作る

　body 要素内に **図4** のテキスト原稿を貼りつけてマークアップに入ります。内容に合わせて、最適なタグを使ってマークアップをしていきます。最初に、⚠ ページの大枠となるヘッダー、メインコンテンツ、フッターをマークアップします。続けて、main 要素内に「はじめに」「本書の特長」「本書の章構成」「本書の著者」の箱を作ります。さらに「本書の特長」の中には「特長 1」「特長 2」の箱を作ります。これらの箱はすべて section 要素でマークアップしています **図6** **図7** 。

> **⚠ POINT**
>
> HTMLをマークアップする手順としては、今回のように大枠を作ってから中身の情報を適切な意味の要素（タグ）でマークアップしていく方法もありますし、各情報を適切な意味の要素（タグ）でマークアップした後に大枠で囲んでいく方法もあります。自身のやりやすいと感じる手順でマークアップしてかまいません。

図6 大枠を作った後、main要素内をマークアップ

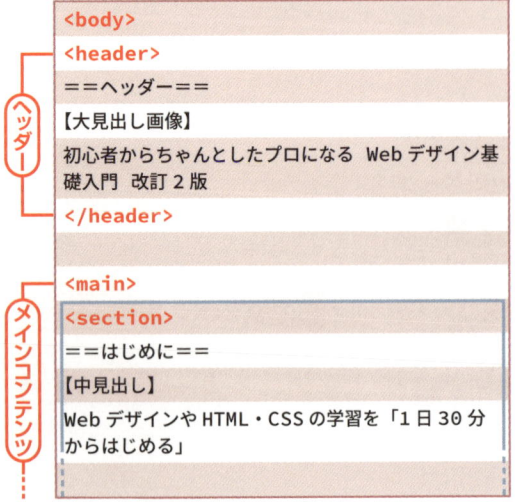

```
<body>
<header>
==ヘッダー==
【大見出し画像】
初心者からちゃんとしたプロになる Web デザイン基礎入門 改訂 2 版
</header>

<main>
<section>
==はじめに==
【中見出し】
Web デザインや HTML・CSS の学習を「1 日 30 分からはじめる」
```

ヘッダー / メインコンテンツ

```
【リード文】
Web デザインや Web 制作の「プロ」を目指す人が、最初に選ぶ定番ロングセラーの改訂 2 版。「ちゃんとしたプロ」の Web デザイナー、マークアップエンジニアとしてスタート地点に立つための知識と技術が、最短コースで身につきます！
</section>

<section>
==本書の特長==
【中見出し】
本書の特長

【特長 1 の見出し】
「自分のペースで勉強しやすい！」
```

メインコンテンツ

【特長 1 の説明文】

本書では、各記事ごとに 15 分、30 分、60 分・・・など、学習時間の目安を設けています。ちょっとした空き時間に少しずつ勉強したり、難しめのパートは集中して取り組んだり、自分のペースで学習していくことができます。

【特長 2 の見出し】

「技術と理論の両方を習得！」

【特長 2 の説明文】

1 冊の中で、手を動かして作ってみるパート（実践）と、読んで基本知識を身につけるパート（理論）の両方を交えています。HTML や CSS の書き方・使い方はもちろん、「なぜ、必要なのか」「どうして、そう書くのか」も習得できます。

【出版社の書籍紹介ページへのリンク】

出版社・本書紹介ページへ

（リンク先：https://books.mdn.co.jp/books/3223303008/）

`</section>`

`<section>`

==本書の章構成==

【中見出し】

本書の章構成

【目次項目】

Lesson1　Web サイトの成り立ち

Lesson2　Web サイトの枠組みを知る

Lesson3　Web デザインの特性を知る

Lesson4　Web デザインに必要な素材

Lesson5　HTML をマスターする

Lesson6　CSS をマスターする

Lesson7　シングルページのサイトを作る

Lesson8　レスポンシブ対応サイトを作る

Lesson9　Web サイトを公開してみよう

Lesson10　Web サイトを運用する

`</section>`

`<section>`

==本書の著者==

【中見出し】

本書の著者

【著者情報】

栗谷　幸助

「人と人とを繋ぐ道具」としての Web の魅力に触れ、1990 年代後半に Web 業界へ。現在は、デジタルハリウッド大学・教授として教育・研究活動を行う。Lesson1・2 を執筆。

相原　典佳

2010 年にフリーランスとして独立。デザインからフロントエンド構築まで、一貫した Web サイト制作を提供している。Lesson5・6・9 を執筆。

藤本　勝己

企業の人材育成や広島県から依頼を受けた人材集積の事業も行い、ゼロからのコミュニティ作りなど、さまざまな事業の形成・発展につなげている。Lesson7・8・10 を執筆。

村上　圭

株式会社インターロジックに入社。Web 制作のディレクション、HTML/CSS のマークアップのほか、社内外での制作研修を定期的に行う。Lesson3・4 を執筆。

吉本　孝一

株式会社織に入社。同社を退社した後、フリーランスとして独立、フロントエンドエンジニアとして活動中。Lesson7・8 のサンプルを制作。

`</section>`

`</main>`

`<footer>`

==フッター==

【書籍情報】

初心者からちゃんとしたプロになる　Web デザイン基礎入門　改訂 2 版

発売日：2023-09-22

仕様：B5 変形判／ 344P

ISBN：978-4-295-20545-6

【SNS リンク】

Facebook

（リンク先：https://www.facebook.com/mdnjp/）

X（旧 Twitter）

（リンク先：https://x.com/MdN_WebBook）

【コピーライト】

© MdN Corporation.

`</footer>`

`</body>`

図7 マークアップ前（上）とマークアップ後（下）

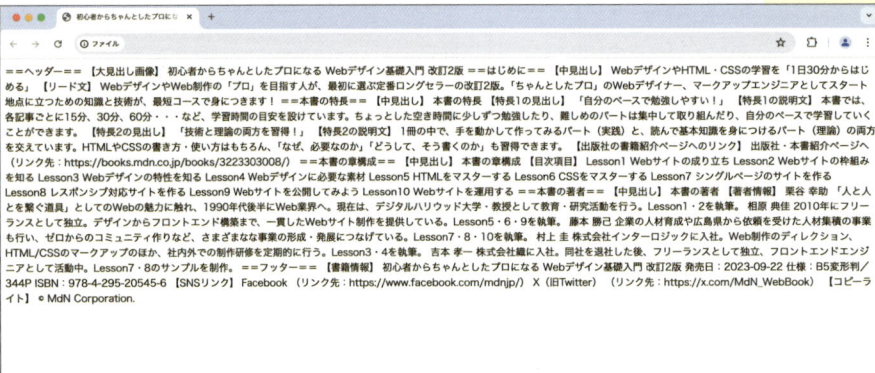

body要素内にテキストを貼りつけただけの表示

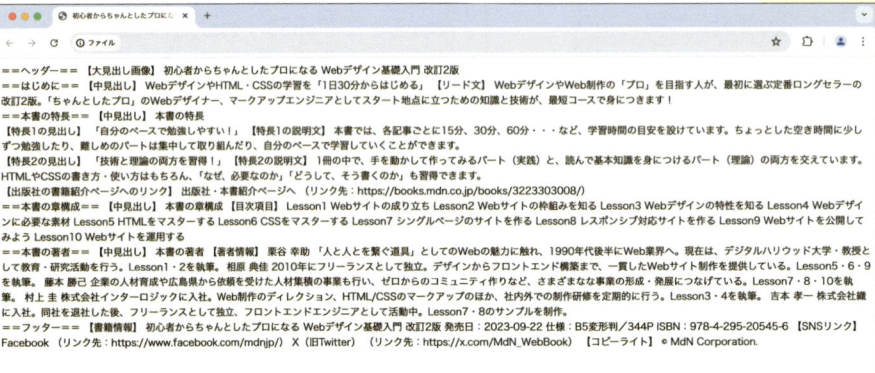

ここまで終えてWebブラウザで表示をしてみると、マークアップに従って改行されているはずだ

03

HTMLで各セクションを作り込む

> **THEME テーマ**
>
> ページ構造に応じて大枠の箱のマークアップをしたら、次はそれぞれの箱（各セクション）の中身を適切な意味の要素（タグ）でマークアップしていきます。階層構造（箱の構造）を意識しながら進めていきましょう。

ヘッダーをマークアップする

　ヘッダー内には大見出しとして、書籍のタイトルが入った ⚠️ **メインビジュアルの画像** を挿入します。<h1>タグでマークアップし、<img>タグで画像ファイルを指定します。alt属性には書籍のタイトルを入れます 図1。

図1　header要素内のマークアップ

```
<header>
==ヘッダー==
【大見出し画像】
初心者からちゃんとしたプロになる Webデザイン基礎入門 改訂2版
</header>
```

↓

```
<header>
  <h1>
  <img class="mainImg_pc" src="img/main_img_pc.jpg"
alt=" 初心者からちゃんとしたプロになる Webデザイン基礎入門 改訂2版 ">
  <img class="mainImg_sp" src="img/main_img_sp.jpg"
alt=" 初心者からちゃんとしたプロになる Webデザイン基礎入門 改訂2版 ">
  </h1>
</header>
```

　メインビジュアルの画像は、PC用の画像とモバイル用の画像を切り替えて表示をするようにしますので、2つの画像を挿入します 図2。のちほどCSSでスタイルの指定を行うため、PC用の画像のimg要素にclass属性で「mainImg_pc」、モバイル用の画像のimg要素にclass属性で「mainImg_sp」のクラス名をつけておきます。

> **! POINT**
>
> ページ内で使用する画像については、高解像度のディスプレイでもきれいに表示されるように、表示サイズの2倍程度の画像解像度にしています。表示サイズは、img要素のwidth属性とheight属性でそれぞれ幅と高さを指定できますが、ここでは記述せず、CSSでサイズを指定します。

図2　2つのメインビジュアル画像

モバイル用(main_img_sp.jpg)

PC用(main_img_pc.jpg)

「はじめに」セクションをマークアップする

次にメインコンテンツ内の1番目のセクションである「はじめに」セクションをマークアップしていきます。index.html内には複数のsection要素がありますが、のちほどCSSでスタイルの指定を行うため、ここのsection要素にはclass属性で「introduction」のクラス名をつけておきます。

続けて、中見出しのテキストを<h2>タグでマークアップします。中見出しの途中には改行を入れたいので、改行位置にbr要素をマークアップします。

最後に、リード文を<p>タグでマークアップします。p要素にはclass属性で「lead」のクラス名をつけておきましょう 図3。

図3 「はじめに」セクションのマークアップ

```
<section>
==はじめに==
【中見出し】
Web デザインや HTML・CSS の学習を「1 日 30 分からはじめる」

【リード文】
Web デザインや Web 制作の「プロ」を目指す人が、最初に選ぶ定番ロングセラーの改訂 2 版。「ちゃんとしたプロ」の
Web デザイナー、マークアップエンジニアとしてスタート地点に立つための知識と技術が、最短コースで身につきます！
</section>
```

```
<section class="introduction">
    <h2>Web デザインや HTML・CSS の学習を
      <br>「1 日 30 分からはじめる」</h2>
    <p class="lead">Web デザインや Web 制作の「プロ」を目指す人が、最初に選ぶ定番ロングセラーの改訂 2 版。
「ちゃんとしたプロ」の Web デザイナー、マークアップエンジニアとしてスタート地点に立つための知識と技術が、最
短コースで身につきます！</p>
</section>
```

「本書の特長」セクションをマークアップする

次に「本書の特長」セクションをマークアップしていきます。まず、ここのsection要素にはclass属性で「feature」のクラス名をつけておきます（図4-①）。続けて、中見出しのテキストを<h2>タグでマークアップします 図4-②。

次に「本書の特長」セクションの中の小さな2つのセクション「特長1」「特長2」のsection要素に、class属性でそれぞれ「feature_01」「feature_02」のクラス名をつけます 図4-③。

さらに、それぞれのセクション内の見出しと説明文のところを<h3>タグと<p>タグでマークアップし、見出しの上にp要素と img要素でイメージ画像を挿入します図4-④。そして、それぞれのセクション内のイメージ画像を囲んでいるp要素にはclass属性で「feature_img」のクラス名をつけ図4-⑤、説明文を囲んでいるp要素にはclass属性で「feature_text」のクラス名をつけます図4-⑥。

最後に「出版社の書籍紹介ページへのリンク」を<p>タグと<a>タグでマークアップします図4-⑦。p要素にはclass属性で「book-more」のクラス名をつけておきましょう。

図4 「本書の特長」セクションのマークアップ

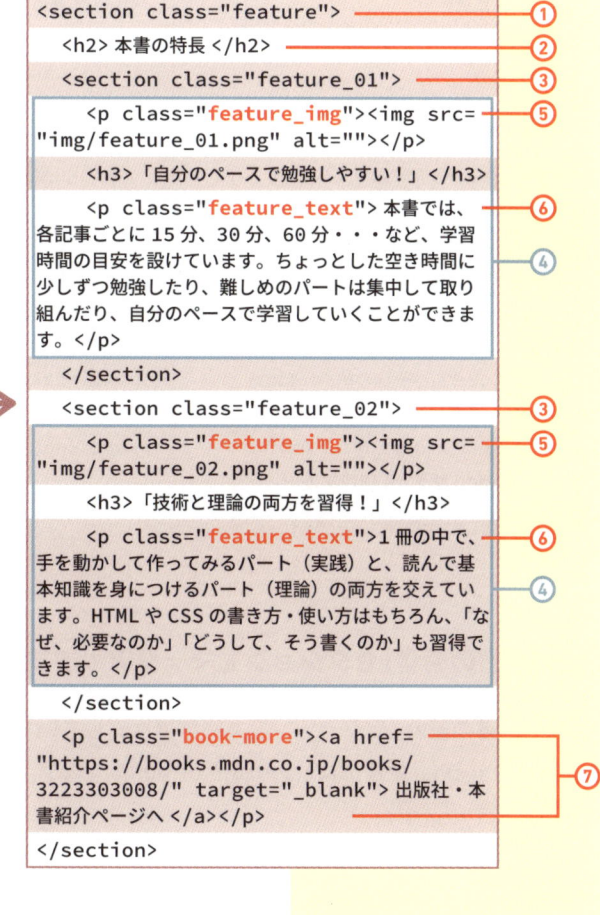

```
<section>
==本書の特長==
【中見出し】
本書の特長

【特長1の見出し】
「自分のペースで勉強しやすい！」

【特長1の説明文】
本書では、各記事ごとに15分、30分、60分・・・など、学習時間の目安を設けています。ちょっとした空き時間に少しずつ勉強したり、難しめのパートは集中して取り組んだり、自分のペースで学習していくことができます。

【特長2の見出し】
「技術と理論の両方を習得！」

【特長2の説明文】
1冊の中で、手を動かして作ってみるパート（実践）と、読んで基本知識を身につけるパート（理論）の両方を交えています。HTMLやCSSの書き方・使い方はもちろん、「なぜ、必要なのか」「どうして、そう書くのか」も習得できます。

【出版社の書籍紹介ページへのリンク】
出版社・本書紹介ページへ
（リンク先：https://books.mdn.co.jp/
books/3223303008/）

</section>
```

```
<section class="feature">                    ①
  <h2> 本書の特長 </h2>                      ②
  <section class="feature_01">               ③
    <p class="feature_img"><img src=         ⑤
"img/feature_01.png" alt=""></p>
    <h3>「自分のペースで勉強しやすい！」</h3>
    <p class="feature_text"> 本書では、       ⑥
各記事ごとに15分、30分、60分・・・など、学習
時間の目安を設けています。ちょっとした空き時間に
少しずつ勉強したり、難しめのパートは集中して取り
組んだり、自分のペースで学習していくことができま
す。</p>                                      ④
  </section>
  <section class="feature_02">               ③
    <p class="feature_img"><img src=         ⑤
"img/feature_02.png" alt=""></p>
    <h3>「技術と理論の両方を習得！」</h3>
    <p class="feature_text">1冊の中で、       ⑥
手を動かして作ってみるパート（実践）と、読んで基
本知識を身につけるパート（理論）の両方を交えてい
ます。HTMLやCSSの書き方・使い方はもちろん、「な
ぜ、必要なのか」「どうして、そう書くのか」も習得で
きます。</p>                                  ④
  </section>
  <p class="book-more"><a href=              ⑦
"https://books.mdn.co.jp/books/
3223303008/" target="_blank"> 出版社・本
書紹介ページへ </a></p>
</section>
```

199

「本書の章構成」セクションをマークアップする

次に「本書の章構成」セクションをマークアップしていきます。まず、ここのsection要素にはclass属性で「contents-list」のクラス名をつけておきます 図5-①。

続けて、中見出しのテキストを <h2> タグでマークアップします 図5-②。そして「目次項目」を箇条書きリストとするために <ul> タグおよび <li> タグでマークアップします 図5-③。

図5 「本書の章構成」セクションのマークアップ

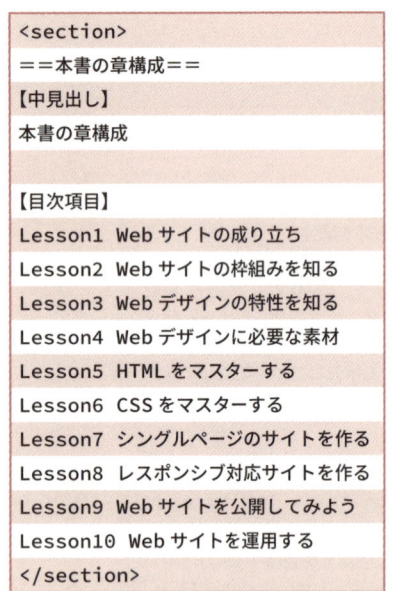

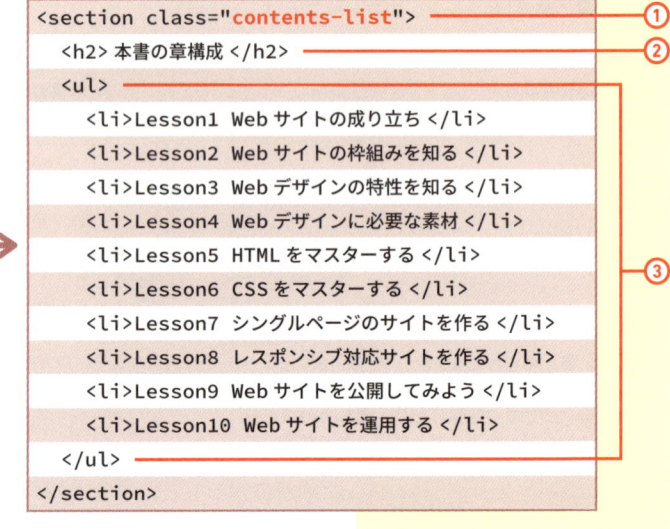

「本書の著者」セクションをマークアップする

次に「本書の著者」セクションをマークアップしていきます。まず、ここのsection要素にはclass属性で「author」のクラス名をつけておきます（図6-①）。

続けて、中見出しのテキストを <h2> タグでマークアップします 図6-②。

そして「著者情報」を説明リストとするために <dl> タグおよび <dt> タグ、<dd> タグでマークアップします 図6-③。

図6 「本書の著者」セクションのマークアップ

```
<section>
==本書の著者==
【中見出し】
本書の著者

【著者情報】
栗谷 幸助
「人と人とを繋ぐ道具」としてのWebの魅力に触れ、
1990年代後半にWeb業界へ。現在は、デジタル
ハリウッド大学・教授として教育・研究活動を行う。
Lesson1・2を執筆。

相原 典佳
2010年にフリーランスとして独立。デザインから
フロントエンド構築まで、一貫したWebサイト制
作を提供している。Lesson5・6・9を執筆。

藤本 勝己
企業の人材育成や広島県から依頼を受けた人材集積
の事業も行い、ゼロからのコミュニティ作りなど、
さまざまな事業の形成・発展につなげている。
Lesson7・8・10を執筆。

村上 圭
株式会社インターロジックに入社。Web制作のディ
レクション、HTML/CSSのマークアップのほか、
社内外での制作研修を定期的に行う。Lesson3・
4を執筆。

吉本 孝一
株式会社織に入社。同社を退社した後、フリーラン
スとして独立、フロントエンドエンジニアとして活
動中。Lesson7・8のサンプルを制作。
</section>
```

```
<section class="author">              ①
  <h2> 本書の著者 </h2>              ②
  <dl>
    <dt> 栗谷 幸助 </dt>
    <dd>「人と人とを繋ぐ道具」としてのWebの魅
力に触れ、1990年代後半にWeb業界へ。現在は、デジ
タルハリウッド大学・教授として教育・研究活動を行う。
Lesson1・2を執筆。</dd>
    <dt> 相原 典佳 </dt>
    <dd>2010年にフリーランスとして独立。デザイ
ンからフロントエンド構築まで、一貫したWebサイト制
作を提供している。Lesson5・6・9を執筆。</dd>
    <dt> 藤本 勝己 </dt>
    <dd> 企業の人材育成や広島県から依頼を受けた人
材集積の事業も行い、ゼロからのコミュニティ作りなど、
さまざまな事業の形成・発展につなげている。
Lesson7・8・10を執筆。</dd>                    ③
    <dt> 村上 圭 </dt>
    <dd> 株式会社インターロジックに入社。Web制
作のディレクション、HTML/CSSのマークアップのほか、
社内外での制作研修を定期的に行う。Lesson3・4を執
筆。</dd>
    <dt> 吉本 孝一 </dt>
    <dd> 株式会社織に入社。同社を退社した後、フリー
ランスとして独立、フロントエンドエンジニアとして活
動中。Lesson7・8のサンプルを制作。</dd>
  </dl>
</section>
```

フッターをマークアップする

　最後にフッターをマークアップしていきます。まず、「書籍情報」
の書籍のタイトルを <p> タグでマークアップし、途中に改行を入
れたいので、改行位置にbr要素をマークアップします（次ページ
図7-①）。発売日などの情報は箇条書きリストとするために <ul>
タグおよび <li> タグでマークアップします**図7-②**。

　続けて「SNSリンク」を箇条書きリストとするために <ul> タグお
よび <li> タグでマークアップします**図7-③**。さらに、リスト項目
をアイコン画像にするために<img>タグで画像ファイルを指定し、
alt属性にはそれぞれSNS名を入れます。そして、アイコン画像

にリンク設定をするために <a> タグでマークアップします。

　最後に「コピーライト」を <p> タグと <small> タグでマークアップします。p要素にはclass属性で「copyright」のクラス名をつけておきましょう 図7-④ 。 図8 はここまでのブラウザ表示です。

図7 footer要素内のマークアップ

```
<footer>
==フッター==
【書籍情報】
初心者からちゃんとしたプロになる Webデザイン基礎入門 改訂2版
発売日：2023-09-22
仕様：B5変形判／344P
ISBN：978-4-295-20545-6

【SNSリンク】
Facebook
(リンク先：https://www.facebook.com/mdnjp/)

X（旧Twitter）
(リンク先：https://x.com/MdN_WebBook)

【コピーライト】
&copy; MdN Corporation.
</footer>
```

```
<footer>
    <p> 初心者からちゃんとしたプロになる <br>
    Webデザイン基礎入門 改訂2版 </p>
    <ul>
        <li> 発売日：2023-09-22</li>
        <li> 仕様：B5変形判／344P</li>
        <li>ISBN：978-4-295-20545-6</li>
    </ul>
    <ul>
        <li><a href="https://www.facebook.com/mdnjp/"
target="_blank"><img src="img/facebook_logo.png"
alt="Facebook"></a></li>
        <li><a href="https://x.com/MdN_WebBook" target="_
blank"><img src="img/x_logo.png" alt="X（旧Twitter）"></
a></li>
    </ul>
    <p class="copyright"><small>&copy; MdN Corporation.</
small></p>
</footer>
```

①
②
③
④

図8 ここまでマークアップしたHTMLファイルのWebブラウザ表示

WebデザインやHTML・CSSの学習を
「1日30分からはじめる」
WebデザインやWeb制作の「プロ」を目指す人
が、最初に選ぶ定番ロングセラーの改訂2版。「ち
ゃんとしたプロ」のWebデザイナー、マークアッ
プエンジニアとしてスタート地点に立つための知
識と技術が、最短コースで身につきます！

本書の特長

「自分のペースで勉強しやすい！」
本書では、各記事ごとに15分、30分、60
分・・・など、学習時間の目安を設けています。
ちょっとした空き時間に少しずつ勉強したり、難
しめのパートは集中して取り組んだり、自分のペ
ースで学習していくことができます。

「技術と理論の両方を習得！」
1冊の中で、手を動かして作ってみるパート（実
践）と、読んで基本知識を身につけるパート（理
論）の両方を交えています。HTMLやCSSの書き
方・使い方はもちろん、「なぜ、必要なのか」「ど
うして、そう書くのか」も習得できます。
出版社・本書紹介ページへ

本書の章構成

- Lesson1 Webサイトの成り立ち
- Lesson2 Webサイトの枠組みを知る
- Lesson3 Webデザインの特性を知る
- Lesson4 Webデザインに必要な素材
- Lesson5 HTMLをマスターする
- Lesson6 CSSをマスターする
- Lesson7 シングルページサイトを作る
- Lesson8 レスポンシブ対応サイトを作る
- Lesson9 Webサイトを公開してみよう
- Lesson10 Webサイトを運用する

本書の著者

栗谷 幸助
　「人と人とを繋ぐ道具」としてのWebの魅力に
触れ、1990年代後半にWeb業界へ。現在は、デ
ジタルハリウッド大学・教授として教育・研究活
動を行う。Lesson1・2を執筆。
相原 典佳
　2010年にフリーランスとして独立。デザインか
らフロントエンド構築まで、一貫したWebサイ
ト制作を提供している。Lesson5・6・9を執
筆。
藤本 勝己
　企業の人材育成や広島県から依頼を受けた人材
集積の事業も行い、ゼロからのコミュニティ作
りなど、さまざまな事業の形成・発展につなげ
ている。Lesson7・8・10を執筆。
村上 圭
　株式会社インターロジックに入社。Web制作の
ディレクション、HTML/CSSのマークアップの
ほか、社内外での制作研修を定期的に行う。
Lesson3・4を執筆。
吉本 孝一
　株式会社娘に入社。同社を退社した後、フリー
ランスとして独立。フロントエンドエンジニアと
して活動中。Lesson7・8のサンプルを制作。

初心者からちゃんとしたプロになる
Webデザイン基礎入門 改訂2版
- 発売日：2023-09-22
- 仕様：B5変形判／344P
- ISBN：978-4-295-20545-6

© MdN Corporation.

スマートフォン幅（390px）で表示をしたもの。ま
だ、CSSによる画像サイズの指定がないため、各
画像がかなり大きな状態で表示されている。また、
コピーライトの前に大きな空白があるが、ここには
大きなSNSアイコンが表示されている（アイコンの
色が白のため背景と同化している）

Lesson6 04

240 min

CSSでモバイル用の
スタイルを指定する

THEME テーマ

HTMLのマークアップがひと通り終わったら、CSSでページのレイアウトや装飾を行っていきます。このサンプルはモバイルファーストで制作しますので、まずモバイル用のスタイル指定を行っていきましょう。

リセットCSSを読み込む

サンプルサイトのCSSファイルは、「css」フォルダの中に「style.css」というファイル名で作成し、HTMLにlink要素を記述して読み込みます。

ただし、その前にWebブラウザの初期スタイルをリセットするために、「リセットCSS」を読み込みます。リセットCSSはさまざまなものが公開されていますが、ここでは「nicolas-cusan/destyle.css・GitHub」で公開されているものを使用します。

⚠️ HTMLにlink要素を記述して「destyle.css」を読み込みましょう。リセットCSSには「各種Webブラウザの初期状態を統一する」「各種Webブラウザがすべて同じルールで表示できるようになる」といったメリットがあります 図1。

📎 **memo**

「nicolas-cusan/destyle.css・GitHub」は、執筆時点で以下のページから入手できます（2024年7月現在）。
https://github.com/nicolas-cusan/destyle.css/blob/master/destyle.css
GitHubについては34ページ、Lesson1-08も参照。

⚠️ **POINT**

リンクさせるファイルは読み込む順に書きます。Webブラウザの初期スタイルをリセットしてからサイトのスタイル指定を行っていきたいので、「destyle.css」「style.css」の順に読み込みます。

図1 HTMLにCSSファイルのリンクを追記

```
<head>
<meta charset="UTF-8">
<title>初心者からちゃんとしたプロになる Webデザイン基礎入門 改訂2版</title>
<meta name="description" content="MdNコーポレーションの書籍「初心者からちゃんとしたプロになる Webデザイン基礎入門 改訂2版」の紹介をするホームページです。">
<meta name="format-detection" content="telephone=no">
<link rel="stylesheet" href="css/destyle.css">
<link rel="stylesheet" href="css/style.css">
</head>
```

「destyle.css」と「style.css」をリンクした

ビューポートの指定

モバイル端末のWebブラウザでもWebページが等倍で表示されるようにビューポート⊃を指定します。ビューポートはhead要素内にmeta要素を使用して指定します 図2。文字コードを指定しているmeta要素の後に記述しましょう。

⊃ 26ページ、**Lesson1-06**参照。

図2 ビューポートの指定

```
<meta name="viewport" content="width=device-width, initial-scale=1">
```

「width=device-width, initial-scale=1」は「表示領域の幅を端末の幅に合わせて、等倍で表示する」という意味になる

ページ全体に適用するCSSを書く

「style.css」の1行目には文字化けを防ぐために文字コードを指定します 図3。

次に、 ⚠ページ全体に対して初期スタイルを設定します。<html>に対して「font-size: 62.5%;」としているのは、HTMLドキュメントの文字サイズを10pxにするためです。Webブラウザの標準文字サイズは16pxですが、この16pxに62.5%を掛けることで10pxに指定をしているわけです。この後の工程で各要素に文字サイズを指定していきますが、その基準となる文字サイズを10pxとすることで指定をしやすくしています。

さらに<body>全体に対して、フォント、文字色、背景色、行高を指定しました。

! POINT

一括でスタイルを指定して問題ないものは、CSSの冒頭でまとめて調整しておきます。最終的には、さらに細かくスタイルを調整していきますが、後から必要に応じてHTMLにclass属性を追記しながら、classセレクタで上書きしていくと効率的です。

図3 全体の初期スタイルを設定

```css
@charset "utf-8";

/* 初期スタイル調整 */
html {
  font-size: 62.5%;
}

body {
  font-family: "Helvetica Neue", Arial, "Hiragino Kaku
Gothic ProN", "Hiragino Sans", Meiryo, sans-serif;
  color: #333;
  background-color: #fff;
  line-height: 1.5;
}
```

ヘッダーのスタイルを指定

<body>全体の初期スタイルを指定した後は、ヘッダーのスタイル指定を行います。

ヘッダー内では、メインビジュアルの画像（img要素）を大見出しのh1要素でマークアップしています 図4 。h1要素内のimgには、CSSで「maxwidth: 100%;」として画像の最大幅を指定しています。画像をWebブラウザの横幅からはみ出さないよう、ウィンドウ幅の100%で表示されるようにしたものです。

さらにh1要素内にはPC用・モバイル用の2つのメインビジュアル画像➕を挿入していますので、「header .mainImg_pc」セレクタに「display: none;」を指定することで、モバイル表示ではPC用のメインビジュアル画像を非表示にしています。

memo

max-widthプロパティは幅の最大値を指定するプロパティです。値は数値にpxなどの単位をつけるか、親に対する割合を%で指定します。幅の最小値を指定するmin-widthプロパティもあります。

➡ 197ページ、**Lesson6-03** 図2 参照。

図4 ヘッダーおよび見出し関連のスタイルを指定

HTML
```
<header>
  <h1>
  <img class="mainImg_pc"
src="img/main_img_pc.jpg"
alt=" 初心者からちゃんとしたプロになる
Web デザイン基礎入門 改訂 2 版 ">
  <img class="mainImg_sp"
src="img/main_img_sp.jpg"
alt=" 初心者からちゃんとしたプロになる
Web デザイン基礎入門 改訂 2 版 ">
    </h1>
</header>
```

CSS
```
/* ヘッダー部分のスタイル調整 */
h1 {
  margin-bottom: 24px;
}

h1 img {
  max-width: 100%;            ← 画像の最大幅を指定
}

header .mainImg_pc {
  display: none;             ← PC用のメインビジュアルを非表示に
}
```

見出しのスタイル指定

次に、見出しのスタイル指定を見ていきます。このサンプルのHTMLで使用している見出しはh1・h2・h3の3つです。

- h1要素：ヘッダー内のメインビジュアル画像のみ
- h2要素：4つセクション内の見出し
- h3要素：「本書の特長」セクションで使用

さらに、h2要素は「はじめに」とほかの3つのセクションでは、スタイル指定によってデザインを変えています 図5 。

図5 <h2>見出しと<h3>見出し

WebデザインやHTML・CSSの学習を「1日30分からはじめる」 ← <h2>

WebデザインやWeb制作の「プロ」を目指す人が、最初に選ぶ定番ロングセラーの改訂2版。「ちゃんとしたプロ」のWebデザイナー、マークアップエンジニアとしてスタート地点に立つための知識と技術が、最短コースで身につきます！

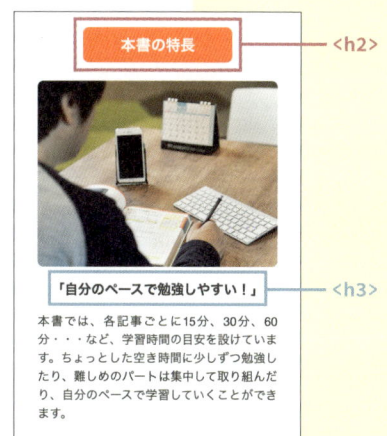

本書の特長 ← <h2>

「自分のペースで勉強しやすい！」 ← <h3>

本書では、各記事ごとに15分、30分、60分・・・など、学習時間の目安を設けています。ちょっとした空き時間に少しずつ勉強したり、難しめのパートは集中して取り組んだり、自分のペースで学習していくことができます。

「はじめに」（左画像）と「本書の特長」（右画像）では、同じ<h2>見出しをCSSによってデザインを変えている

CSSでは、すべてのh2要素に共通するスタイルを先に指定し、各セクションのスタイル指定で個別のスタイルを上書きしていきます。

h2要素、h3要素のスタイル指定は **図6** となります。左右中央揃えにするため「text-align: center;」を指定しています。さらに、h2要素の文字には「font-size: 2rem;」・h3要素内の文字には「font-size: 1.8rem;」を指定し、HTMLドキュメントの文字サイズである10pxに対して、それぞれ「20px」「18px」の文字サイズになるように設定しています。

また、見出しの要素はWebブラウザの標準設定では太字で表示されますが、このサンプルではリセットCSSで標準の太さに設定をしているため、ここで改めて「font-weight: bold;」を指定することで、h2要素・h3要素を太字で表示するように設定しています。

> **memo**
> <html>タグにフォントサイズの指定がない場合は、Webブラウザの初期値がremの基準となります。単位remについては79ページ、**Lesson3-05** 参照。

図6 <h2>見出しと<h3>見出しのスタイル指定

```
/* 見出し関連のスタイル調整 */
h2 {
  margin-bottom: 24px;
  text-align: center;          ← 左右中央揃え
  font-size: 2rem;             ← 文字サイズを 20px に
  font-weight: bold;           ← 太字の指定
}

h3 {
  margin-bottom: 16px;
  text-align: center;          ← 左右中央揃え
  font-size: 1.8rem;           ← 文字サイズを 18px に
  font-weight: bold;           ← 太字の指定
}
```

> **memo**
> h1要素はヘッダー内のメインビジュアル画像にしか使用していないため、**図4** 以外の個別のスタイル指定は行っていません。

「はじめに」のスタイルを指定

「はじめに」のHTML構造は 図7 のようになっています。h2要素には、図6 のスタイル指定が適用されています。

「.introduction」セレクタには、margin-bottomの値を設定することで、次のセクションとの余白を調整しています。

また「.lead」セレクタには、「margin: 0 32px;」を指定することでボックスに対して左右に余白を設定しています。さらに「font-size: 1.6rem;」を指定することで、「はじめに」内の文章の文字サイズを16pxに設定しています。そして「text-align: justify;」を指定することで、複数行の文字を両端揃えで表示するように設定しています 図8 。

図7 「はじめに」のHTML構造

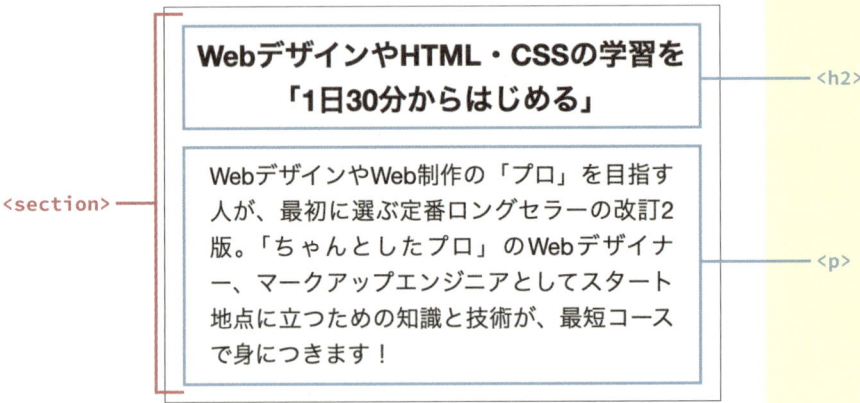

図8 「はじめに」のスタイルを指定

`HTML`

```
【HTML】
<section class="introduction">
  <h2>Web デザインや HTML・CSS の学習を <br>
「1 日 30 分からはじめる」</h2>
  <p class="lead">Web デザインや Web 制作の「プロ」
を目指す人が、最初に選ぶ定番ロングセラーの改訂 2 版。
「ちゃんとしたプロ」の Web デザイナー、マークアップエン
ジニアとしてスタート地点に立つための知識と技術が、最短
コースで身につきます！</p>
</section>
```

`CSS`

```
/* 「はじめに」のスタイル調整 */
.introduction {
  margin-bottom: 40px;
}


.lead {
  margin: 0 32px;
  font-size: 1.6rem;
  text-align: justify;
}
```

「本書の特長」のスタイルを指定

「本書の特長」のHTML構造は **図9** のようになっています。

このセクションのh2要素は前述したように、「はじめに」のh2要素とはデザインを変えるため、**図10** のスタイル指定を記述してスタイルを調整します。セレクタ「.feature h2」はclass「feature」のついた親要素を持つh2要素を対象にしています。

図6 でh2要素に対して「font-size: 2rem;」（文字サイズ20px）を指定していましたが、さらに🌶「width: 20rem;」を指定を追記することで10文字分の幅を設定します。また、「margin: 0 auto 24px;」を指定して、左右のmarginを「auto」に設定することで、ボックスを左右中央に配置します。角丸、文字色、背景色なども指定します。

> **! POINT**
>
> ここでは「font-size: 2rem」（文字サイズ20px）と指定したh2要素に、widthプロパティで文字サイズの10倍の値である「20rem」を指定することで、10文字分のボックス幅（背景の帯の幅）を設定しています。直接「200px」という値を指定してもよいのですが、remによる指定を行うことで、仮に基準となるHTMLドキュメントの文字サイズが変更された場合でも、ボックス幅が連動して変更されるため、背景の帯と文字の見た目のバランスを保つことができます。

図9 「本書の特長」のHTML構造

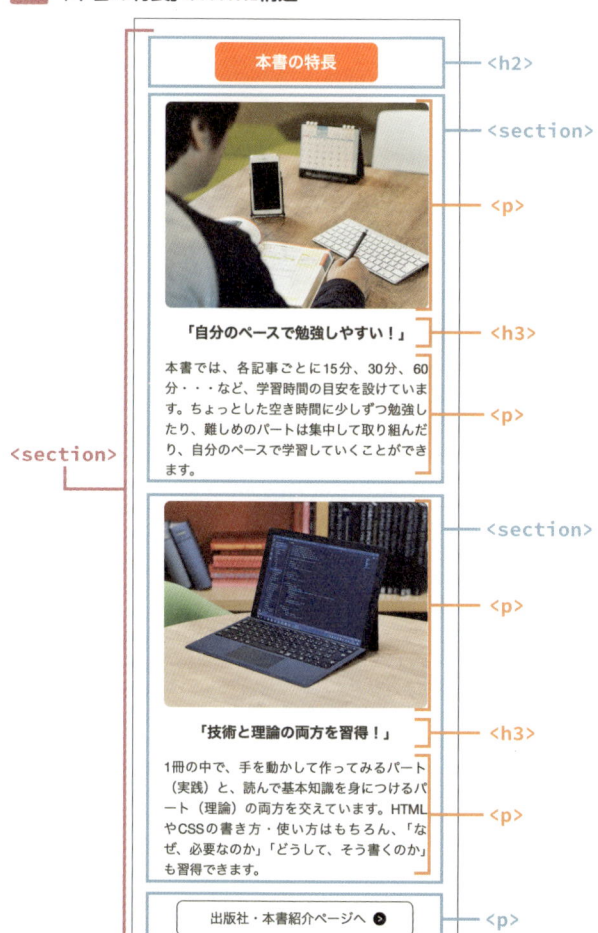

```
<section class="feature">
  <h2> 本書の特長 </h2>
  <section class="feature_01">
    <p class="feature_img"><img
src="img/feature_01.png" alt=""></p>
    <h3>「自分のペースで勉強しやすい！」</h3>
    <p class="feature_text"> 本書では、
各記事ごとに 15 分、30 分、60 分・・・など、学習
時間の目安を設けています。ちょっとした空き時間に
少しずつ勉強したり、難しめのパートは集中して取り
組んだり、自分のペースで学習していくことができま
す。</p>
  </section>
  <section class="feature_02">
    <p class="feature_img"><img
src="img/feature_02.png" alt=""></p>
    <h3>「技術と理論の両方を習得！」</h3>
    <p class="feature_text">1 冊の中で、
手を動かして作ってみるパート（実践）と、読んで基
本知識を身につけるパート（理論）の両方を交えてい
ます。HTML や CSS の書き方・使い方はもちろん、「な
ぜ、必要なのか」「どうして、そう書くのか」も習得で
きます。</p>
  </section>
  <p class="book-more"><a
href="https://books.mdn.co.jp/
books/3223303008/" target="_blank"> 出
版社・本書紹介ページへ </a></p>
</section>
```

209

図10 <h2>見出しを調整するスタイル指定

```
.feature h2 {
    width: 20rem;              ← 幅10文字分
    margin: 0 auto 24px;       ← 左右中央に配置
    padding: 8px;              ← 内余白の指定
    border-radius: 8px;        ← 角丸の指定
    color: #fff;               ← 文字色を白に
    background-color: #f60;    ← 背景色をオレンジに
}
```

　続けて「本書の特長」セクションに固有のスタイルを指定します**図11**。「.feature」セレクタには、margin-bottomの値を設定することで、次のセクションとの余白を調整しています。

　「.feature_01」セレクタと「.feature_02」セレクタ**図11-①**には、「margin: 0 32px 24px;」を指定して、ボックスの左右に32pxの余白に設定しています。

　また「.feature_img」セレクタ**図11-②**には、margin-bottomの値を設定することで、画像と文章の間の余白を調整しています。さらに「.feature_img img」セレクタ**図11-③**には、「max-width: 100%;」を指定することでボックスの幅いっぱいに画像が表示されるようにしています。

　そして「.feature_text」セレクタ**図11-④**には、「font-size: 1.6rem;」を指定して、16pxの文字サイズを設定しています。そして「text-align: justify;」を指定することで、複数行の文字を両端揃えで表示するように設定しています。

図11 「本書の特長」のスタイル指定

```
/* 「本書の特長」のスタイル調整 */
.feature {
    margin-bottom: 40px;
}


.feature_01,              ─┐
.feature_02 {             ─┴ ①
    margin: 0 32px 24px;   ← 左右に32pxの余白
}


.feature_img {             ← ②
    margin-bottom: 16px;   ← 下余白の指定
}
```

③ .feature_img 内の <img> が対象

```
.feature_img img {
    max-width: 100%;       ← 幅いっぱいに画像を表示
}


.feature_text {           ← ④
    font-size: 1.6rem;     ← 文字サイズ16px
    text-align: justify;
}
```

リンク「出版社・本書紹介ページへ」のスタイル指定

このセクションの一番下には、「出版社・本書紹介ページへ」という リンクが設置されています 図12 。テキストをCSSでリンクボタンのように見せているものです。

CSSでは 図13 のようにスタイル指定しています。「.book-more」セレクタには「text-align: center;」を設定することで、「出版社・本書紹介ページへ」の文字を左右中央に配置しています。「.book-more a」セレクタではテキストリンクのスタイルを指定しています。borderで枠線をつけ、background-colorで背景色をつけ、border-radiusで角丸にすることで、ボタンのように見せています。「.book-more a::after」セレクタでは::after疑似要素を使って、テキストの後に矢印アイコン画像（arrow.png）を表示するためのスタイルを指定しています。

図12 テキストをリンクボタンのようにしている

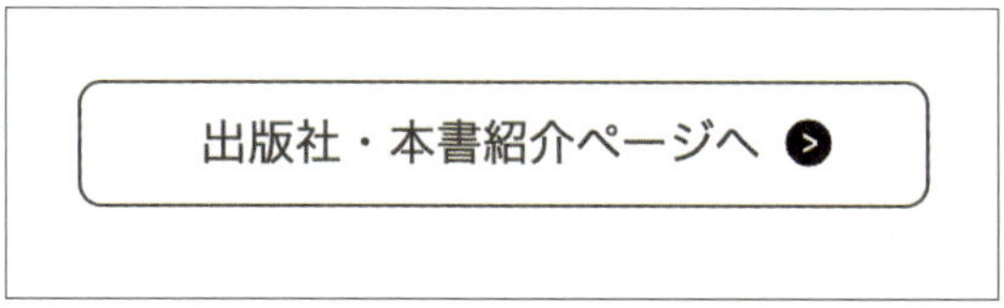

出版社・本書紹介ページへ ❯

図13 「出版社・本書紹介ページへ」のスタイル指定

```
.book-more {
  text-align: center;         左右中央揃え
}

.book-more a {
  display: inline-block;      インラインを
                              ブロックの扱いに
  padding: 8px 40px;          内余白
  border: 1px solid #333;     枠線
  border-radius: 8px;         角丸
  font-size: 1.6rem;
  color: #333;                文字色
  background-color: #fff;     背景色
  text-decoration: none;
}
```

```
.book-more a::after {
  display: inline-block;      インラインを
                              ブロックの扱いに
  position: relative;         要素の位置を
                              相対位置で指定
  content: "";
  width: 16px;
  height: 16px;
  top: 2px;                   上からの位置指定
  left: 8px;                  左からの位置指定
  background: url(../img/arrow.
png) no-repeat center center;  矢印を背景画像
                               として読み込む
  background-size: cover;
}
```

背景画像が縦横比を保ったまま
ボックス全体に表示

211

「本書の章構成」のスタイルを指定

「本書の章構成」セクションのHTML構造は図14のようになっています。

最初に、このセクションの見出しであるh2要素にスタイルを指定します。「本書の特長」セクションの見出しと同じスタイル図10を適用するために、図10のh2要素へのスタイル指定にセレクタ「.contents-list h2」を追記します図15。「.contents-list h2」はclass「contents-list」のついた親要素を持つh2要素を対象にしています。

続けて、このセクション固有のスタイルを指定していきます図16。「.contents-list ul」セレクタでは、不透明度80%の白い背景を持った目次のボックスに関するスタイルの指定をしています。

さらに「.contents-list ul li」セレクタには目次項目の下に点線をつけるなどのスタイルを指定し、「.contents-list ul li:last-child」セレクタには目次の一番下の項目のみ点線をつけないスタイルを指定しています。

> **memo**
> :last-child疑似クラスは要素内の最後の要素だけにスタイルを適用する疑似クラスです。疑似クラスについては、162ページの Column も参照。

図14 「本書の章構成」のHTML構造

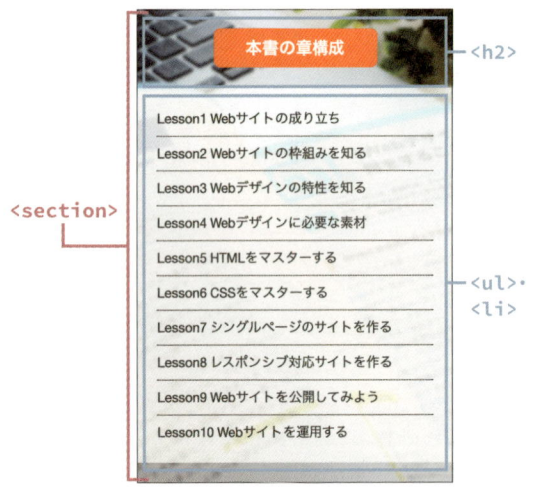

```
<section class="contents-list">
  <h2> 本書の章構成 </h2>
  <ul>
    <li>Lesson1 Web サイトの成り立ち </li>
    <li>Lesson2 Web サイトの枠組みを知る </li>
    <li>Lesson3 Web デザインの特性を知る </li>
    <li>Lesson4 Web デザインに必要な素材 </li>
    <li>Lesson5 HTML をマスターする </li>
    <li>Lesson6 CSS をマスターする </li>
    <li>Lesson7 シングルページのサイトを作る </li>
    <li>Lesson8 レスポンシブ対応サイトを作る </li>
    <li>Lesson9 Web サイトを公開してみよう </li>
    <li>Lesson10 Web サイトを運用する </li>
  </ul>
</section>
```

図15 <h2>見出しにスタイルを適用するセレクタを追加

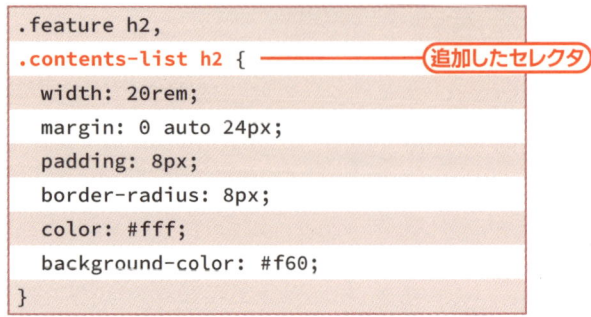

```
.feature h2,
.contents-list h2 {          ── 追加したセレクタ
  width: 20rem;
  margin: 0 auto 24px;
  padding: 8px;
  border-radius: 8px;
  color: #fff;
  background-color: #f60;
}
```

図16 「本書の章構成」セクション固有のスタイル指定

```
/* 「本書の章構成」のスタイル調整 */
.contents-list {
  margin-bottom: 40px;
  background: url(../img/contents-list_bg.jpg) no-repeat
center center #fdd;
  background-size: cover;
  padding: 24px 0;
}


.contents-list ul {
  list-style: none;
  padding: 16px 24px;
  font-size: 1.6rem;
  background-color: rgba(255,255,255,0.8);
}

.contents-list ul li {
  border-bottom: 1px dotted #000;
  padding: 8px 0;
}

.contents-list ul li:last-child {
  border-bottom: none;
}
```

ボックスの背景いっぱいに背景画像を表示

<ul>（目次のボックス）が対象

背景色を不透明度80%の白で表示

<li>（目次の項目）が対象

下に点線をつける

目次の一番下の項目だけ点線をつけない指定

「本書の著者」のスタイルを指定

「本書の著者」セクションのHTML構造は**図17**のようになっています。

　最初に、このセクションの見出しであるh2要素にスタイルを指定します。「本書の章構成」セクションと同じように、このセクションのh2要素にスタイル指定を適用するためのセレクタ「.author h2」を追記します**図18**。

　続けて、このセクション固有のスタイルを指定します**図19**。
「.author」セレクタには、margin-bottomの値を設定することで、次のセクションとの余白を調整しています。

　また「.author dl」セレクタには、「margin: 0 32px;」を指定して、ボックスの左右に32pxの余白に設定しています。

　さらに「.author dl dt」セレクタでは著者名を太字にするスタイルや、著者名の下に罫線をつけるスタイルなどを指定し、「.author dl dd」セレクタでは著者の紹介文に関するスタイルを指定しています。

図17 「本書の著者」のHTML構造

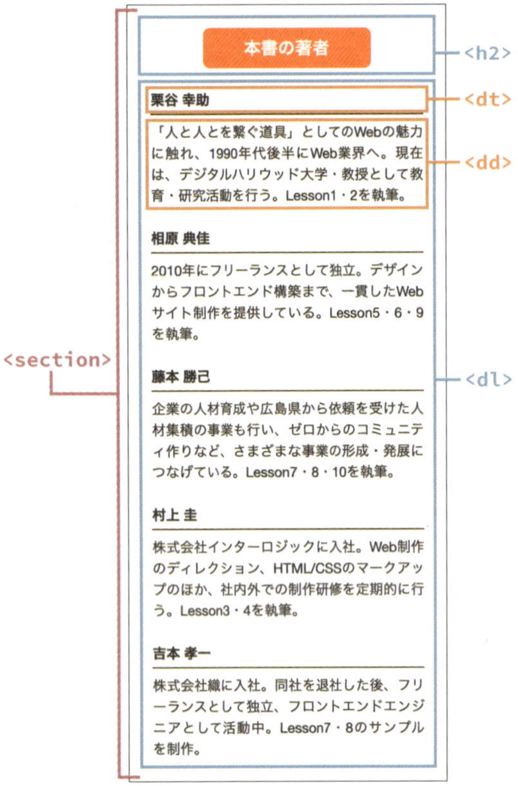

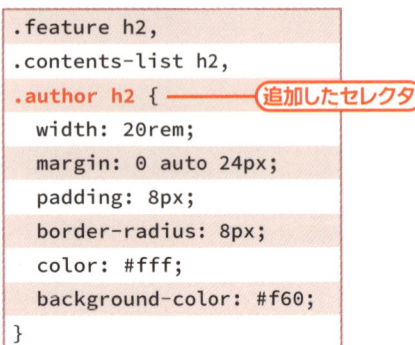

```html
<section class="author">
   <h2> 本書の著者 </h2>
   <dl>
      <dt> 栗谷 幸助 </dt>
      <dd>「人と人とを繋ぐ道具」としての Web の魅力に触れ、
1990 年代後半に Web 業界へ。現在は、デジタルハリウッド大学・
教授として教育・研究活動を行う。Lesson1・2 を執筆。</dd>
      <dt> 相原 典佳 </dt>
      <dd>2010 年にフリーランスとして独立。デザインからフ
ロントエンド構築まで、一貫した Web サイト制作を提供している。
Lesson5・6・9 を執筆。</dd>
      <dt> 藤本 勝己 </dt>
      <dd> 企業の人材育成や広島県から依頼を受けた人材集積の
事業も行い、ゼロからのコミュニティ作りなど、さまざまな事業の
形成・発展につなげている。Lesson7・8・10 を執筆。</dd>
      <dt> 村上 圭 </dt>
      <dd> 株式会社インターロジックに入社。Web 制作のディレ
クション、HTML/CSS のマークアップのほか、社内外での制作研
修を定期的に行う。Lesson3・4 を執筆。</dd>
      <dt> 吉本 孝一 </dt>
      <dd> 株式会社織に入社。同社を退社した後、フリーランス
として独立、フロントエンドエンジニアとして活動中。
Lesson7・8 のサンプルを制作。</dd>
   </dl>
</section>
```

`<h2>` `<dt>` `<dd>` `<section>` `<dl>`

図18 `<h2>`見出しにスタイルを適用するセレクタを追加

```css
.feature h2,
.contents-list h2,
.author h2 {          追加したセレクタ
  width: 20rem;
  margin: 0 auto 24px;
  padding: 8px;
  border-radius: 8px;
  color: #fff;
  background-color: #f60;
}
```

図19 「本書の著者」セクション固有のスタイル指定

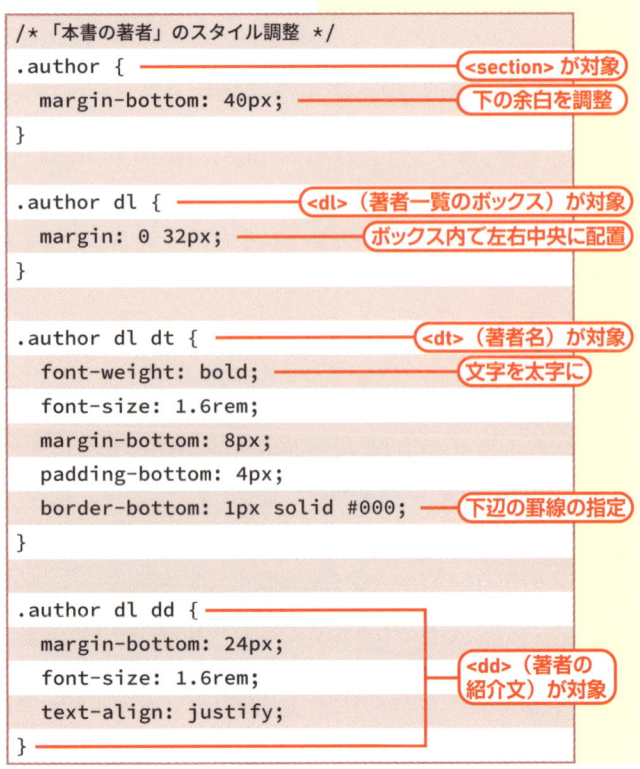

```css
/* 「本書の著者」のスタイル調整 */
.author {                          <section> が対象
   margin-bottom: 40px;            下の余白を調整
}


.author dl {                       <dl>（著者一覧のボックス）が対象
   margin: 0 32px;                 ボックス内で左右中央に配置
}


.author dl dt {                    <dt>（著者名）が対象
   font-weight: bold;              文字を太字に
   font-size: 1.6rem;
   margin-bottom: 8px;
   padding-bottom: 4px;
   border-bottom: 1px solid #000;  下辺の罫線の指定
}


.author dl dd {
   margin-bottom: 24px;
   font-size: 1.6rem;             <dd>（著者の
   text-align: justify;            紹介文）が対象
}
```

フッターのスタイルを指定

　フッターの情報をレイアウトするために、さらにタグの箱が必要になります。書籍情報を囲む箱、さらにその書籍情報を中央に配置するための箱、そしてSNSリンクやコピーライトを囲む箱を、それぞれ<div>タグでマークアップします図20。さらに、それぞれのdiv要素にはclass属性で「book-info」「book-info-wrap」「footer-info」のクラス名をつけます。

図20 フッターのHTML構造

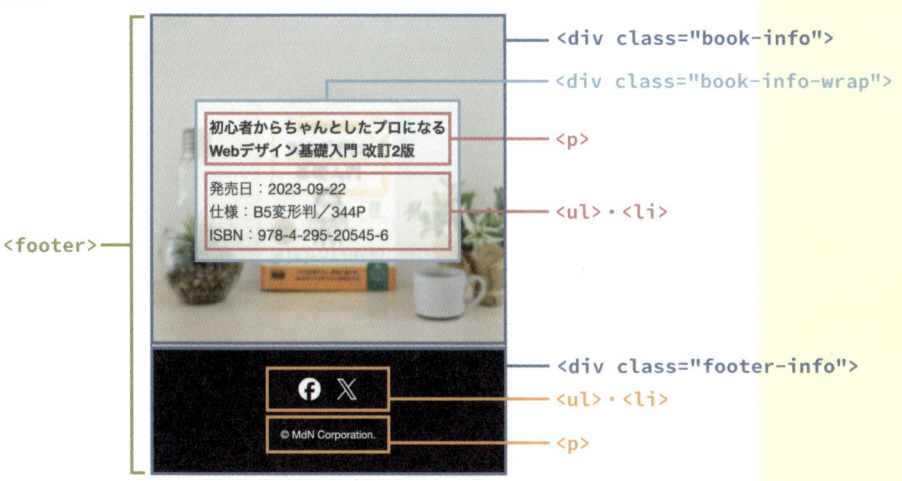

```
<footer>
  <div class="book-info">
    <div class="book-info-wrap">
      <p> 初心者からちゃんとしたプロになる <br>
      Web デザイン基礎入門 改訂 2 版 </p>
      <ul>
      <li> 発売日：2023-09-22</li>
      <li> 仕様：B5 変形判／ 344P</li>
      <li>ISBN：978-4-295-20545-6</li>
      </ul>
    </div>
  </div>
  <div class="footer-info">
```

```
      <ul>
        <li><a href="https://www.facebook.
com/mdnjp/" target="_blank"><img src="img/
facebook_logo.png" alt="Facebook"></a></
li>
        <li><a href="https://x.com/MdN_
WebBook" target="_blank"><img src="img/
x_logo.png" alt="X（旧 Twitter）"></a></li>
      </ul>
      <p class="copyright"><small>&copy; MdN
Corporation.</small></p>
  </div>
</footer>
```

　次にCSSのスタイル指定を見ていきます図21。「.book-info」セレクタには、❗「height: 60vh;」を設定することで、ボックスの高さをビューポートの高さの60%に指定しています。その他にも、背景画像の設定や入れ子になっているボックスを中央に配置するための設定を行っています。

> **❗ POINT**
>
> 単位「vh」は、ビューポートの高さを「100vh」とした値を設定することができる単位です。ここでは「60vh」という値を指定していますが、「60vh/100vh」でビューポートの高さの60%の高さを意味することになります。

また「.book-info-wrap」セレクタにはボックスの外余白や内余白を指定し、「background-color: rgba(255,255,255,0.8);」を設定することで、ボックスの背景色を不透明度80%の白で表示するように指定しています。さらに「.book-info-wrap p」セレクタには下マージンや文字の太さ・サイズを指定し、「.book-info ul」セレクタにはリストマークの非表示や文字サイズを指定しています。

図21 フッターの「書籍情報」のスタイルを指定

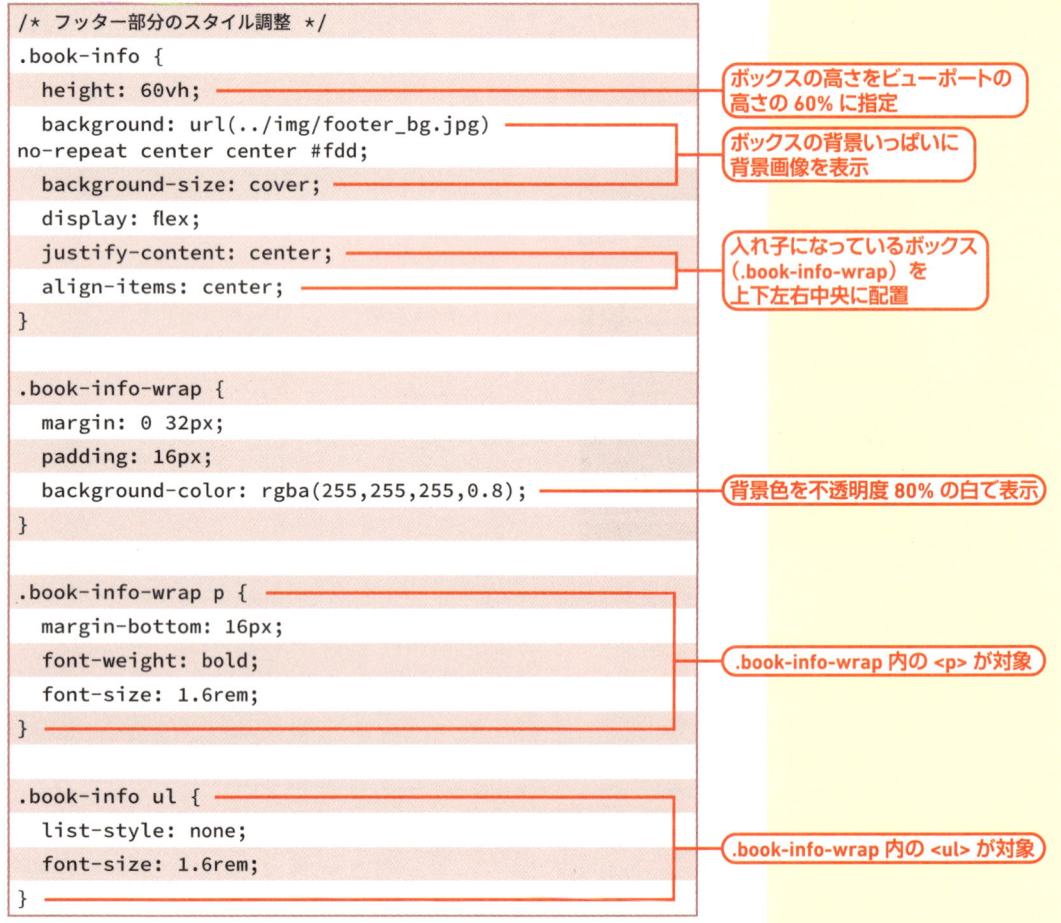

```
/* フッター部分のスタイル調整 */
.book-info {
  height: 60vh;
  background: url(../img/footer_bg.jpg)
no-repeat center center #fdd;
  background-size: cover;
  display: flex;
  justify-content: center;
  align-items: center;
}

.book-info-wrap {
  margin: 0 32px;
  padding: 16px;
  background-color: rgba(255,255,255,0.8);
}

.book-info-wrap p {
  margin-bottom: 16px;
  font-weight: bold;
  font-size: 1.6rem;
}

.book-info ul {
  list-style: none;
  font-size: 1.6rem;
}
```

ボックスの高さをビューポートの高さの60%に指定

ボックスの背景いっぱいに背景画像を表示

入れ子になっているボックス（.book-info-wrap）を上下左右中央に配置

背景色を不透明度80%の白で表示

.book-info-wrap 内の <p> が対象

.book-info-wrap 内の <ul> が対象

SNSリンクやコピーライトのスタイルを指定

次に <div class="footer-info"> 内にSNSのリンクとコピーライトのスタイル指定を見ていきます。

「.footer-info」セレクタにはパディング（内余白）や文字色、背景色を指定しています 図22。

「.footer-info ul」セレクタには下マージンやリストマークの非表示を指定し、各SNSアイコンが横並びに中央揃えで表示されるようにスタイルを指定しています。また「.footer-info ul li」セレクタ

には SNS アイコン同士の間隔を左右の margin で指定しています。そして「.footer-info ul li img」セレクタには SNS アイコンの画像サイズを指定しています。

さらに「.copyright」セレクタには文字を中央寄せに指定し、文字のサイズを指定しています。

ここまでのスタイル指定が行えれば、モバイル用の Web デザインの完成です。

図22 SNSリンクやコピーライトのスタイルを指定

```
.footer-info {
  padding: 32px 0;
  color: #fff;
  background-color: #000;
}

.footer-info ul {                       ← .footer-info 内の子要素 <ul> が対象
  margin-bottom: 24px;
  list-style: none;
  display: flex;                        ← SNS アイコンを横並びにして
  justify-content: center;                 ボックス内で左右中央に表示
}

.footer-info ul li {                    ← .footer-info 内の子要素 <ul> の中の <li> が対象
  margin: 0 8px;                        ← SNS アイコン同士の間隔を指定
}

.footer-info ul li img {                ← <li> 内の <img>（SNS アイコン画像）の幅・高さ
  width: 24px;
  height: 24px;
}

.copyright {
  text-align: center;
  font-size: 1.4rem;
}
```

CSSでPC用のスタイルを指定する

180
min

THEME
テーマ
モバイル用のスタイル指定が終わったら、続けてPC用のスタイル指定を行います。PC用のスタイル指定が完了したら、レスポンシブWebデザインのページの完成です。

ヘッダーおよび見出し関連のスタイルの上書き

　ここからは、モバイル用のCSSをPC用のCSSで上書きすることで、レスポンシブWebデザインのページにしていきます。スタイルの上書きはメディアクエリ◯により実装していきます。

27ページ、**Lesson1-06**参照。

　レスポンシブWebデザインでレイアウトを切り替える際には、どの程度の画面幅になったら切り替えるのかを決める必要があります。このスタイルを切り替える画面幅が「ブレイクポイント」◯です。ここでは、PC用のスタイルに上書きするためのCSSを書いていきますが、「スマートフォンや小さめの画面を持ったタブレットの画面幅」と「広めの画面を持ったタブレットやPCの画面幅」のブレイクポイントとして採用されることの多い「768px」を指定します 図1 。

27ページ、**Lesson1-06**参照。

図1 ブレイクポイントの指定

```
@media screen and (min-width: 768px) { こ
こに画面幅 768px 以上の CSS を記述 }
```

　上記のメディアクエリを使用して、PC用のスタイルを指定していきます。 ❗メディアクエリの書き方には、セレクタごとに書く方法、CSSファイルの下部にまとめて書く方法、セクションごとに書く方法などがあります。ここでは、セクションごとに書く方法を採用します。ご自身で書く場合には、好みの方法を選ぶとよいでしょう。

　では、まずヘッダーのスタイルの上書きを行いましょう。モバイル用のスタイルを指定している箇所に続けて、PC用のスタイルを指定します 図2 。

　モバイル用のスタイル指定でPC用のメインビジュアル画像は

> **! POINT**
>
> メディアクエリを「セレクタごとに書く方法」は、デバイスごとのセレクタへのCSSがセットになるので調整がしやすいなどのメリットがありますが、都度メディアクエリを書くことで記述量が多くなるなどのデメリットもあります。
> 一方、「CSSファイルの下部にまとめて書く方法」は、デバイスごとのCSSの切り分けがはっきりするメリットがありますが、個々のセレクタの調整をする際に該当箇所が把握しづらい（記述場所が離れているため）などのデメリットがあります。
> 「セクションごとに書いていく方法」は前述の2つの方法のメリット・デメリットのバランスをうまくとった方法といえるかもしれません。

非表示にしています（206ページ 図4 ）。PC用のメインビジュアルを表示するため、「header .mainImg_pc」セレクタに「display: block;」を指定しています。続けて「header .mainImg_sp」セレクタに「display: none;」を設定することで、モバイル用のメインビジュアルを非表示にします 図3 。

このほか、h1要素には下マージンを広くするための設定を行っています。

図2 ヘッダーのスタイルの上書き

```
@media screen and (min-width: 768px) {
  header .mainImg_pc {
    display: block;          ← PC用のメインビジュアルを表示
  }

  header .mainImg_sp {
    display: none;           ← モバイル用のメインビジュアルを非表示に
  }

  h1 {
    margin-bottom: 40px;     ← 下マージンの指定
  }
}
```

図3 モバイル用とPC用のヘッダーのデザイン

モバイル用のヘッダーのデザイン

PC用のヘッダーのデザイン

h2・h3見出しのスタイル指定

次に見出し関連のスタイルの上書きを行いましょう 図4 。h2要素には、下マージンを広くするための設定や文字サイズを大きくする設定を行っています。また、セクション「本書の特長」「本書の章構成」「本書の著者」のh2要素には、「width: 24rem;」を指定して、見出しの帯の幅を広くしています。

そしてh3要素には、下マージンを広くするための設定や文字サイズを大きくする設定を行っています。

図4 見出し関連のスタイルの上書き

```
@media screen and (min-width: 768px) {
  h2 {
    margin-bottom: 32px;
    font-size: 2.4rem;
  }

  .feature h2,          「本書の特長」の h2 要素が対象
  .contents-list h2,    「本書の章構成」の h2 要素が対象
  .author h2 {          「本書の著者」の h2 要素が対象
    width: 24rem;
  }

  h3 {
    margin-bottom: 24px;
    font-size: 2rem;
  }
}
```

「はじめに」のスタイルの上書き

次に「はじめに」セクションのスタイルの上書きを行いましょう。「.introduction」セレクタには下マージンを広くする設定を行います。また「.introduction h2 br」に「display: none;」を設定することで、モバイル用のWebブラウザ表示では見出しの途中に挿入していた改行をなくし、PC用のWebブラウザ表示では見出しを1行で表示しています。

そして「.lead」セレクタには、ボックスの幅を768pxに設定し、左右のマージン（外余白）に「auto」を設定することでボックスを左右中央に配置し、パディング（内余白）で左右に余白を取っています 図5 図6 。

図5　「はじめに」のスタイル指定を上書き

```
@media screen and (min-width: 768px) {
  .introduction {
    margin-bottom: 80px;
  }


  .introduction h2 br {
    display: none;
  }


  .lead {
    width: 768px;
    margin: 0 auto;
    padding: 0 32px;
  }
}
```

親要素に class 「introduction」の ついた <h2> 内の
 が対象

 を非表示に

PC用のWebブラウザ表示では見出しを1行で表示

図6　モバイル用とPC用の「はじめに」のデザイン

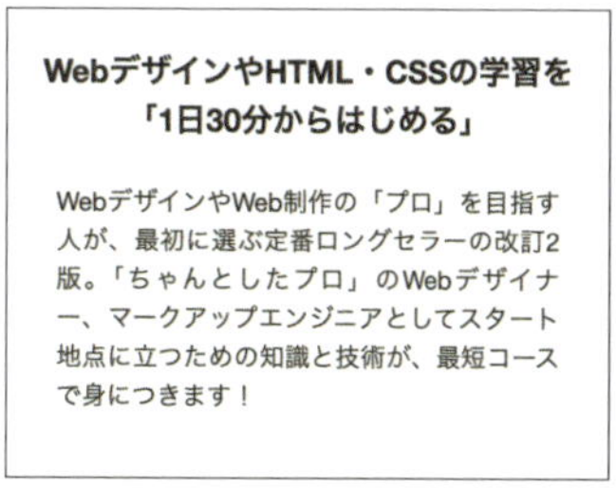

Webデザインや HTML・CSSの学習を
「1日30分からはじめる」

WebデザインやWeb制作の「プロ」を目指す
人が、最初に選ぶ定番ロングセラーの改訂2
版。「ちゃんとしたプロ」のWebデザイナ
ー、マークアップエンジニアとしてスタート
地点に立つための知識と技術が、最短コース
で身につきます！

PC用の「はじめに」のデザイン

Webデザインや HTML・CSSの学習を「1日30分からはじめる」

WebデザインやWeb制作の「プロ」を目指す人が、最初に選ぶ定番ロングセラーの改訂2版。「ちゃ
んとしたプロ」のWebデザイナー、マークアップエンジニアとしてスタート地点に立つための知識
と技術が、最短コースで身につきます！

モバイル用の「はじめに」のデザイン

「本書の特長」のスタイルの上書き

　次に「本書の特長」のスタイルの上書きを行いましょう。PC用の
デザインでは、2つの特長を2段組で表示します。ただし、現状
のHTMLではレイアウトしづらいので、HTMLを調整します。2つ
の特長のセクションを囲む箱を作るために <div> タグでマーク
アップします。div要素には class属性で「feature-wrap」のクラス
名をつけます **図7**。

221

図7 「本書の特長」のHTMLを調整

```
<section class="feature">
  <h2> 本書の特長 </h2>
  <div class="feature-wrap">
    <section class="feature_01">
      <p class="feature_img"><img src="img/feature_01.png" alt=""></p>
      <h3>「自分のペースで勉強しやすい！」</h3>
      <p class="feature_text"> 本書では、各記事ごとに 15 分、30 分、60 分・・・など、学習時
間の目安を設けています。ちょっとした空き時間に少しずつ勉強したり、難しめのパートは集中して取り組んだり、
自分のペースで学習していくことができます。</p>
    </section>
    <section class="feature_02">
      <p class="feature_img"><img src="img/feature_02.png" alt=""></p>
      <h3>「技術と理論の両方を習得！」</h3>
      <p class="feature_text">1 冊の中で、手を動かして作ってみるパート（実践）と、読んで基本
知識を身につけるパート（理論）の両方を交えています。HTML や CSS の書き方・使い方はもちろん、「なぜ、必
要なのか」「どうして、そう書くのか」も習得できます。</p>
    </section>
  </div>
  <p class="book-more"><a href="https://books.mdn.co.jp/books/3223303008/"
target="_blank"> 出版社・本書紹介ページへ </a></p>
</section>
```

次に「本書の特長」のPC用のスタイルを指定します 図8 図9 。

「.feature」セレクタでは、下マージンを広くする設定を行っています。

「.feature-wrap」セレクタでは、2つの特長を2段組にして左右中央に配置するための設定を行っています。

「.feature_01」セレクタと「.feature_02」セレクタでは、ボックスの幅を344pxに固定し、モバイル用のマージンをリセットしています。

「.feature_img」セレクタでは、下マージンを広げています。

「.book-more a」セレクタでは、「出版社・本書紹介ページへ」リンクのパディング（内余白）を広げています。また、「.book-more a:hover」セレクタではリンク部分にマウスオーバーした際に背景色を不透明度20%の黒色にする設定を行っています。

図8　「本書の特長」のスタイルの上書き

```
@media screen and (min-width: 768px) {
  .feature {
    margin-bottom: 80px;
  }

  .feature-wrap {
    width: 768px;
    margin: 0 auto 40px;
    display: flex;
    justify-content: space-around;
  }

  .feature_01,
  .feature_02 {
    width: 344px;
```

> 2つの特長を横並びにして左右中央に配置

```
    margin: 0;
  }

  .feature_img {
    margin-bottom: 24px;
  }

  .book-more a {
    padding: 16px 96px;
  }

  .book-more a:hover {
    background-color: rgba(0,0,0,0.2);
  }
}
```

> モバイル用に設定されていたマージンをリセット

> リンク部分にマウスオーバーした際に背景色を不透明度20%の黒色に指定

図9　モバイル用とPC用の「本書の特長」のデザイン

PC用の「本書の特長」のデザイン

モバイル用の「本書の特長」のデザイン

「本書の章構成」のスタイルの上書き

次に「本書の章構成」のスタイルの上書きを行いましょう図10。「.contents-list」セレクタでは、下マージンと、上下のパディングを広くする設定を行っています。

「.contents-list ul」セレクタでは、目次のボックスの幅を640pxに設定しています。さらに左右のマージン（外余白）に「auto」を設定することでボックスを左右中央に配置し、パディング（内余白）を広げています。また、border-radiusプロパティで角丸の指定を行っています図11。

図10 「本書の章構成」のスタイルの上書き

```
@media screen and (min-width: 768px) {
  .contents-list {
    margin-bottom: 80px;
    padding: 32px 0;
  }


  .contents-list ul {          ← 目次の <ul> が対象
    width: 640px;              ← 幅の指定
    margin: 0 auto;            ← 左右中央に配置
    padding: 32px 48px;        ← 内余白の指定
    border-radius: 16px;       ← 角丸の指定
  }
}
```

図11 モバイル用とPC用の「本書の章構成」のデザイン

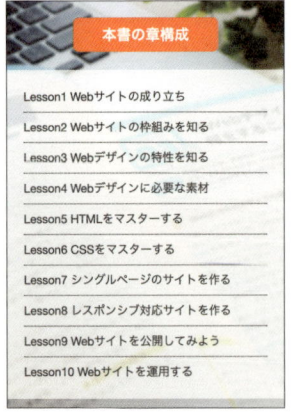
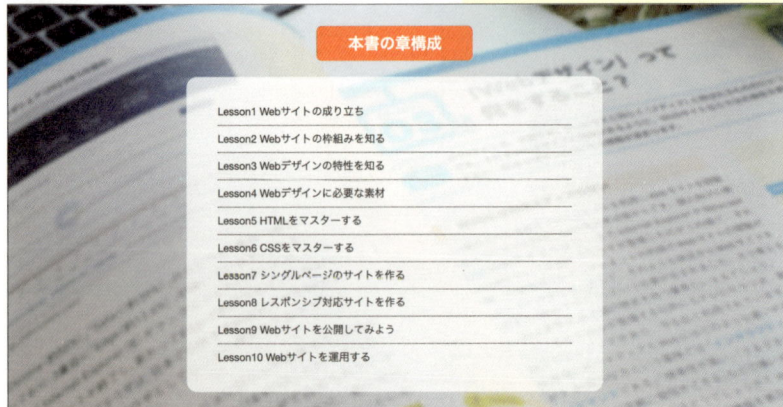

モバイル用の「本書の章構成」のデザイン　　PC用の「本書の章構成」のデザイン

「本書の著者」のスタイルの上書き

　次に「本書の著者」のスタイルの上書きを行いましょう 図12。
「.author」セレクタでは、下マージンを広くする設定を行っています。

　「.author dl」セレクタでは、「本書の著者」の表示幅を 680px に設定し、左右のマージン（外余白）に「auto」を設定して、ボックス内で左右中央に配置しています。

　また、「.author dl dt」セレクタでは、著者名周りの余白を調整し、文字サイズを大きく設定しています。

　「.author dl dd」セレクタでは、下マージンを広くする設定を行っています 図13。

図12　「本書の著者」のスタイルの上書き

```
@media screen and (min-width: 768px) {
  .author {
    margin-bottom: 80px;            ← 下マージンの指定
  }

  .author dl {                      ← <dl> が対象
    width: 680px;                   ← 幅の指定
    margin: 0 auto;                 ← 左右中央に配置
  }

  .author dl dt {                   ← <dt> が対象
    margin-bottom: 16px;
    padding-bottom: 8px;
    font-size: 2rem;
  }

  .author dl dd {                   ← <dd> が対象
    margin-bottom: 40px;
  }
}
```

図13　モバイル用とPC用の「本書の著者」のデザイン

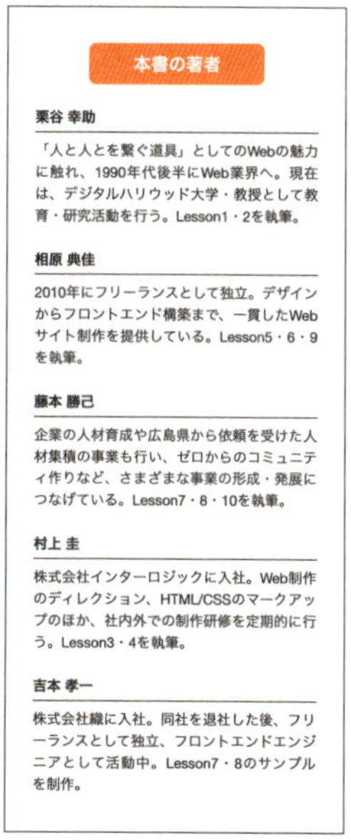

モバイル用の「本書の著者」のデザイン 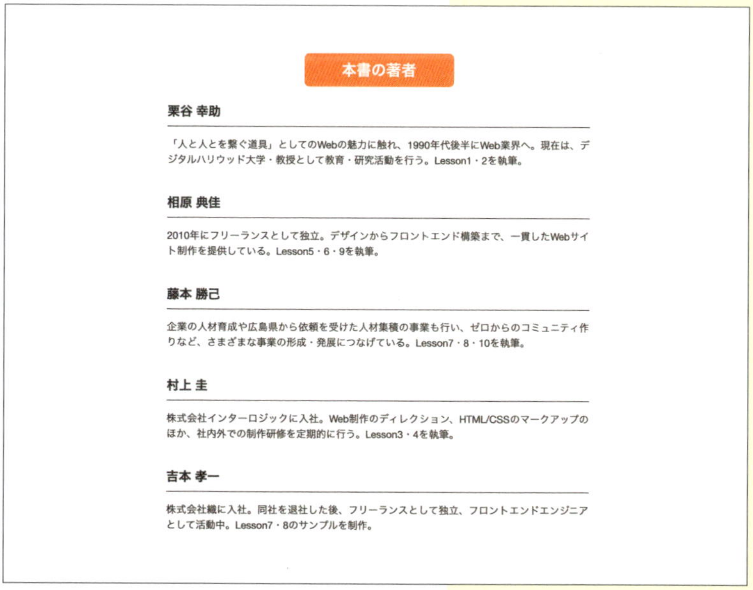　　PC用の「本書の著者」のデザイン

フッターのスタイルの上書き

次に、フッターのスタイルの上書きを行いましょう図14。
「.book-info」セレクタでは、背景画像のある書籍情報の領域（高さ）を拡げる設定を行っています。

「.book-info-wrap」セレクタでは、中央に配置されている書籍情報のボックスの幅を拡げる設定を行い、「.book-info-wrap p」セレクタで書籍名周りの余白を調整して文字サイズを大きく設定しています。

また、「.book-info ul li」セレクタでは、発売日などの情報を横並びにする設定を行っています。

「.footer-info」では、SNSリンクとコピーライトを横並びにする設定などを行っています。また、「.footer-info ul」セレクタや「.footer-info ul li」セレクタで余白を調整し、「.footer-info ul li img」セレクタでSNSアイコンを大きくする設定を行っています。

さらに「.copyright」セレクタでは、文字サイズを大きくする設定を行っています。

ここまでのスタイル指定が行えれば、レスポンシブWebデザインの完成です図15。

図14　フッターのスタイルの上書き

```
@media screen and (min-width: 768px) {
  .book-info {
    height: 80vh;
  }
```
背景画像のある書籍情報の領域を拡げる指定

```
  .book-info-wrap {
    width: 680px;
    padding: 32px;
  }

  .book-info-wrap p {
    margin: 0 0 32px;
    font-size: 2rem;
  }

  .book-info ul li {
    display: inline-block;
    margin-right: 16px;
  }
```
発売日などの情報を横並びにする指定

```
  .footer-info {
    padding: 32px 0 40px;
```

```
    display: flex;
    justify-content: space-around;
    align-items: center;
  }
```
SNSリンクとコピーライトを横並びにする指定

```
  .footer-info ul {
    margin: 0;
  }

  .footer-info ul li {
    margin: 0 16px;
  }

  .footer-info ul li img {
    width: 32px;
    height: 32px;
  }

  .copyright {
    font-size: 1.6rem;
  }
}
```

図15 モバイル用とPC用のフッターのデザイン

モバイル用のフッターのデザイン

PC用のフッターのデザイン

CSSセレクタの区切りの話

CSSセレクタの区切り方によって命令の伝わり方が違ってくることを、ちょっとしたクイズで学んでみましょう。まず、図1のようなHTMLがあるとします。図1のHTMLに図2のようなセレクタで命令を実行すると、どのような結果になるでしょうか？

図1　HTMLのソースコード

```
<div class="style01">
  <p class="style02">Hello, World!</p>
  <p class="style03">Hello, World!</p>
  <p class="style02 style03">Hello,
World!</p>
</div>
```

図2　CSSのセレクタ

```
.style01 .style02{
  color: red;
}
```

答えは1番目と3番目の「Hello, World!」の文字が赤色になります図3。

図3　図2の表示結果

スペース区切りのセレクタは子孫セレクタとなり、親要素の中の子要素へ命令を伝えます。class名「style01」の要素内のclass名「style02」の子要素というと1番目の「Hello, World!」の文字だけが赤色になりそうですが、3番目の「Hello, World!」の文字にはclass属性の値にスペース区切りのclass名を設定することで、複数のclass名を付けています。

よって3番目の「Hello, World!」の文字にもclass名「style02」が付いているため、赤色になるのです。

では、次はカンマ区切りのセレクタで命令を実行します図4。

結果はすべての「Hello, World!」の文字が緑色になります図5。カンマ区切りのセレクタは複数セレクタとなり、同じ命令を複数のセレクタに伝えます。ここではclass名「style02」と「style03」が付いた要素の文字を緑色にする命令を伝えているので、すべての「Hello, World!」の文字が緑色になりました。

図4　カンマ区切りのセレクタ

```
.style02,.style03{
  color: green;
}
```

図5　図4の表示結果

最後にドットでつないだセレクタで命令を実行します図6。結果は3番目の「Hello, World!」の文字だけが青色になります図7。セレクタをスペースの区切りなく、つなげて記述をすることで複数のclass名を持つ要素にのみ命令を伝えることができます。ここではclass名「style02」と「style03」の両方のclass名を持つ3番目の「Hello, World!」の文字だけが青色になりました。

図6　ドットでつないだセレクタ

```
.style02.style03{
  color: blue;
}
```

図7　図6の表示結果

Flexboxを使った
サイトを作る

モバイルファーストで設計したシングルページのWebサイトを作ってみます。Flexboxを使ったカラムレイアウトや、PC表示のレイアウトだけHTMLの記述順とは逆に配置する手法を見ていきましょう。

読む　練習　制作

完成形と全体構造を確認しよう

完成形とブレイクポイントの確認

Lesson7ではサンプルサイトとして、レンタルスペースのシングルページのWebサイトを作成してみます。

このサンプルサイトはレスポンシブWebデザインに対応するものです。ブラウザの表示幅768pxをブレイクポイントに設定し、CSSをモバイル用とPC用の2つに分けて制作していきます。

CSSでスタイルを指定するポイントは次のようになります。

- ブレイクポイントを768pxに設定する
- メディアクエリを使って、**モバイルファースト**で記述する
- 768px以上の場合は、PC・タブレット表示用のスタイルで設定を上書きする

POINT

スマートフォン、タブレット、デスクトップなど、ブレイクポイントの数が増えるとCSSでの記述項目も多くなります。今回は、レイアウトの切り替えを分かりやすく説明するためにブレイクポイントを1つ、デバイスをモバイルとPCの2つに設定しています。

WORD　モバイルファースト

188ページ、Lesson6-01参照。

サンプルサイトの仕様

サンプルサイトでは、レンタルスペースのサービス情報をレイアウトしながら、次の機能の実装方法を学習していきます。

- ヘッダー（ナビゲーション）を上部に固定する
- モバイルでの閲覧時にハンバーガーメニューを表示する
- flexboxでアイテムをレイアウトする
- メディアクエリでレイアウトを変更する
- Google Fontsを利用する
- Googleマップを表示する
- アイコンフォントを利用する
- 疑似クラス、疑似要素でスタイルを設定する

サンプルサイトのレイアウト構成

サンプルサイトのタイトルは「rental space MdN」です。内容はレンタルスペース（会議室）の紹介ページになります。ページを構成しているコンテンツは次の通りです 図1 図2 。

図1 表示幅768px未満（モバイル用）の完成イメージ

① ヘッダー（サイトロゴ・ナビゲーション）

② ヒーローイメージ（タイトル・予約ボタン）

③ レンタルスペースの紹介

④ サービスの案内

⑤ プランの案内

⑥ アクセス情報（マップ）

⑦ ページトップに戻る

⑧ フッター
・サイトロゴ
・電話番号
・SNSアイコン
・コピーライト（著作権表示）

図2 表示幅768px以上（PC用）での表示の変化

1 ヘッダー(サイトロゴ、ナビゲーション)
ナビゲーションがハンバーガーメニューから横並びになる

2 ヒーローイメージ(タイトル・予約ボタン)

3 レンタルスペースの紹介
文章と写真が横並びに変わる

4 サービスの案内
左右に4つ並ぶレイアウトに変わる

5 プランの案内
左右に3つ並ぶレイアウトに変わる

6 アクセス情報(マップ)
文章と写真が横並びに変わる

7 ページトップに戻る

8 フッター
・サイトロゴ
・電話番号
・SNSアイコン
・コピーライト(著作権表示)

WORD ヒーローイメージ
108ページ、Lesson4-03参照。

Lesson7 02 HTMLでページの大枠をマークアップする

60min

THEME
テーマ

ここからHTMLのマークアップに入ります。マークアップの進め方にはいろいろな方法がありますが、ここではコーディングを効率よく行うために、まずページの骨組みとなる大枠をマークアップし、全体の構造を作っていきます。

サンプルのフォルダ構造の確認

コーディングを始める前の下準備として、作業用のサイトフォルダ（ディレクトリ）を作成します。ページを表示する際に必要なHTMLファイル、CSSファイル、画像ファイルは必ず1つのフォルダの中に格納してからマークアップをはじめていきましょう➡。

Lesson7のサンプルサイトのフォルダ構造は **図1** のようになっています。

図1 サンプルサイトのフォルダ構造

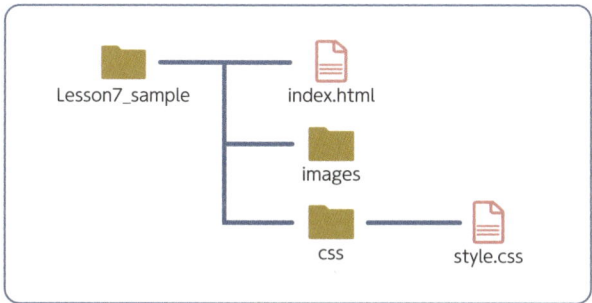

Lesson7_sample　index.html
images
css　　style.css

ページ構造の確認とマークアップ

サイトフォルダにindex.htmlを作成します。

図2 は前節で確認した完成イメージのレイアウトをベースに、⚠ページの大枠をどんなタグを使ってマークアップしていくかのページ構造を示したものです。このページ構造図を参照しながら、index.htmlにページ全体の大枠をマークアップしていきます。

⚠ POINT

コーディングに入る前に、デザインやワイヤーフレームをもとにして、ブロック分けやマークアップするHTMLタグをあらかじめ決めておくと、短時間でコーディング作業を行うことができます。

図2 サンプルサイトの構造図（HTMLの大枠）

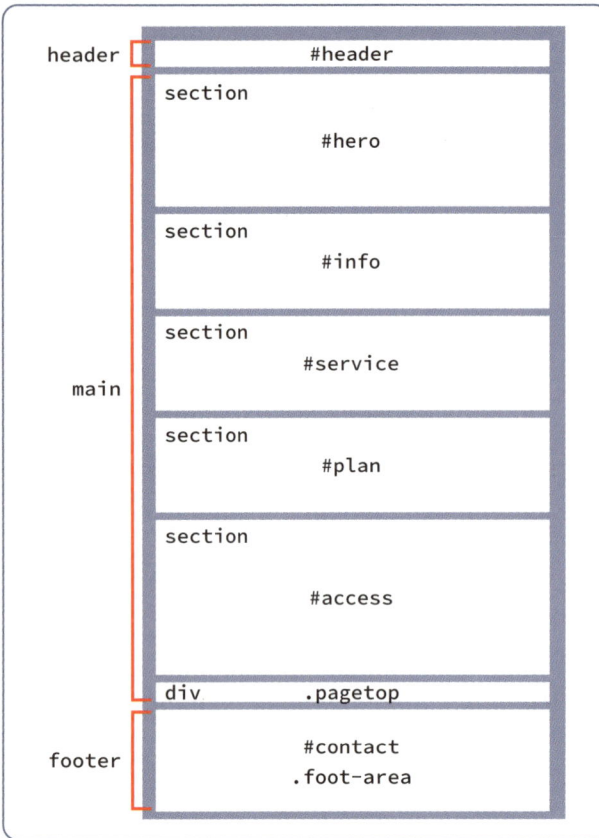

head要素の編集

　このサンプルサイトは、レスポンシブ対応になりますので、
<head>内に <meta name="viewport" content="width=device-width,
initial-scale="1"> を記述します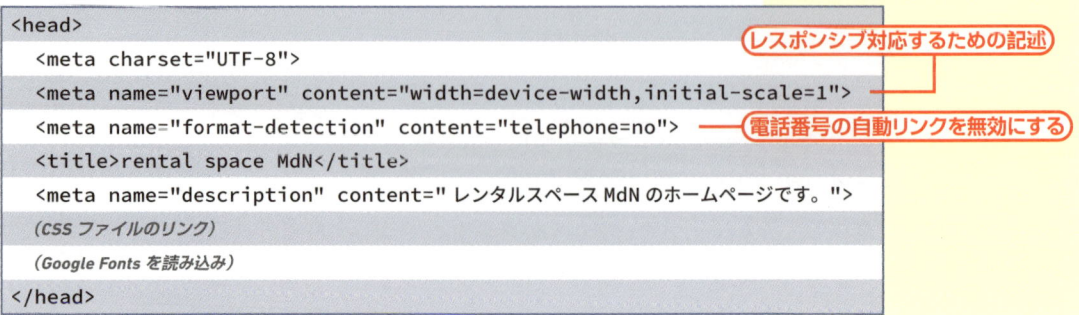。これでデバイスの幅に合わせた
表示切り替えが可能になります。

26ページ、**Lesson1-06**参照。

図3 <head>内の記述例

```
<head>
  <meta charset="UTF-8">
  <meta name="viewport" content="width=device-width,initial-scale=1">
  <meta name="format-detection" content="telephone=no">
  <title>rental space MdN</title>
  <meta name="description" content=" レンタルスペース MdN のホームページです。">
  (CSS ファイルのリンク)
  (Google Fonts を読み込み)
</head>
```

レスポンシブ対応するための記述

電話番号の自動リンクを無効にする

CSSファイルのリンクとGoogle Fontsの読み込みについては、次節で説明します。

大枠のブロックを作成する

次に、<body>～</body>内に ● ページの大枠となるタグを記述します。図2の構造図にあるように、大枠の骨組みとなる<header>、<main>、<section>を5つ、<footer>を記述します。

また、ナビゲーションメニューからページ内リンクを設定するため、各<section>にはあらかじめid名をつけておきます 図4。

図4 大枠のブロック作成（HTML）

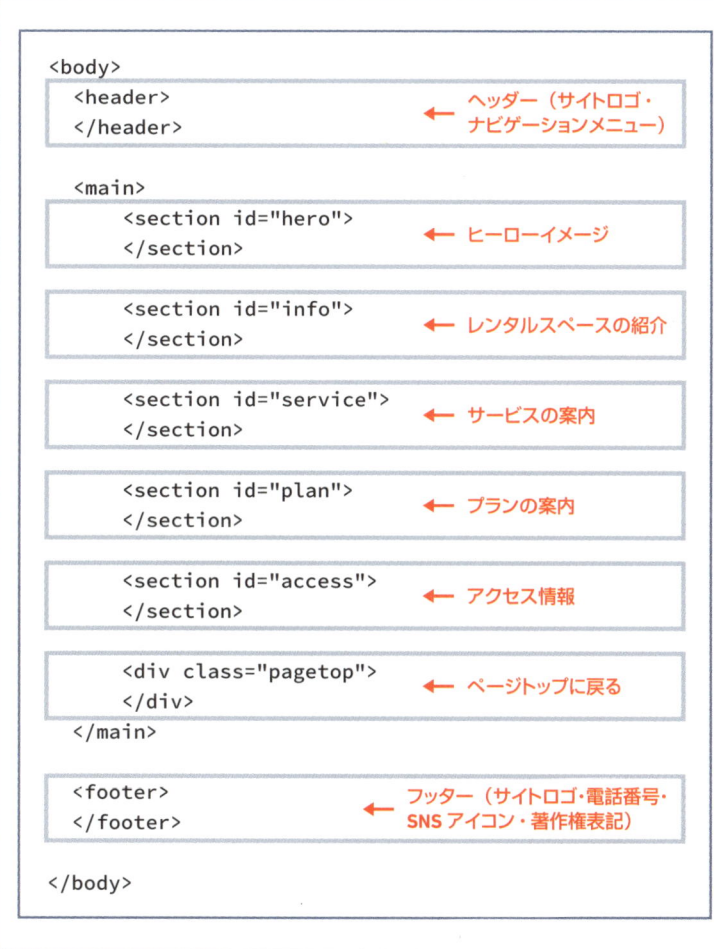

```
<body>
    <header>                       ← ヘッダー（サイトロゴ・
    </header>                        ナビゲーションメニュー）

    <main>
        <section id="hero">        ← ヒーローイメージ
        </section>

        <section id="info">        ← レンタルスペースの紹介
        </section>

        <section id="service">     ← サービスの案内
        </section>

        <section id="plan">        ← プランの案内
        </section>

        <section id="access">      ← アクセス情報
        </section>

        <div class="pagetop">      ← ページトップに戻る
        </div>
    </main>

    <footer>                       ← フッター（サイトロゴ・電話番号・
    </footer>                        SNSアイコン・著作権表記）

</body>
```

! POINT

コーディングの方法にはさまざまな進め方がありますが、このサンプルサイトでは、大枠のコーディングからスタートしています。別の方法としては、はじめにテキスト原稿をすべてHTMLファイル内に挿入してマークアップをしながらブロックを形成していく場合などもあります。

Lesson7

03

180 min

ページの大枠の
スタイルを設定する

THEME テーマ ここからは、大枠のブロックごとに、HTMLのマークアップとCSSのスタイリングを並行して進めていきます。まず、HTMLファイルにCSSを読み込み、CSSファイルに初期設定と共通設定の記述をしていく流れです。

CSSの下準備

サンプルサイトでは、**クロスブラウザ対応**のリセットCSSとて「normalize.css」をCDNで読み込む形式で利用します。CDNを利用することで、自分でサーバーにファイルをアップする手間やサーバーへの余分な負荷を減らし、サイト表示の高速化を行うことができます。また、このサンプル独自のスタイル指定はstyle.cssに記述していきます **図1** 。

図1 スタイルシートの読み込み

```
<link rel="stylesheet" href="https://cdn.jsdelivr.net/npm/
normalize.css@8.0.1/normalize.min.css">
<link rel="stylesheet" href="css/style.css">
```

! この2つの**CSS**とGoogle Fontsのリンクを、index.htmlの<head> ～ </head>内に<link>タグを使って読み込みます **図2** 。

Google Fontsは、Noto Sans Japaneseの400（regular）700（bold）とOpen Sansの400（regular）700（bold）を利用します。

図2 Google Fontsの読み込み

```
<link rel="preconnect" href="https://fonts.googleapis.com">
<link rel="preconnect" href="https://fonts.gstatic.com"
crossorigin>
<link href="https://fonts.googleapis.com/css2?family=Noto+S
ans+JP:wght@100..900&family=Open+Sans:ital,wght@0,300..800;
1,300..800&display=swap" rel="stylesheet">
```

Google Fontsのソースコードは「https://fonts.google.com/」から入手可能です。使用するフォントの設定をカスタムして、ソースコードの記述の量を少なくすることもできますが、今回は生成れるソースコードをそのまま使用しています。

WORD クロスブラウザ対応

どのブラウザでも同じ表示や動作を再現できる状態のこと。CSSの対応方法は複数あるが、「reset.css」「normalize.css」「reboot.css」などがよく利用されている。

WORD CDN

118ページ、Lesson4-05参照。

! POINT

normalize.cssでブラウザでの表示を整えてから、サンプル独自のスタイルで設定を上書きしたり、追加したりします。そのために、<head>内のリンクは、normalize.cssを先に読み込むように記述します。

memo

normalize.cssは、以下のページから入手できます（2024年7月現在）。
・normalize.css 公式サイト
https://necolas.github.io/
normalize.css/
・CDNのソースコード
https://www.jsdelivr.com/
package/npm/normalize.css

memo

図2 のCSSの初期設定は一例です。制作するサイトやページによって記述するタグが変わるため、構造とマークアップに合わせて、初期スタイルを設定しましょう。

初期スタイルを記述する

　ここからは、このサンプルサイト独自のスタイルを記述していきます。

　まずは、ページ全体に共通する初期スタイルに関する記述からです。全体のレイアウト幅に関する❶「box-sizing: border-box;」の指定をはじめ、body、見出し、リンク、画像などの初期スタイルを記述します図3。

POINT

box-sizingプロパティの値をborder-boxに指定すると、ボックスのwidth（幅）やheight（高さ）がパディング（内余白）とボーダー（境界線）を含む扱いになります。ページ全体に対して「box-sizing: border-box;」を指定することで、ボックスの見た目と実際の数値が一致するためレイアウトやスタイリングを行いやすくなります。72ページ、Lesson3-03参照。

図3 初期スタイルの記述部分(styles.css)

```
/* 全体のスタイル調整 */
* {
  box-sizing: border-box;
  scroll-behavior: smooth;
}

/* body の初期スタイル調整 */
body {
  font-size: 16px;
  line-height: 1.8;
  font-family: 'Noto Sans JP',
'Open Sans', sans-serif;
  font-weight: 400;
  color: #333;
  background-color: #fff;
}

/* 初期スタイル調整 */
h1,
h2,
h3 {
  margin-top: 0;
  line-height: 1.5;
  letter-spacing: 0.2em;
  text-align: center;
}

h3 {
  color: #666;
  font-size: 14px;
  margin-bottom: 20px;
}

p {
  margin-top: 0;
  margin-bottom: 1.5em;
}
```

ページ内リンクの移動をスムーズにする

Web フォントの指定

テキスト関連のスタイル調整

```
  text-align: justify;
}

address {
  font-style: normal;
}

a {
  color: #efefef;
  text-decoration: none;
}

a:hover,
a:focus {
  color: #fff;
  text-decoration: underline;
}

ul {
  margin: 1em 0;
  padding: 0;
  list-style: none;
}

img {
  width: 100%;
  height: auto;
}

section {
  padding: 100px 0;
}
```

リンクのスタイル調整

リストのスタイル調整

画像のスタイル調整

sectionブロックのスタイル調整

section の上下に100px の内余白設定

237

共通スタイルを記述する

次に繰り返し指定することがある独自スタイルを記述していきます。各スタイルの内容を詳しく見ていきます。

h2 関連

<h2>の見出しはテキストと「◆」で構成されています 図4 。
「◆」は ❗HTML内にテキストとして記述するのではなく CSSで表現しており、疑似要素の「::before」を使ってテキストの背面に配置しています 図5 。
「.h2-title」では、テキストを基準に配置するために「position」を「relative」にします。「.h2-title::before」では、疑似要素を使い「position」を「absolute」にして中央に配置しています。

図4 最終的な表示イメージとHTML

表示イメージ

SERVICE
サービス

HTML

```
<h2 class="h2-title">Service</h2>
<h3> サービス </h3>
```

図5 h2の構成とCSS

表示イメージ

SERVICE
サービス

CSS

```
/* h2 への指定 */
.h2-title {
  position: relative;
  text-transform: uppercase;
  z-index: 100;
}
```
← ◆より手前に指定

表示イメージ

サービス

CSS

```
/* 疑似要素を使った◆の指定 */
.h2-title::before {
  content: "";
  display: block;
  width: 40px;
  height: 40px;
  background: #a5d1ff;
  position: absolute;
  left: 50%;
  margin-left: -20px;
  transform: rotate(45deg);
  z-index: -100;
}
```
position: absolute; → 絶対値で中央に合わせる
→ ■を 45 度回転して◆にする
z-index: -100; → H2 の後ろ（奥）に設定

テキスト関連

ここでは、よく使用するテキストの行揃え（左右中央揃え）と太
文字の指定をしています 図6 。

図6　text関連の指定

```
.txt-center {
  text-align: center;     ── 左右中央揃えのスタイル
}


.txt-lead {
  font-weight: 700;     ── テキストの太さを指定
}
```

ボタン関連

続いて、ページ内に出てくる\<button> のスタイル指定を行いま
す。サンプルサイトでは、ボタンデザインは「web予約はこちら」
の1つだけとなりますが、複数のボタンデザインに対応できるよ
うに「.btn」に \<button> の共通スタイルを指定し、「.btn-reserve」に
「web予約はこちら」のスタイルを指定しています 図7 。

図7　button関連の指定

表示イメージ

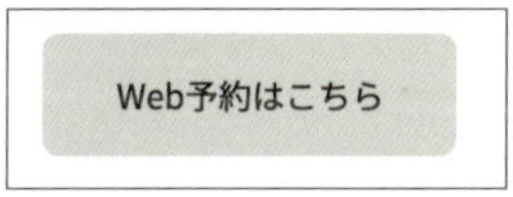

Web予約はこちら

表示イメージ

Web予約はこちら

CSS

```
/* ボタン共通（ベース）の設定 */
.btn {
  display: block;
  padding: 20px 35px;
  border-radius: 8px;
  margin: 0 auto;
  border: none;
}


.btn:hover,
.btn:focus {
  background: rgba(0, 0, 0, 0.7);
  cursor: pointer;
}
```

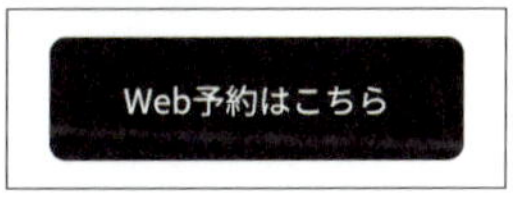

CSS

```
/* Web 予約ボタン */
.btn-reserve {
  color: #fff;
  background: rgba(0, 0, 0, 0.9);
}
```

レイアウト関連

レイアウト関連のスタイルとしては、class セレクタを使って次の3つのスタイルを指定します 図8 。

- .inner：各ブロックの左右の余白を指定
- .sp-only：768px 未満での表示・非表示を切り替える指定
- .pc-only：768px 以上での表示・非表示を切り替える指定

図8　レイアウト関連の指定

```css
/* コンテンツを格納するスタイル */
.inner {
  padding: 0 15px;
  margin: 0 auto;
}


/* PC 用のスタイル */
@media (min-width:768px) {
  .inner {
    max-width: 1200px;
  }
}
```
最大幅を 1200px に指定

```css
/* モバイルと PC での表示に関するスタイル */
.sp-only {
  display: block;
}
```
モバイルでは表示する

```css
.pc-only {
  display: none;
}
```
モバイルでは非表示にする

```css
/* PC 用のスタイル */
@media (min-width:768px) {
  .sp-only {
    display: none;
  }
```
PC では非表示にする

```css
  .pc-only {
    display: block;
  }
}
```
PC では表示する

> **memo**
> 「.sp-only」と「.pc-only」については、ユーティリティ的な使用方法となります。サンプルサイトでは、レイアウトの切り替えや見出しなどの改行部分で使用しています。

class セレクタを利用して、「.sp-only」の対象となる要素はモバイルで表示・PC で非表示にし、逆に「.pc-only」の対象となる要素をモバイルで非表示・PC で表示する切り替えを行っています。これらの class セレクタを具体的にどの部分に適用していくかは、次節以降で見ていきます。

ヘッダーを作り込む①
モバイル表示

THEME テーマ

「ヘッダー」ブロックの作り込みを行います。**Lesson7**のサンプルでは、モバイル表示（幅768px未満）とPC表示（幅768px以上）でナビゲーションの形態が変化する使用のため、まずモバイル表示から解説していきます。

ヘッダー作成時のポイント

ヘッダーブロックは、「サイトロゴ」「ナビゲーション（メニュー）」の構成になります。図1 が完成イメージです。

作成時のポイントは、次の6つになります。

- 「サイトロゴ」はモバイルとPCで共有する。
- `<nav>`のHTMLはモバイルとPCで共有する。
- `<nav>`はCSSで表示の切り替えを行う。
- モバイル用のハンバーガーメニューを実装する。
- ハンバーガーボタンはタップして✕の形状に変化する 図2 。
- ハンバーガーメニューは画面幅が1〜767pxのときに表示される。

! POINT

このサンプルではロゴ画像を、PNGやJPGではなくSVG形式にして、さまざまなデバイスの表示サイズに対応できるようにしています。SVGついては16ページ、**Lesson1-02** 参照。

図1 ヘッダーの完成イメージ

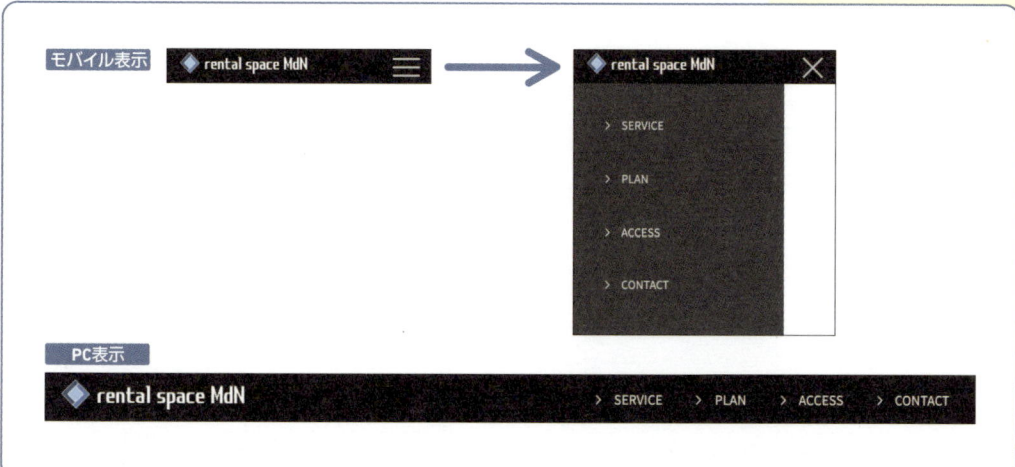

モバイル表示ではハンバーガーメニューになっており、ボタンクリックで☰が✕になり、メニュー項目が開閉する。
PC表示（幅768px以上）になると、メニューが横並びに切り替わる

図2 ボタンの形状が変化し、ナビゲーションが開閉する

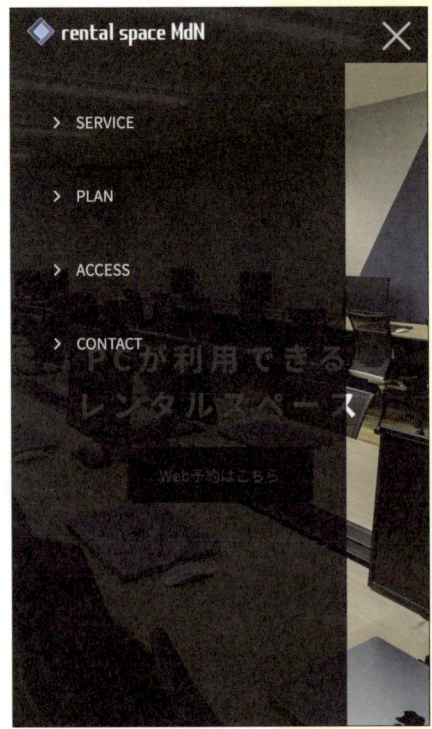

メニューボタンをタップすると、ナビゲーションが左側
からスライドして表示される

再びメニューボタンをタップすると、ナビゲーションが
左にスライドして非表示になる

ヘッダーのHTMLの構造

「ヘッダー」のHTMLと構造は 図3 図4 のようになります。モバイ
ル表示とPC表示でナビゲーションの形態が大幅に変わるため、1
つのHTML（<nav>部分）に対して、CSSでモバイル用とPC用のレ
イアウトが切り替わるようにスタイリングしていきます。

図3 <header>のHTML（大枠）

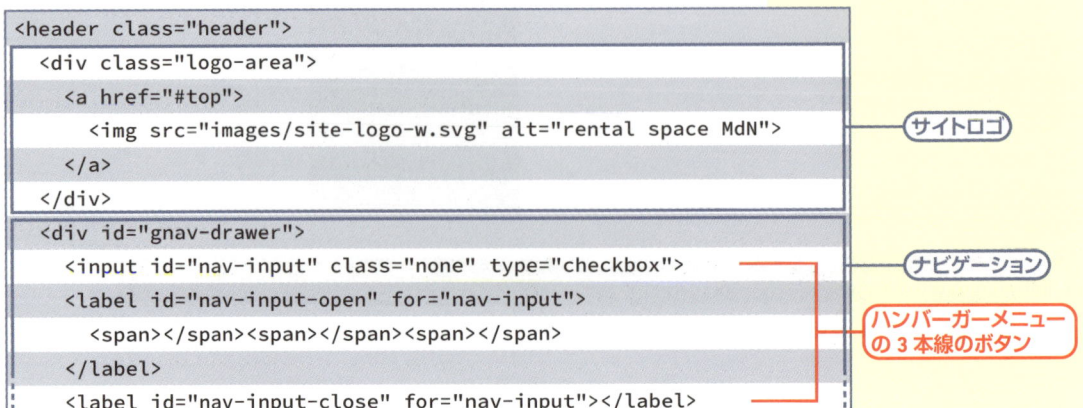

```
<header class="header">
  <div class="logo-area">
    <a href="#top">
      <img src="images/site-logo-w.svg" alt="rental space MdN">    サイトロゴ
    </a>
  </div>
  <div id="gnav-drawer">
    <input id="nav-input" class="none" type="checkbox">           ナビゲーション
    <label id="nav-input-open" for="nav-input">
      <span></span><span></span><span></span>                     ハンバーガーメニュー
    </label                                                        の3本線のボタン
    <label id="nav-input-close" for="nav-input"></label>
```

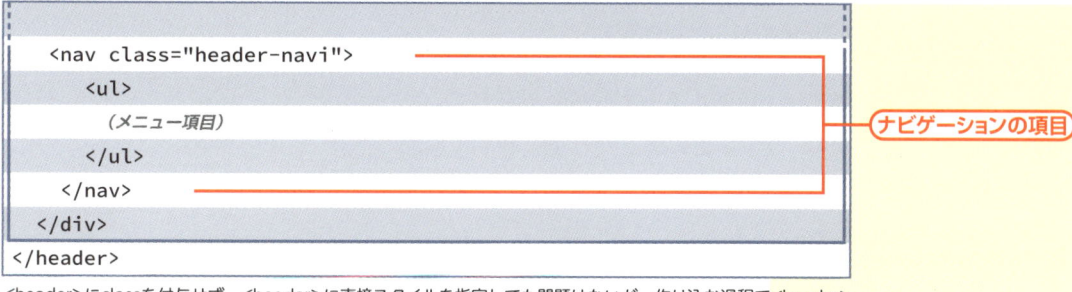

```
  <nav class="header-navi">
      <ul>
        (メニュー項目)
      </ul>
  </nav>
  </div>
</header>
```

ナビゲーションの項目

<header>にclassを付与せず、<header>に直接スタイルを指定しても問題はないが、作り込む過程で<header>が<div>や<section>にタグが変更となっても最低限の編集で対応できるように、ここではclass名を付与している

図4　ヘッダーのHTMLの構造

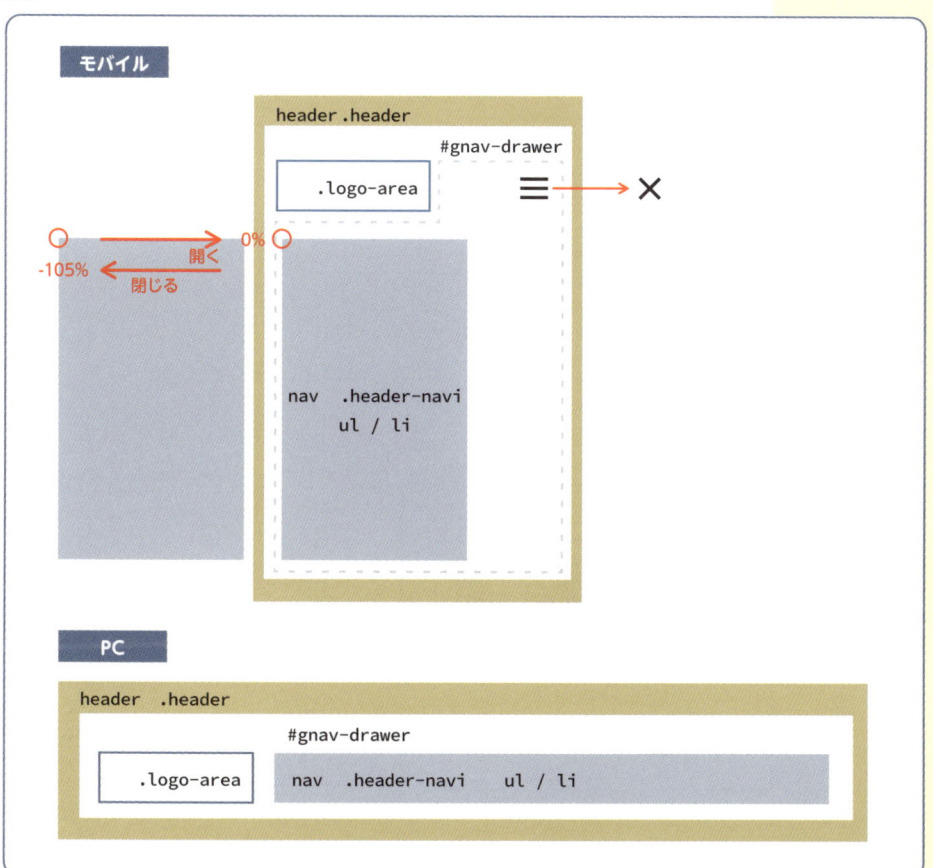

memo

モバイル用のメニューについて、通常時は、画面左外側の見えない位置にあり、ハンバーガー部分がタップ（チェック）された際に左からスライドして表示される仕様になっています。CSSでは、transforms: translateXで-105%と0%の指定で表現しています。

ヘッダーのCSSスタイリングの流れ

ヘッダーのスタイル指定は、段階を追って記述を追記していくことになります。「style.css」の中で上に戻ったり下に新しく追加したり、少したいへんかもしれません。大きな流れとしては、次の通りです。

❶ HTML を記述する 図3
❷ CSS でヘッダーの大枠をスタイリングする
❸ モバイル用の設定を準備する
❹ ハンバーガーボタンを作成する
❺ ナビゲーションのレイアウトを作成する
❻ ハンバーガーボタンがタップ時の動作を記述する
❼ PC での表示を調整する（次節で解説）

ヘッダーブロック全体のCSS

<header> に付与する「class="header"」を使って、ヘッダーブロック全体のスタイルを指定しています 図5 図6 。

図5 ロゴとナビゲーションの構造

図6 モバイル用のCSS

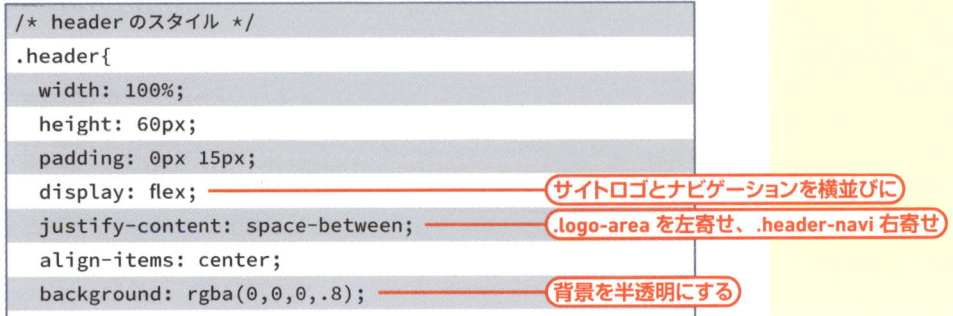

```
/* header のスタイル */
.header{
  width: 100%;
  height: 60px;
  padding: 0px 15px;
  display: flex;                            サイトロゴとナビゲーションを横並びに
  justify-content: space-between;           .logo-area を左寄せ、.header-navi 右寄せ
  align-items: center;
  background: rgba(0,0,0,.8);               背景を半透明にする
```

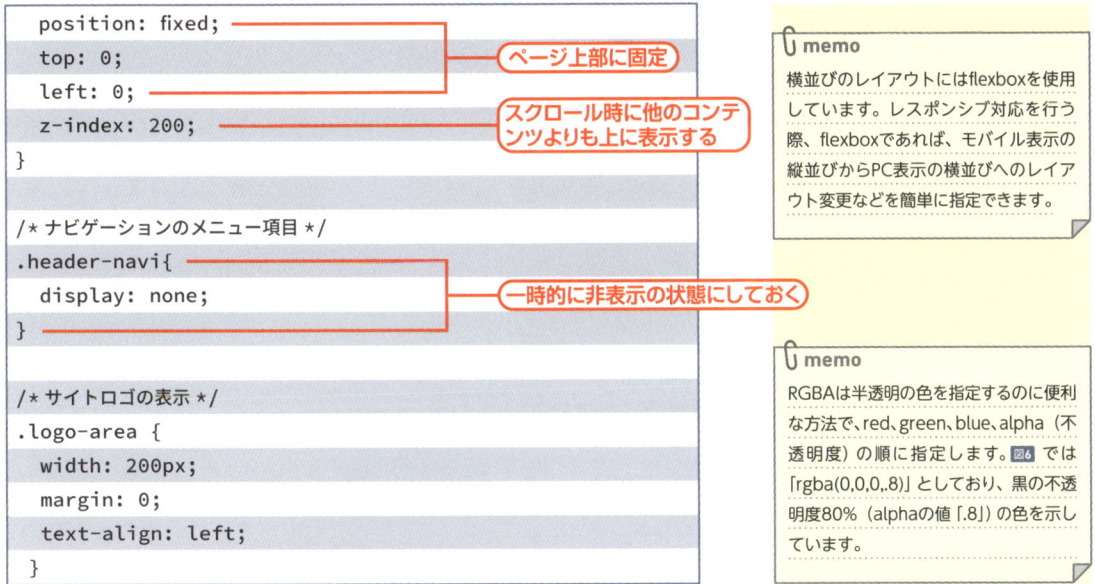

```
    position: fixed;              ─── ページ上部に固定
    top: 0;
    left: 0;
    z-index: 200;                 ─── スクロール時に他のコンテ
}                                     ンツよりも上に表示する

/* ナビゲーションのメニュー項目 */
.header-navi{
    display: none;                ─── 一時的に非表示の状態にしておく
}

/* サイトロゴの表示 */
.logo-area {
    width: 200px;
    margin: 0;
    text-align: left;
}
```

memo

横並びのレイアウトにはflexboxを使用しています。レスポンシブ対応を行う際、flexboxであれば、モバイル表示の縦並びからPC表示の横並びへのレイアウト変更などを簡単に指定できます。

memo

RGBAは半透明の色を指定するのに便利な方法で、red、green、blue、alpha（不透明度）の順に指定します。図6では「rgba(0,0,0,.8)」としており、黒の不透明度80%（alphaの値「.8」）の色を示しています。

! POINT

z-indexは、0を基準として要素の重なり順を指定します。指定しない場合は、後に記述されたコードが上にきます。100、200、1000など大きな数値を指定するのは、制作途中で間にz-indexが必要になった際に指定できるようにするためです。z-indexを1、2、3と順番に指定すると後から間に挿入できず、数値指定のやり直しが必要になってしまいます。

ページを下にスクロールした際、ヘッダーをページの上部に固定したいので「position: fixed;」とし、「 ! z-index: 200;」で常に一番手前に配置されるようにしています。また、少し透けた半透明のイメージにするために「rgba」で背景色を指定しています。

サイトロゴ（<div class="logo-area">）とナビゲーションすべて（<div id="gnav-drawer">）を囲んでいる <header class="header"> を「flexbox」にして、サイトロゴとナビゲーションが横並びになるようにしています。また、横並びに「justify-content: space-between;」を指定することで、自動的に左右の端に配置されるようにしています。

モバイル用のナビゲーションは図2で示したように、ハンバーガーメニューのボタンをタップすると左側からスライドして表示される仕組みです。図6のCSSのままでは、図7のようにメニュー項目の表示がはみ出してしまいますので、ハンバーガーメニューを作り込む間、一時的に <header-navi> を「display: none;」として非表示にしておくのがよいでしょう。

図7 ナビゲーションの項目がはみ出して表示される

ハンバーガーメニューを実装する

次に、ハンバーガーメニューのHTML **図8** とCSS **図9** を見ていきます。`<div id="gnav-drawer">` 〜 `</div>` がハンバーガーのエリアになり、⚠️ <mark>`<input>` と `<label>` でメニューボタンを表現しています。</mark>要点をまとめると次のようになります。

- `<input>` のtype属性値を「checkbox」とし、チェックが入ると「.header-navi」を表示
- 「checkbox」はCSSで非表示にし、`<label>` の `<span>` でメニューボタンの3本線を再現
- ボタンが ☰ から ✕ に変化し、✕ ボタンをタップするとチェックが外れて「.header-navi」が隠れる

 POINT

`<input>` タグのtype属性値を「checkbox」と指定すると、チェックボックスが表示されます。`<label>` タグはフォーム部品である `<input>` の項目名や選択肢を示すものです。詳しくは146ページ、**Lesson4-12** 参照。

図8 ハンバーガーメニューのHTMLとボタンのブラウザ表示

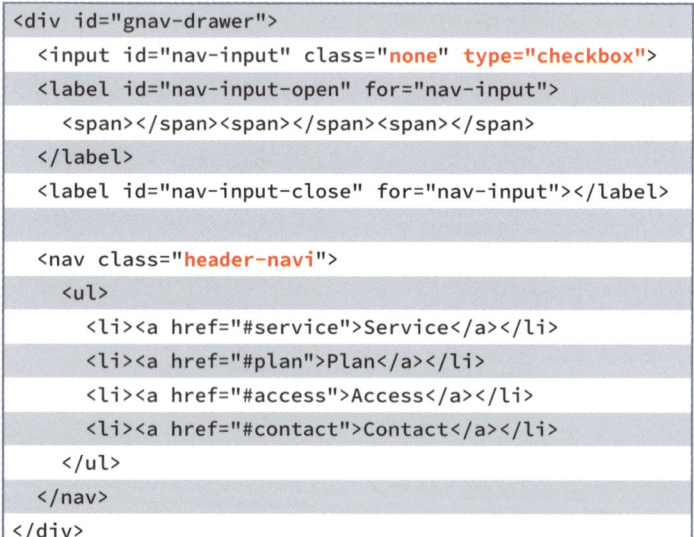

```
<div id="gnav-drawer">
  <input id="nav-input" class="none" type="checkbox">
  <label id="nav-input-open" for="nav-input">
    <span></span><span></span><span></span>
  </label>
  <label id="nav-input-close" for="nav-input"></label>


  <nav class="header-navi">
    <ul>
      <li><a href="#service">Service</a></li>
      <li><a href="#plan">Plan</a></li>
      <li><a href="#access">Access</a></li>
      <li><a href="#contact">Contact</a></li>
    </ul>
  </nav>
</div>
```

コーディング途中のcheckboxをCSSで隠していない状態

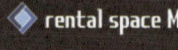

checkboxにチェックが入ると、ボタンの形状が変化する仕組みにしている

図9 ハンバーガーメニューの表示／非表示の切り替え

```
/* チェックボックスを非表示にする（PC／SP 共通）*/
.none{
  display: none;
}



/* モバイル用のハンバーガーボタンとメニュー設定 */
/* 1〜767px の間だけ適用される */
@media (max-width:767px){

（ハンバーガーボタンの設定）
（メニュー項目の設定）
（チェックが入った時の動作）
（ハンバーガーボタンが×になる設定）


}
```

checkbox を非表示にするために用意

この中身を図10以降で作り込む

memo

ハンバーガーメニューのボタンとモバイル用のナビゲーション画面については「@media (max-width:767px)」とし、画面の最大幅を指定して、1〜767pxの範囲だけに有効となるように指定しています。

メニューボタンのスタイリング

　次に、ハンバーガーメニューのボタン部分のCSSを見ていきます。モバイル表示のみ（表示幅が1〜767pxまでの間）で適用されるようにします図10。メニューボタンの☰は、3つの<span>タグをCSSでスタイリングすることで3本線を表現しています図11。

図10 メニューボタンのCSS

```
/* モバイル用のハンバーガーボタンとメニュー設定 */
/* 1〜767px の間だけ適用される */
@media (max-width:767px){


  #nav-input-open,
  #nav-input-open span {
    display: inline-block;
    vertical-align: middle;
    transition: 0.2s ease-in-out;
  }


  #nav-input-open {
    position: relative;
    width: 40px;
    height: 27px;
    border: none;
    cursor: pointer;
  }
```

ボタンとなるエリアの配置

3本線と×印との切り替えアニメーション

基準位置を決めるための指定

ボタンとなるエリアに対する指定

枠内にカーソルが入った時に指マークにする

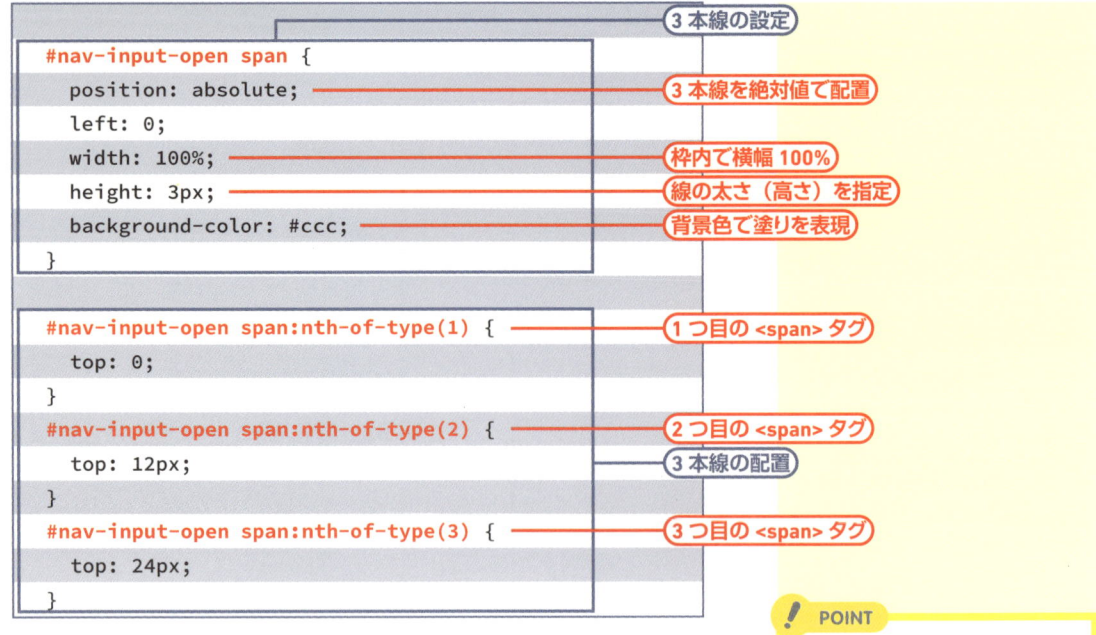

```
#nav-input-open span {
    position: absolute;
    left: 0;
    width: 100%;
    height: 3px;
    background-color: #ccc;
}

#nav-input-open span:nth-of-type(1) {
    top: 0;
}
#nav-input-open span:nth-of-type(2) {
    top: 12px;
}
#nav-input-open span:nth-of-type(3) {
    top: 24px;
}
```

3本線の設定
3本線を絶対値で配置
枠内で横幅100%
線の太さ（高さ）を指定
背景色で塗りを表現
1つ目の <span> タグ
2つ目の <span> タグ
3本線の配置
3つ目の <span> タグ

POINT

セレクタ「span:nth-of-type(): nth-child(n)」は、指定した要素のうちでn番目の要素にCSSを適用する疑似クラスです。「span:nth-of-type(1)」、「span:nth-of-type(2)」、「span:nth-of-type(3)」とすることで、一つ一つのspanにidやclassを付与しなくても何番目という指定ができます。

図11　メニューボタンは<span>タグで表現している

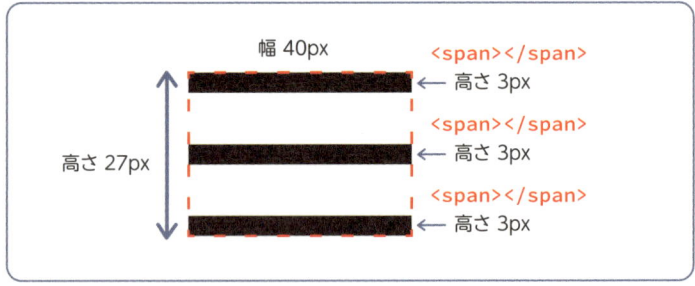

幅 40px
<span></span>
← 高さ 3px
<span></span>
高さ 27px
高さ 3px
<span></span>
← 高さ 3px

ナビゲーションメニューのスタイリング

　メニューボタン▤がタップされた際に表示される、ナビゲーションのメニュー項目のCSSは図12のようになります。

　この部分は一般的なナビゲーションのスタイリングが大半です。セレクタ「.header-navi ul」（対象は <ul>）で「display: flex;」を指定し、さらに「flex-direction: column;」として子要素の <li> が縦並びになるようしていますが、ul要素は初期値が縦並びのため、記述を省略することも可能です。

　また「position: fixed;」を指定し、ページを上下にスクロールしても表示位置が固定されるようにしています。

　さらに、セレクタ「.header-navi ul li a」（対象は <a>）では、本来インライン性質の <a> を「display: block;」でブロックとして扱うことで、ほかのページへと遷移するタップが有効なエリアを拡張しています。

図12 ナビゲーションのメニュー項目のCSS

```
/* ナビゲーション */
.header-navi ul{
    display: flex;                         ──── メニュー項目を縦並びにする
    flex-direction: column;                     （記述を省略可）
    width: 80vw;
    height: 100vh;
    position: fixed;                       ──── 表示位置を固定
    top: 60px;                             ──── header の高さ分だけ下にずらして配置
    left: 0;
    background: rgba(0,0,0,.8);            ──── 透明度「.8=80%」の半透明に
    margin-top: 0;
    padding: 30px;
    text-transform: uppercase;             ──── 大文字・小文字の混在を大文字に統一する
    transform: translateX(-105%);          ──── 画面の外側に配置して見えなくしておく
    transition: 0.3s ease-in-out;          ──── 画面内外に表示される
}                                               アニメーションの設定


.header-navi ul li{
    margin-bottom: 2em;                    ──── メニュー項目の下辺の間隔調整
}


.header-navi ul li a{
    display: block;
    padding: 1em 1em 0;                    ──── タップエリア拡張のための記述
}
```

開いたナビゲーションメニューを閉じる

　ナビゲーションメニューを閉じるボタン⊠も <span> に CSS を適用して表現しています**図13**。

　セレクタ「#nav-input:checked ~ .header-navi ul」は id「nav-input」がチェック（タップ）された際の、<ul> タグが対象です。チェックボックスにチェックが入った際の動作やスタイルの指定に「#nav-input:checked」として「:checked」（疑似要素）を利用した記述をしています。

　また transform プロパティで X 軸（水平方向）の位置を指定しています。「translateX(0%);」とすることで、水平方向の移動距離を 0 として、ナビゲーションのメニューが必ず画面内に収まるようにしています。

　ナビゲーションを閉じる⊠ボタンは ❗疑似クラス :nth-child(番号) を使って、1 つ目の <span> を − 45 度回転させ、2 つ目の <span> を透明にすることで見えなくし、3 つ目の <span> を 45 度回転させることで表現しています**図14**。

これでハンバーガーメニューが完成しました。

図13 メニューが開いた状態に適用するCSS

```
* チェックが入った時の動作 */
/* メニューエリア */
  #nav-input:checked ~ .header-navi ul{
    transform: translateX(0%);                          ──  画面内に表示するための記述
  }


/* ハンバーガーメニューがXになる */
  #nav-input:checked ~ #nav-input-open span:nth-of-type(1) {    ── check（タップ）されたら
    transform: translateY(12px) rotate(-45deg);                    1つ目の <span> を下方向
  }                                                                （Y軸）に 12px 移動し、
                                                                   − 45 度回転する

  #nav-input:checked ~ #nav-input-open span:nth-of-type(2) {    ── check（タップ）されたら
    opacity: 0;                                                    2つ目の <span> は
  }                                                                opacity で透明にする

  #nav-input:checked ~ #nav-input-open span:nth-of-type(3) {    ── check（タップ）されたら
    transform: translateY(-12px) rotate(45deg);                    3つめの <span> を上方向
  }                                                                （Y軸）に 12px 移動して、
                                                                   45 度回転する
}
```

図14 メニューを閉じるボタン

3本線のうち1つ目と3つ目を回転してクロスさせ、
2つ目は透明にして見えなくしている

「.header-navi」をコメントアウトする

　ヘッダーとハンバーガーメニューが完成したら、ハンバーガーメニューを作り込む前に 図6 で記述した「.header-navi」を非表示するスタイル指定をコメントアウトし、表示される状態にしておきます 図15。

> memo
> 図13 のセレクタで使われている「~」は、セレクタ同士をつなぐ「間接セレクタ」です。指定した要素の直後にある要素に対して指定をすることができます。ここでは、checkboxにチェックが入ったときの状態に対しての指定をしています。「:checked」はHTMLには記述されていませんが、checkboxがタップされた際に自動で追加される「状態を示す疑似クラス」です。

図15 コメントアウトして「.header-navi」を表示させておく

```
/* .header-navi{
  display: none;
} */
```

Lesson7 05 ヘッダーを作り込む② PC表示

> **THEME テーマ**
>
> PC用「ヘッダー」ブロックの作り込みを行います。PC表示（幅768px以上）でナビゲーションのレイアウトを調整し、メニュー項目（リスト）にはアイコンフォントを配置してみます

PC用ヘッダー作成時のポイント

ヘッダーブロックは、モバイル用と同様に「サイトロゴ」「ナビゲーション（メニュー）」の構成になります。**図1** が完成イメージです。

調整のポイントは、次の3つになります。

- 「サイトロゴ」のサイズを調整。
- ナビゲーション（.header-navi）を横並びのレイアウトにする。
- メニュー項目の左側にアイコンフォントを配置する。
- アイコンフォントをモバイル用にも反映する。

図1 ヘッダー（PC表示）の完成イメージ

◆ rental space MdN   ＞ SERVICE ＞ PLAN ＞ ACCESS ＞ CONTACT

PC表示のヘッダーのCSS

次の2つのスタイルについては、前節で解説したCSSにモバイル用の記述がありますので、その直下に記述していきます。ブロックや項目ごとにまとめておくと後から探す手間が減り、コードの確認も容易になるため、差分の記述作業が楽になります。

- .header（ヘッダー全体 <head>）**図2**
- .logo-area（サイトロゴのブロック <div>）**図3**

サイトロゴの画像は表示幅が768pxを超えると、サイズが大きくなるようにしています。

図2 .headerのスタイル指定（768px以上）

```
/* header のスタイル */
.header{
(モバイル用の記述済み)
}

@media (min-width:768px){
  .header{
    padding: 0px 15px;          ← ヘッダーブロックに左右の余白を設定
    }
}
```

図3 .logo-areaのスタイル指定（768px以上）

```
/* サイトロゴの表示 */
.logo-area {
(モバイル用の記述済み)
 }

@media (min-width:768px) {
  .logo-area {
    width: 250px;              ← モバイル用の 200px から 250px に変更
  }
}
```

PC表示のナビゲーションのCSS

　ナビゲーションは、モバイル表示ではハンバーガーメニューで表示／非表示を切り替えていました。PC表示ではナビゲーションが常時表示となり、メニュー項目は横並びに変わります。

　CSSではセレクタ「.header-navi」（<nav>タグ）と、セレクタ「.header-navi ul」（<ulタグ）に対して、**図4**のスタイルを追加しました。.header-navi ulでは「display: flex;」を指定し、さらに「flex-direction: row;」で子要素（この場合<li>タグ）が配置の方向をrow（水平方向）にして、メニュー項目を左右横並びにしています。

memo

justify-contentは、flexboxのアイテムが並ぶ方向（ここでは水平方向）の揃え位置を指定するプロパティです。「justify-content: space-around;」と指定した場合、コンテナ（ここでは<ul>）のブロック内で、アイテム（<li>）が余白を持って等間隔で配置されます。

図4 ナビゲーションのスタイル指定（768px以上）

```
@media (min-width:768px){
/* ナビゲーション */
  .header-navi{
    width: 500px;
  }
```

```
.header-navi ul{
  display: flex;
  flex-direction: row;
  justify-content: space-around;
  text-transform: uppercase;
  }
}
```

メニュー項目を横並びに変更

左右に余白を自動設定

アイコンフォントの設定

　メニュー項目の左側に「>」のマークを配置します。画像やリストマーカーを使うなど、方法はいくつかありますが、このサンプルでは外部サービスである「Font Awesome」を利用し、画像（SVG形式）のアイコンフォントとして読み込んで表示します。

　このサンプルでは、normalize.css ➡ でも利用したCDNサービスのソースコードを使用します。アイコンフォントの実装手順は次の通りです。

236ページ、**Lesson7-03**参照。

①読み込み用のコードを取得

　JSDELIVR（CDNのサイト）にアクセスし、トップページで「fontawesome」を検索します 図5 。いくつかの項目がヒットしますので、「@fortawesome/fontawesome-free」のページにアクセスし、<script> タグを取得します 図6 。ソースコードの形式が4つ表示されますが、ここでは「Copy HTML」を選んでいます。

図5　JSDELIVRで「fontawesome」を検索

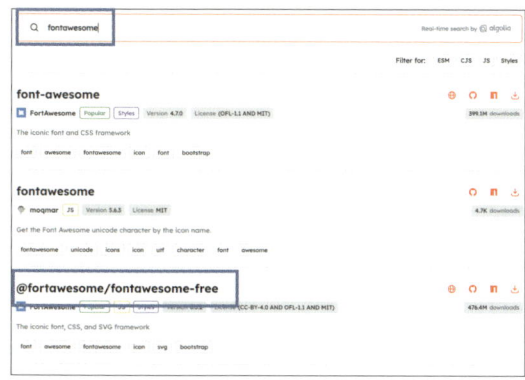

https://www.jsdelivr.com/

図6　ソースコードをコピー

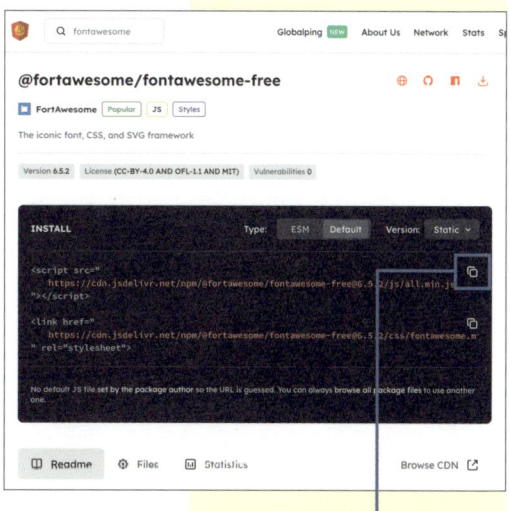

クリックしてコピー

②HTML内に記述する

コピーしたソースコードを、HTMLファイルの</body>の直前に貼り付けます 図7 。このソースコードはFont Awesomeのアイコンフォントを読み込むためのJSファイルをCDNで読み込むためのものです。

図7 HTMLの</body>の直前に貼り付ける

```
</footer>
  <script src="https://cdn.jsdelivr.net/npm/@
fortawesome/fontawesome-free@6.5.2/js/all.min.js"></
script>
</body>
</html>
```

③表示したいアイコン（ソースコード）を探す

次にFont Awesomeの公式サイトにアクセスし、「Icons」ページから矢印（arrow）を検索します 図8 。サンプルでは「angle-right」を使用しています。表示されたHTMLをクリックしてコピーします 図9 。

図8 Iconsのページで「arrow」を検索

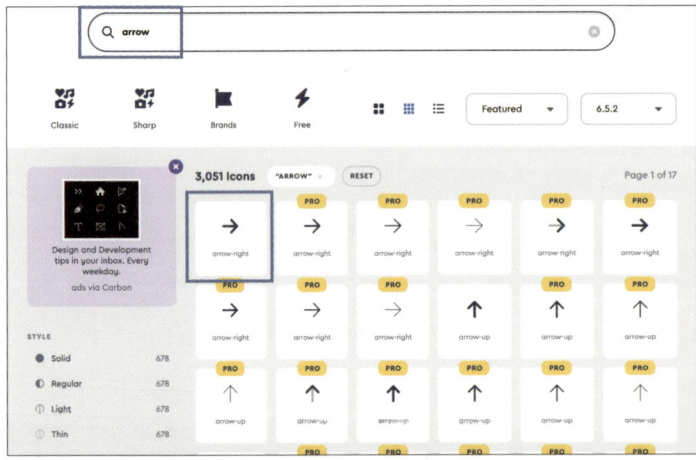

多数の矢印で表示されるが、「PRO」と表示されるのは有料プランでしか利用できないもの

図9 ソースコードをコピー

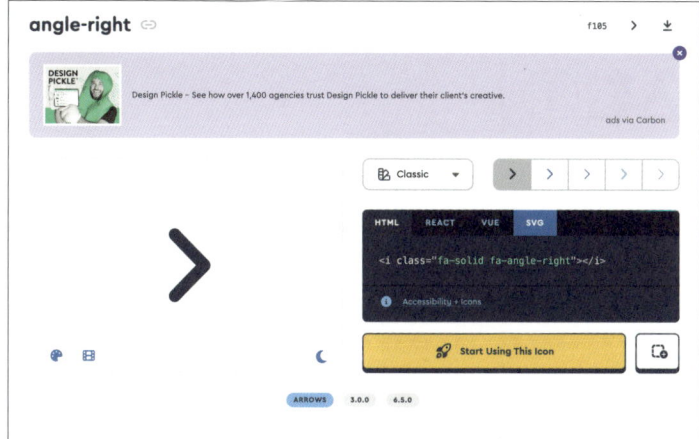

サンプルで使用しているのは無料でも利用できる「angle-right」というアイコンフォント
https://fontawesome.com/icons/angle-right?f=classic&s=solid

④コピーしたソースコードをHTMLのナビゲーション内で、
<li>タグの内側にある<a>タグの直後に貼り付けます図10。

図10 HTMLに貼り付ける

```
<nav class="header-navi">
  <ul>
    <li>
      <a href="#service"><i class="fa-solid fa-angle-
right"></i>Service</a>
    </li>
    <li>
      <a href="#plan"><i class="fa-solid fa-angle-
right"></i>Plan</a>
    </li>
    (省略)
  </ul>
</nav>
```

一部を省略しているが、4つあるメニュー項目のすべてに貼り付ける

アイコンフォントの位置を調整

このままではアイコンフォントとメニュー項目が近いので、
「margin-right: 1em」で1文字分の余白を設定します図11。

図11 位置調整のCSS指定

```
.header-navi ul li svg{
  margin-right: 1em;        ──── アイコンフォントの右側余白を調整
}
```

> **memo**
> 「Font Awesome」は無料でも利用できるサービスとなっていますが、公式サイトで読み込み用のコードを取得するためには、ユーザー登録が必要になります。多くのアイコンが用意されていますので、公式サイトで確認してみてください。
> ・Font Awesome
> https://fontawesome.com/

> **memo**
> SVGの記述はHTMLにはありませんが、図7 で貼り付けたJSファイルによって、自動的にSVGファイルが出力される仕組みとなるため、図11 ではsvgを対象にスタイルを指定しています。

Lesson7 06

メインコンテンツを作り込む①

THEME テーマ

ここからはメインコンテンツを作り込んでいきます。サンプルサイトのメインコンテンツは主に5つの<section>で構成されていますが、まずはメインビジュアル（ヒーローイメージ）と「レンタルスペースの紹介」ブロックを作り込みます。

メインコンテンツ内のブロックの確認

ヘッダーに続くメインコンテンツ部分は、**Lesson7-01**（231ページ図1、232ページ図2）で確認したように、上から順に次のような構成になっています。

- ヒーローイメージ
- レンタルスペースの紹介
- サービス
- ご利用プラン
- アクセス
- 「ページトップ」に戻るリンク

「ページトップ」に戻るリンク以外の5つのブロックは、<seciton>タグでマークアップされます。本節では、ヒーローイメージと「レンタルスペースの紹介」について、詳しく解説していきます。

ヒーローイメージの作り込み

ヒーローイメージでは写真の上にタイトルとボタンを配置します。flexboxを使ってアイテムを上下左右中央に配置する方法を見ていきます。完成イメージは図1です。

図1 ヒーローイメージの完成イメージ（左：モバイル表示、右：PC表示）

　このブロックは、「見出し」「予約ボタン」「背景画像」の構成になります。作成時のポイントは、次の5つになります。

❶ \<section\> を flexbox（親要素）にしてレイアウトする
❷ \<button\> の正しいリンク指定の方法を学ぶ
❸ \<h1\> と \<button\> のアイテム（子要素）を上下左右中央にレイアウトする
❹ モバイル用ではブロックが全画面表示
❺ PC用ではブロックの高さを600pxに変更

「ヒーローイメージ」の HTML

　では、まず「メインビジュアル」のHTMLを見ていきます。
　\<section\> 〜 \</section\> 内に \<h1\> と \<button\> の2つを記述したシンプルなHTMLです **図2**。

図2 メインビジュアルのHTML

```
<section id="hero" class="hero-area">
  <h1 class="hero-title">PCが利用できる<br class="sp-only">レンタルスペース</h1>
  <button type="button" onclick="location.href='#'" class="btn btn-reserve">
Web予約はこちら</button>
</section>
```

> モバイル表示のときだけ改行

　\<button\> でリンク指定を記述する際には ⚠ **\<a\> タグは使用しません**。「\<button type="button" onclick="location.href=' リンク先URL'"\>Web予約はこちら\</button\>」としてリンクを指定しています。

> **⚠ POINT**
>
> これは、HTMLの仕様で「\<a\>〜\</a\>の中にインタラクティブコンテンツであるselect、input、buttonなどを入れてはいけない」と定められているためです。

257

モバイル用の CSS

次に、モバイル用のCSSを見てみましょう。前述した 図2 の HTMLで、メインビジュアル全体を囲む <section> には class名 「hero-area」をつけていましたが、これに対して flexbox、背景画像などのスタイルを指定していきます。

セレクタ「.hero-area」では、次のスタイルを指定しています 図3 。

- 背景画像をブラウザの画面全体に表示
- flexbox（親要素）に指定
- アイテム（子要素である <h1> と <button>）を中央に配置

図3 モバイル用のCSS指定

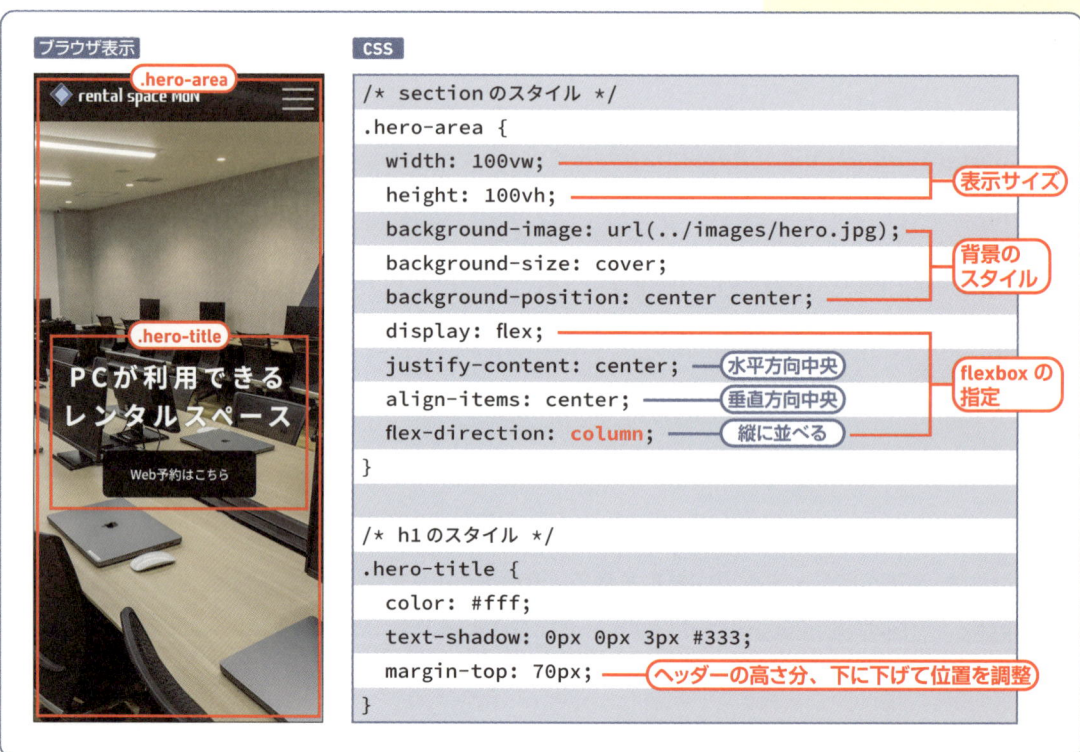

flexboxの子要素である <h1> と <button> を「ヒーローイメージ」の中央に配置するために、「.hero-area」に対して「display: flex;」として、親要素の指定をします。flexbox内のアイテムに対して水平方向を中央にする「justify-content: center;」と垂直方向を中央にする「align-items: center;」を指定します。

「.hero-title」では、タイトル文字の色（color）、写真の同色に重なった際に視認性を上げるための影（text-shadow）を指定しています。さらにヘッダーを上部に固定していることから、ヒーローイメー

> **memo**
> text-shadowプロパティはテキストに影を追加するものです。値には「水平方向の距離 垂直方向の距離 影のぼかし半径 影の色」を半角スペースで区切って指定します。

244ページ、**Lesson7-04**参照。

ジの表示位置がブラウザの最上部からになっています。<h1>と
<button>がヘッダーの高さの分だけ上に寄っているため、
「margin-top」を指定して位置調整を行っています。

PC用のCSS

　続いて、PC用のCSSを見ていきます 図4 。モバイル用からの変
更点としては、次のスタイル指定になります。

セレクタ「.hero-area」

● width：100vw → 100%

● height：100vh → 600px

セレクタ「.hero-title」

● margin-top：70px → 90px

図4 PC用のCSS指定

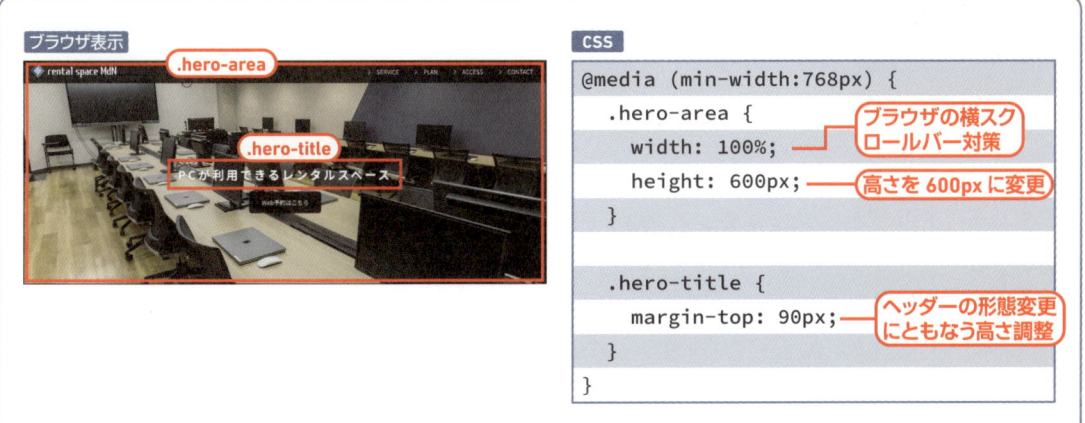

モバイル用のCSSで適用しているwidthの指定が100vw
（viewport width）の場合、スクロールバーを含めてのサイズにな
ります。閲覧するブラウザによっては、スクロールバーの幅が影
響して、横スクロールバーが表示されることがあります。PC用の
CSSでwidthの指定を100%にすることでスクロールバーを含ま
ないサイズになります。

　また、PC表示ではヘッダーの形態が変わるため、「.hero-title」の
margin-top（上のマージン）のサイズを調整しました。

> **memo**
>
> 幅 (width) や高さ (height) の設定する
> 際の単位は「px」「%」「vw」などを使用し
> ます。一般的に横幅は「%」、高さは「px」
> 「vh」で指定することが多いです。詳し
> くは79ページ、**Lesson3-05** 参照。

「レンタルスペースの紹介」の作り込み

次に、ヒーローイメージの下に配置される「レンタルスペースの紹介」ブロックを作り込んでいきます。このブロックはモバイルとPCの表示で並びの順番を入れ替えます。 図5 が完成イメージとなります。

図5 「レンタルスペースの紹介」（左：モバイル表示、右：PC表示）

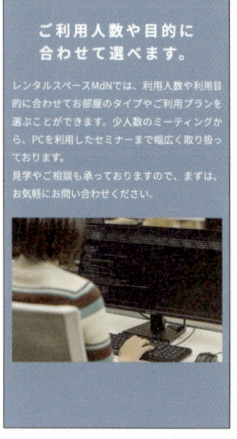

このブロックは「見出し」「紹介文」「イメージ画像」で構成されています。モバイルでは、1カラムのレイアウトとなり、HTML通りの順番で表示されるようにします。PCでは2カラムとなり、画像が左側、見出しと紹介文が右側に配置されるレイアウトになります。

作成時のポイントは、次の3つになります。

- ブラウザの横幅全体に背景色を指定する
- コンテンツを配置するため「.inner」を使用する ●
- 「flex-direction」で並び順を変更

240ページ、Lesson7-03参照。

HTMLの構造

では「レンタルスペースの紹介」のHTMLを見ていきます。

大枠のブロックは <section id="info" class="info-area"> です。ブラウザの横幅全体に背景色を入れるため「.info-area」には ! 幅の指定をせずに、「background-color」のみ指定しています。

<section> ～ </section> 内の構造については、 図6 図7 のようになります。

POINT

headerやsectionなどのブロックの性質を持つ要素は、widthの指定をしなければ、自動で左右全体に設定されます。外側（親要素）にあるbodyやdiv（wrapper）などで幅を固定しなければ、ブラウザの横100%の幅になります。ここでは、sectionの区切りで背景色を変えて視覚的にも区切りを表現していますので、各sectionのclassには背景色のみ指定しています。

図6 「レンタルスペースの紹介」の構造

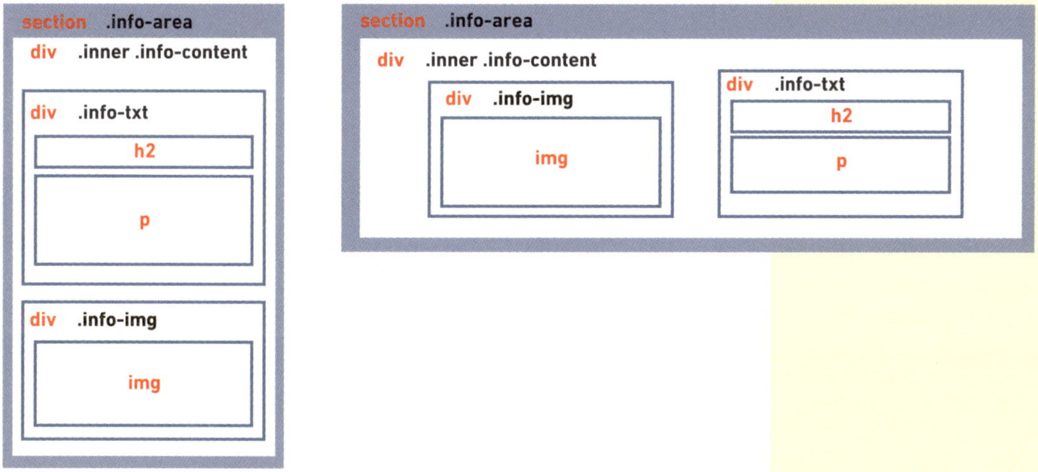

図7 「レンタルスペースの紹介」のHTML

```
<section id="info" class="info-area">
  <div class="inner info-content">
    <div class="info-txt">
      <h2> 利用人数や目的に <br class="sp-only"> 合わせて選べます </h2>
        <p> レンタルスペース MdN では、利用人数や利用目的に合わせてお部屋のタイプやご利用プラ
ンを選ぶことができます。少人数のミーティングから、PC を利用したセミナーまで幅広く取り扱ってお
ります。<br>
          見学やご相談も承っておりますので、まずは、お気軽にお問い合わせください。</p>
    </div>
    <div class="info-img">
      <img src="images/img-info.jpg" alt=" レンタルスペース MdN ロビーの写真 ">
    </div>
  </div>
</section>
```

モバイルの時だけ改行

モバイル用の CSS

モバイル用のCSS を見ていきましょう。

図7のHTML では、大枠の <section> の内側に <div class="inner info-content"> を記述しています。CSSではセレクタ「.inner」で、見出しや紹介文が画面幅ギリギリに配置され可読性が失われないよう、左右に15pxの余白を設けるスタイルを指定しています**図8**。「info-content」は、後述するPCで表示した際に表示順を替えるために設定しているclass です。

セレクタ「.info-txt」では、見出し、紹介文のスタイルを指定しています**図9**。また、<h2>の改行位置をコントロールするために「<br class="sp-only">」とし、セレクタ「.sp-only」を使ってモバイル時のみ改行するように指定しています。

240ページ、**Lesson7-03**参照。

261

図8 左右に余白を設ける指定

```
/* レイアウト関連 */
.inner {
  padding: 0 15px;
  margin: 0 auto;
}
```

図9 見出しと紹介文のスタイル指定

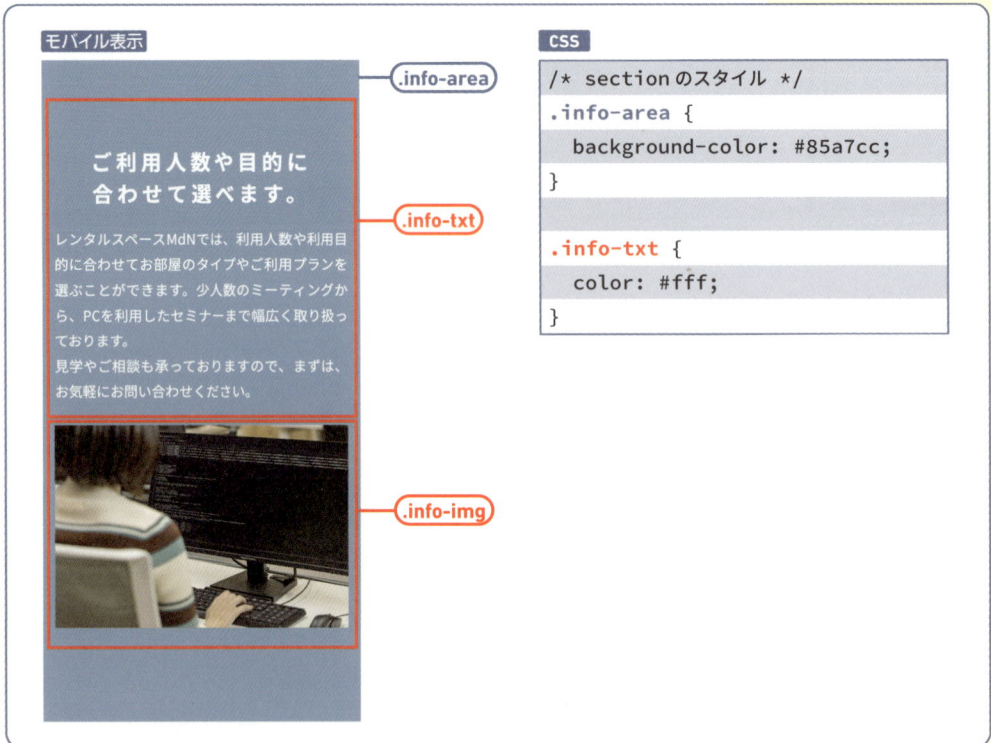

モバイル表示

`.info-area`

ご利用人数や目的に
合わせて選べます。

レンタルスペースMdNでは、利用人数や利用目
的に合わせてお部屋のタイプやご利用プランを
選ぶことができます。少人数のミーティングか
ら、PCを利用したセミナーまで幅広く取り扱っ
ております。
見学やご相談も承っておりますので、まずは、
お気軽にお問い合わせください。

`.info-txt`

`.info-img`

CSS

```
/* section のスタイル */
.info-area {
  background-color: #85a7cc;
}


.info-txt {
  color: #fff;
}
```

「レンタルスペースの紹介」のCSS（PC用）

　続いて、PC用のCSSを見ていきます 図10 。モバイル用のCSSか
らの変更点としては、次のスタイル指定になります。

.info-content
- **display: flex;**：flexbox（親要素）に指定
- **flex-direction:、row-reverse;**：アイテムの並び順を指定
- **align-items: center;**：画像とテキストの縦位置を揃える

.info-txt（見出し、紹介文）
- **flex: 1;**：flexboxの ❗ アイテム（子要素）の割合を指定
- **margin-left: 30px;**：画像との余白を指定

> **! POINT**
>
> flexboxの子要素、ここでは「.info-txt」
> と「.imgbox」をともに「flex: 1;」とする
> ことで、親要素（.info-content）内で2
> つの子要素が同じサイズで均等に配置
> されます。flexboxについては100ペー
> ジ、Lesson4-01参照。

.info-img

- **flex: 1;**：flexbox のアイテム（小要素）の割合を指定

図10 PC表示でのレイアウト

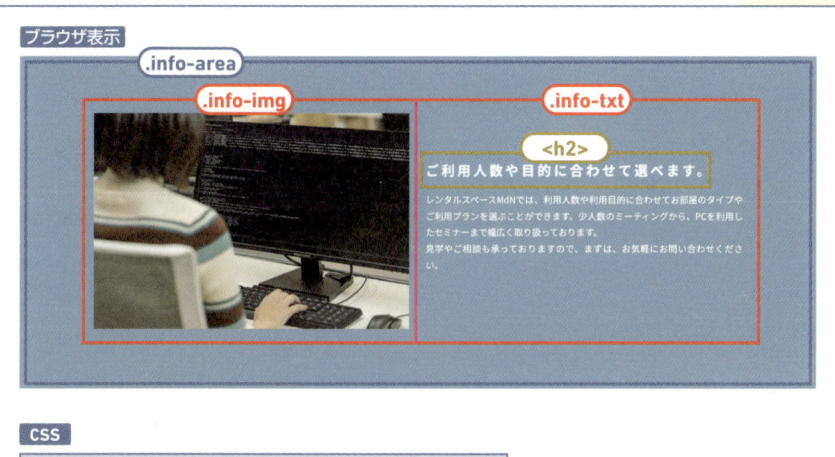

```
@media (min-width:768px) {
  .info-content {
    display: flex;                    ← flexbox の指定
    flex-direction: row-reverse;      ← HTML の逆順に並べる
    align-items: center;
  }

  .info-txt {
    flex: 1;                          ← テキスト部分と画像を均等に配置する
    margin-left: 30px;
  }

  .info-txt h2 {
    text-align: left;                 ← 水平方向左揃え
  }

  .info-img {
    flex: 1;                          ← テキスト部分と画像を均等に配置する
    width: 100%;
    object-fit: cover;
  }
}
```

> **memo**
>
> 「.info-txt h2」のように半角スペースで区切られたセレクタは子孫セレクタと呼ばれるものです。図10 の場合には、class「info-txt」の中にある<h2>を対象に適用されます。

Lesson7 07 メインコンテンツを 作り込む②

THEME テーマ

前節に続いて、メインコンテンツの作り込みについて見ていきましょう。「サービス」「ご利用プラン」「アクセス」の3つのブロックと、メインコンテンツの最後に設置されている「ページトップ」に戻るリンクを詳しく解説していきます。

「サービス」を作り込むポイント

「サービス」のブロックは「見出し」「本文（説明文）」と4つの「サービスアイテム」で構成されています。

　個々のサービスアイテムは、「アイコン」「見出し」「サマリー」で一組です。<ul> タグと <li> タグを使い、モバイル表示では横2列（2カラム）に、PC表示では横1列（4カラム）にレイアウトしています。

図1 「サービス」の完成イメージ（左：モバイル表示、右：PC表示）

作成時のポイントは、次の3つになります。

- リストタグ（<ul><li>）で「flexbox」の指定
- アイテムの折り返しの指定
- アイテムの割合を指定して並びを変える

HTMLの構造

では「サービス」のHTMLを見ていきましょう。

大枠のブロックである <section id="service" class="service-area"> の「.service -area」には「background-color」(#fff) のみ指定しています。

<section> 〜 </section> 内の構造については、**図2** **図3** のようになります。

図2 「サービス」のHTML構造

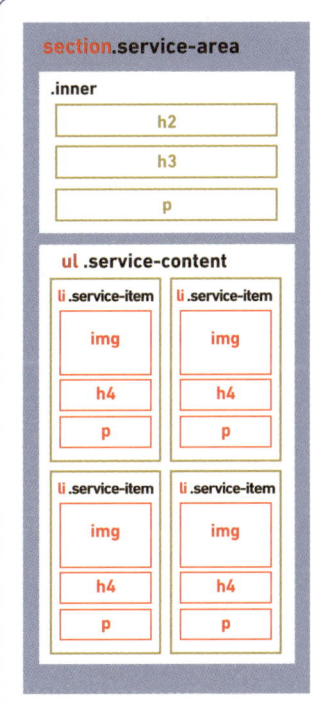

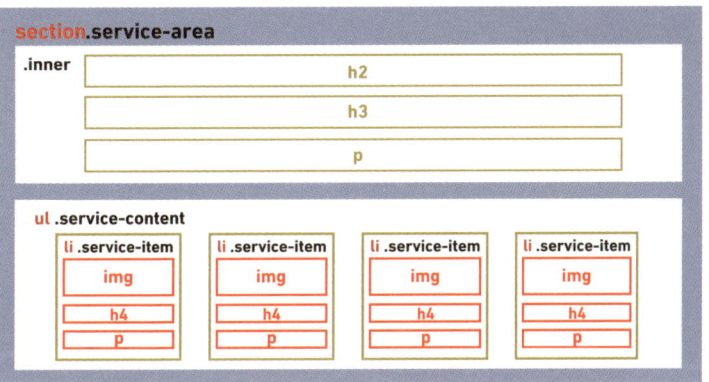

図3 「サービス」のHTML

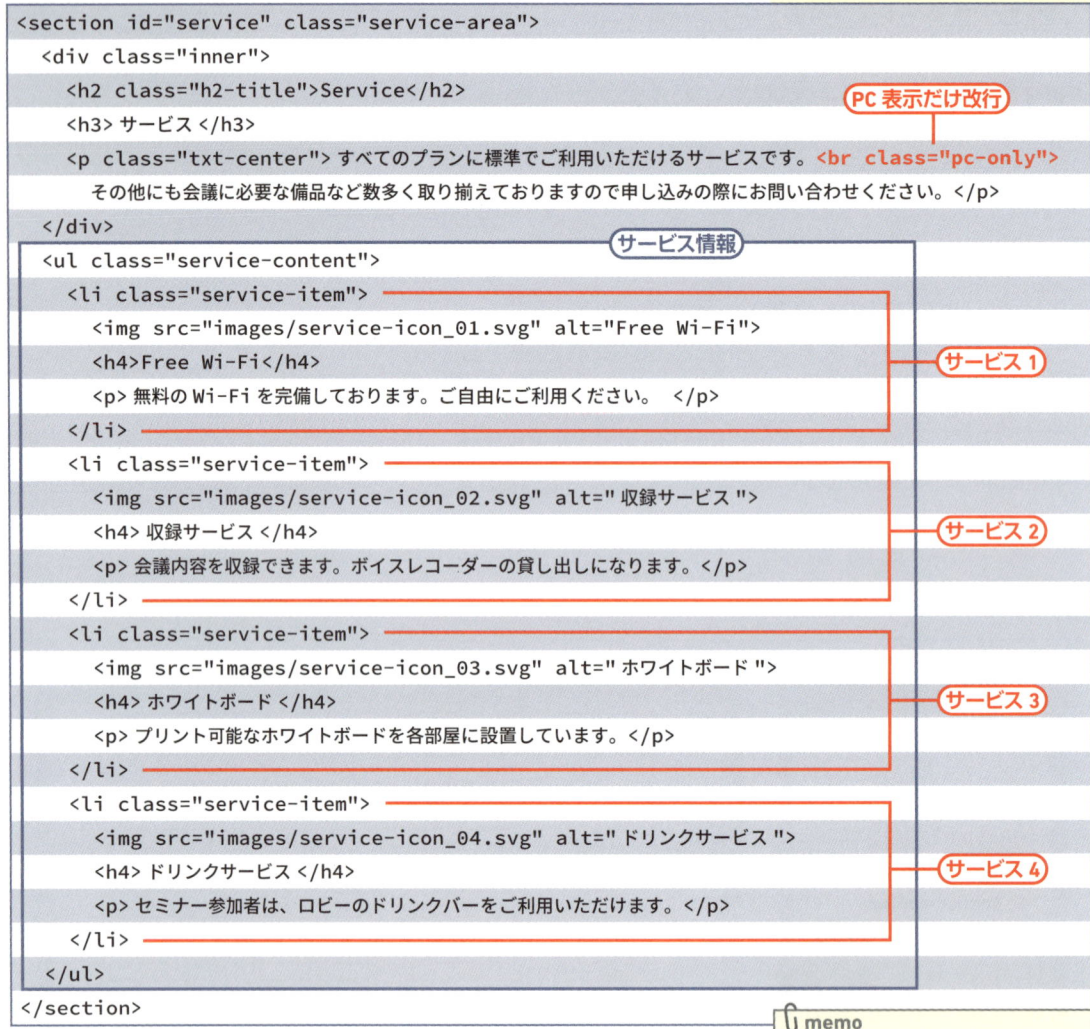

```
<section id="service" class="service-area">
  <div class="inner">
    <h2 class="h2-title">Service</h2>
    <h3> サービス </h3>
    <p class="txt-center"> すべてのプランに標準でご利用いただけるサービスです。<br class="pc-only">
        その他にも会議に必要な備品など数多く取り揃えておりますので申し込みの際にお問い合わせください。 </p>
  </div>
  <ul class="service-content">
    <li class="service-item">
      <img src="images/service-icon_01.svg" alt="Free Wi-Fi">
      <h4>Free Wi-Fi</h4>
      <p> 無料の Wi-Fi を完備しております。ご自由にご利用ください。 </p>
    </li>
    <li class="service-item">
      <img src="images/service-icon_02.svg" alt=" 収録サービス ">
      <h4> 収録サービス </h4>
      <p> 会議内容を収録できます。ボイスレコーダーの貸し出しになります。</p>
    </li>
    <li class="service-item">
      <img src="images/service-icon_03.svg" alt=" ホワイトボード ">
      <h4> ホワイトボード </h4>
      <p> プリント可能なホワイトボードを各部屋に設置しています。</p>
    </li>
    <li class="service-item">
      <img src="images/service-icon_04.svg" alt=" ドリンクサービス ">
      <h4> ドリンクサービス </h4>
      <p> セミナー参加者は、ロビーのドリンクバーをご利用いただけます。</p>
    </li>
  </ul>
</section>
```

PC 表示だけ改行

サービス情報

サービス 1
サービス 2
サービス 3
サービス 4

モバイル用の CSS

　次に、モバイル用のCSSを見ていきます **図4**。

　図3で確認したHTMLの構造では、サービス情報を <ul> と4つ
の <li> でマークアップしていました。<ul> の class「.service-
content」には、flexbox（親要素）の指定とflex-wrap（折り返し）の
スタイルを指定します。<li> は「アイコン・見出し・サマリー」を
1組としてグルーピングし、class「.service-item」を使って **flexbox
のアイテム（子要素）に指定** しています。

　なお、「サービス」「ご利用プラン」「アクセス」のブロック内の
<h2> に対しては、ページ全体の共通スタイル（238 ページ **図5** ）で
解説した、::before 疑似要素を使ったスタイル指定が適用されて
います

> **memo**
> 前節の「レンタルスペースの紹介」と同様
> に、「サービス」ブロックや、後に続く「ご
> 利用プラン」や「アクセス」のブロックに
> もclass「.inner」を使って左右に15pxの
> 余白を設けるスタイルが適用されていま
> す（240ページ、Lesson7-03 **図8** 参照）。

> **memo**
> 4つのサービスをflexboxでレイアウト
> しています。flexboxは初期値で折り返
> さない設定になっていますので、flex--
> wrapを有効にしないと横1列のレイア
> ウトになってしまいます。モバイル用は、
> 横2列の2段 ですので、flex-wrapを
> wrapで折り返しを有効にし、PC用では、
> 横1列の1段になるよう、no-wrapで折
> り返さない指定にしています。

図4 「サービス」のモバイル表示

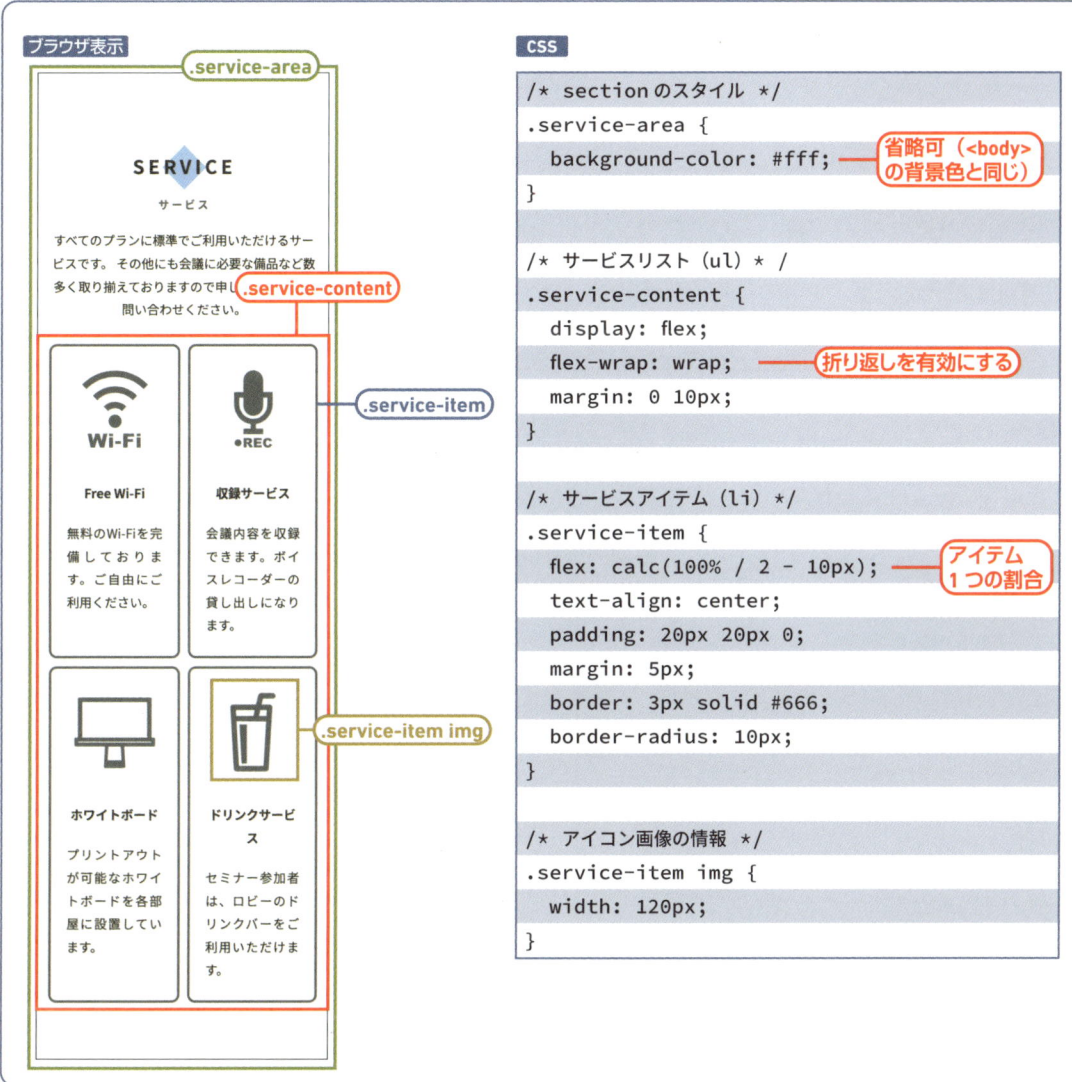

ブラウザ表示

.service-area

SERVICE

サービス

すべてのプランに標準でご利用いただけるサービスです。その他にも会議に必要な備品など数多く取り揃えておりますので申しつけの問い合わせください。

.service-content

.service-item

Wi-Fi

Free Wi-Fi

無料のWi-Fiを完備しております。ご自由にご利用ください。

●REC

収録サービス

会議内容を収録できます。ボイスレコーダーの貸し出しになります。

.service-item img

ホワイトボード

プリントアウトが可能なホワイトボードを各部屋に設置しています。

ドリンクサービス

セミナー参加者は、ロビーのドリンクバーをご利用いただけます。

CSS

```
/* section のスタイル */
.service-area {
  background-color: #fff;
}
```

省略可（<body>の背景色と同じ）

```
/* サービスリスト (ul) * /
.service-content {
  display: flex;
  flex-wrap: wrap;
  margin: 0 10px;
}
```

折り返しを有効にする

```
/* サービスアイテム (li) */
.service-item {
  flex: calc(100% / 2 - 10px);
  text-align: center;
  padding: 20px 20px 0;
  margin: 5px;
  border: 3px solid #666;
  border-radius: 10px;
}
```

アイテム1つの割合

```
/* アイコン画像の情報 */
.service-item img {
  width: 120px;
}
```

PC 用の CSS

続いて、PC用のCSSを見ていきます 図5 。モバイル用のスタイルに上書きしているのは、次のスタイル指定になります。

セレクタ「.service-content」

- **flex-wrap: nowrap;**：折り返しをしない
- **max-width: 1200px;**：最大幅を 1200px に設定する
- **margin: 0 auto;**：ブラウザの中央に配置する

セレクタ「.service-item」（見出し、紹介文）

- **flex: calc(100% / 4);**：アイテムの割合を変更する

> **! POINT**
>
> サービスアイテム1つの割合は、calc（計算式）を用いて指定しています。<ul>の内側を100%として、その中で左右2列の横並びにするために「100% / 2」としています。このままではアイテム同士が隙間がなく、くっついてしまいますので「margin: 5px;」で中央に10pxの空きを設定します。この5px×2＝10px分を先ほどの計算式に追加して「100% / 2 - 10px」としてバランスを調整しています。calcを使用することで親要素のサイズが変更されても自動で配置の調整ができます。

図5 「サービス」のPC表示

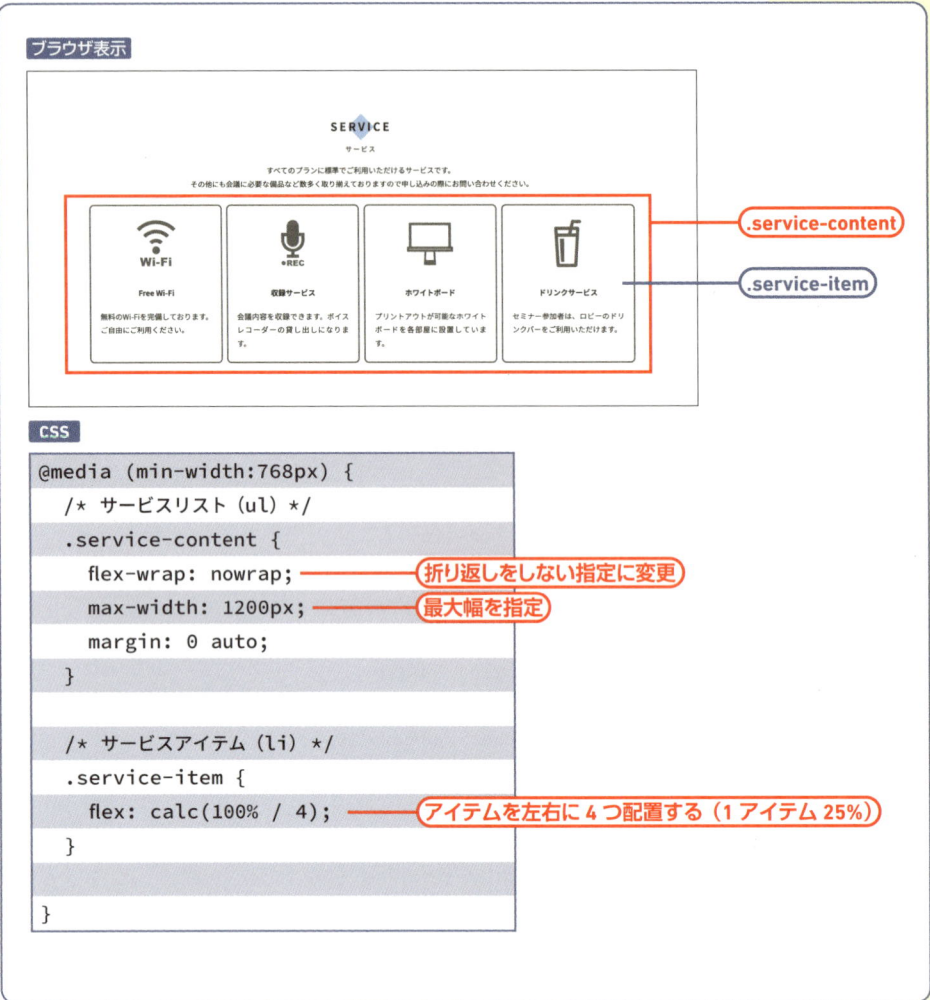

「ご利用プラン」を作り込むポイント

「ご利用プラン」のブロックでは、flexboxでのレイアウトとリストマーカー（画像）を挿入する方法を見ていきます。このブロックは、「見出し」「本文（紹介文）」、3つの「プラン情報」と「予約ボタン」で構成されています。

プラン情報は、「画像」「見出し」「**サマリー**」「リスト」「利用金額」を一組としています。<ul>タグと<li>タグを使って、モバイル表示では横1列（1カラム）に、PC表示では横1列（3カラム）にレイアウトが変わります**図6**。

WORD サマリー

英語の「summary」。長い説明や紹介などを短くした概要、要約文、まとめのこと。

図6 「ご利用プラン」の完成イメージ（左：モバイル表示、右：PC表示）

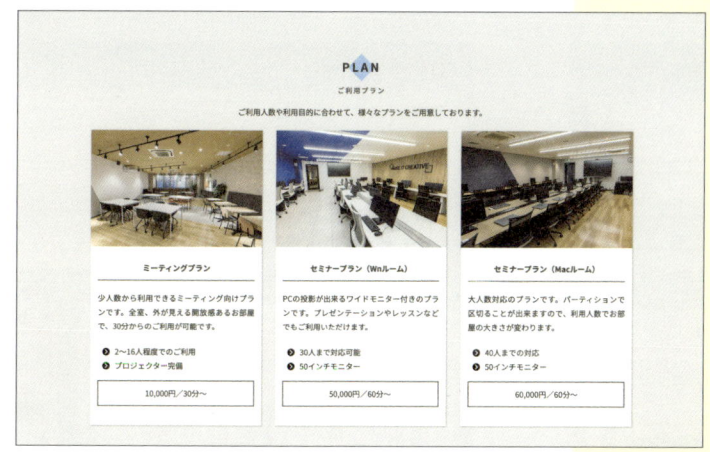

作成時のポイントは、次の3つになります。

- 「flexbox」を使ったレイアウト
- 「flex-direction」で並び方向を変更する
- 画像を使用したリストマーカーの指定

HTMLの構造

「ご利用プラン」の構造とHTMLを見ていきます。大枠のブロックである <section id="plan" class="plan-area"> のclass「.plan-area」には「background-color」でブロック全体の背景色（#f0f0f0）のみ指定しています。

図7 と **図8** が <section> 〜 </section> 内の構造です。記述項目が多いため、他のブロックよりも少し長くなりますが、基本的な構造は「サービス」に近い内容になっています。

図7 「プラン」のHTML構造（左：モバイル、右：PC）

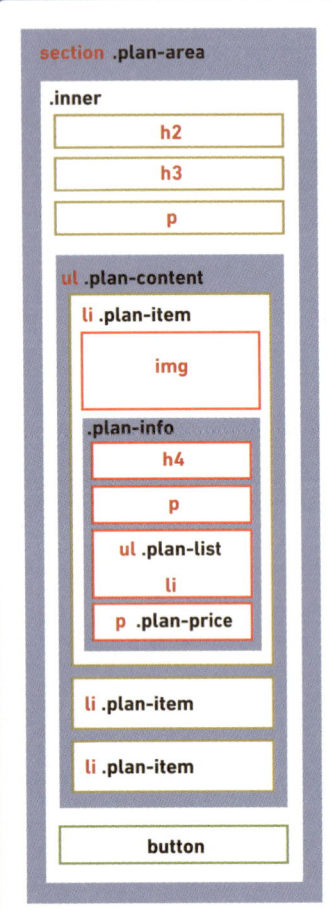
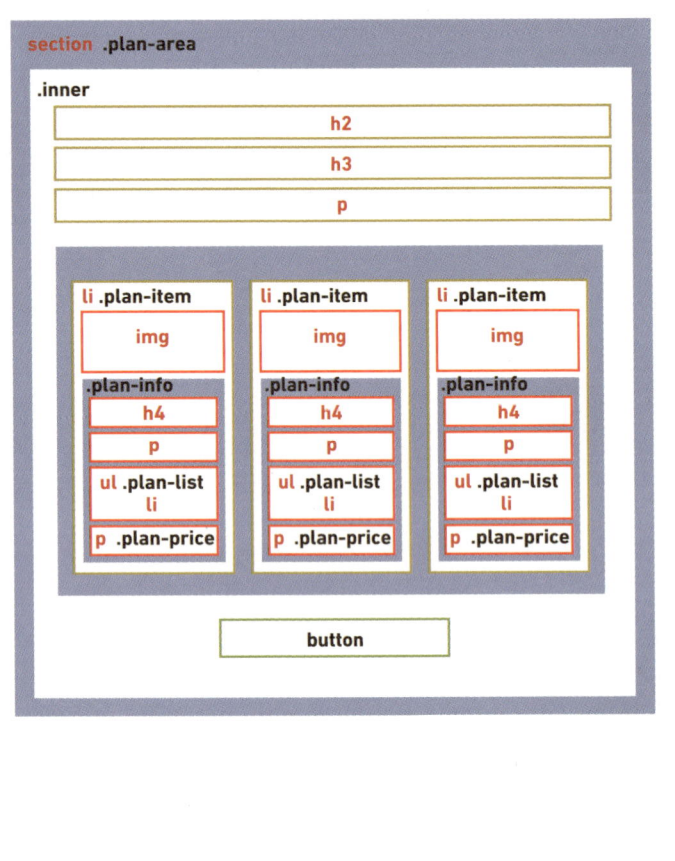

図8 「プラン」のHTML

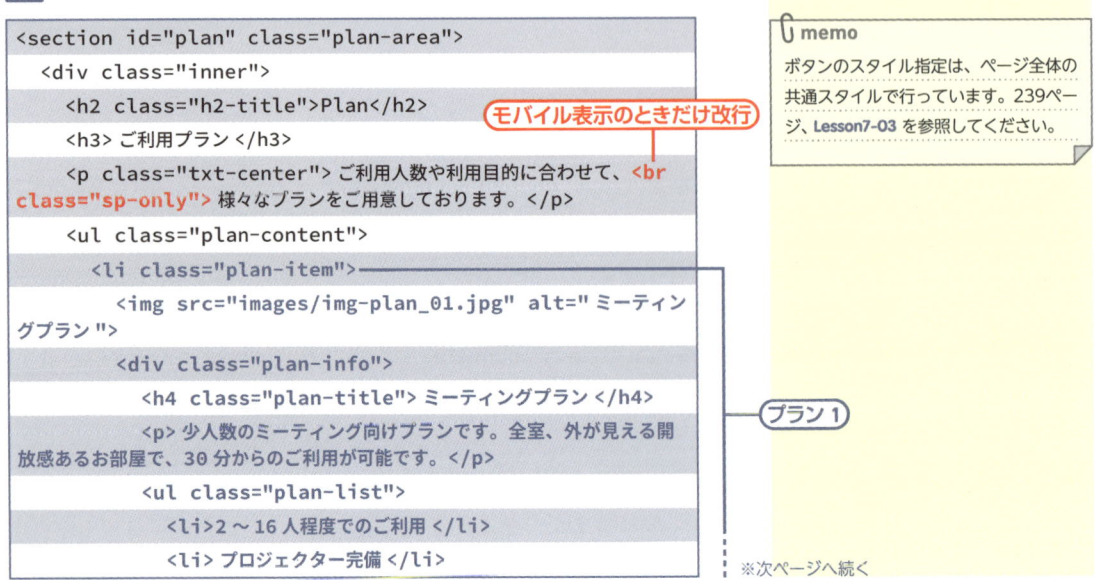

```
<section id="plan" class="plan-area">
  <div class="inner">
    <h2 class="h2-title">Plan</h2>
    <h3> ご利用プラン </h3>
    <p class="txt-center"> ご利用人数や利用目的に合わせて、<br
class="sp-only"> 様々なプランをご用意しております。</p>
    <ul class="plan-content">
      <li class="plan-item">
        <img src="images/img-plan_01.jpg" alt=" ミーティン
グプラン ">
        <div class="plan-info">
          <h4 class="plan-title"> ミーティングプラン </h4>
          <p> 少人数のミーティング向けプランです。全室、外が見える開
放感あるお部屋で、30 分からのご利用が可能です。</p>
          <ul class="plan-list">
            <li>2 〜 16 人程度でのご利用 </li>
            <li> プロジェクター完備 </li>
```

モバイル表示のときだけ改行

プラン 1

※次ページへ続く

memo

ボタンのスタイル指定は、ページ全体の共通スタイルで行っています。239ページ、Lesson7-03 を参照してください。

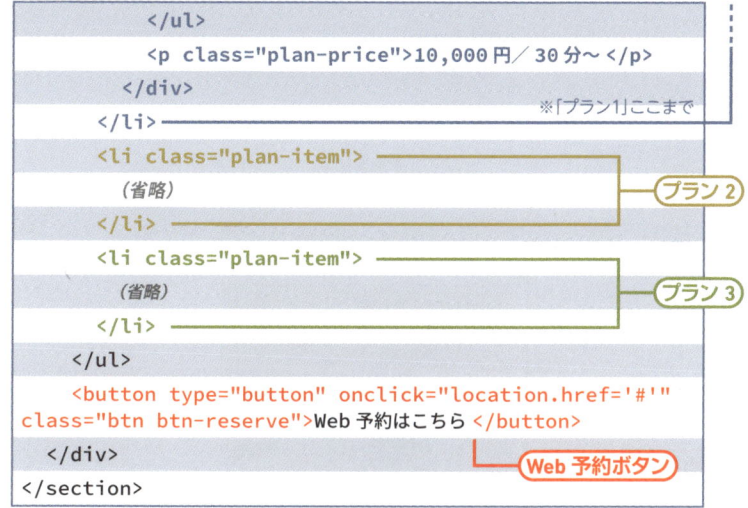

```
            </ul>
                <p class="plan-price">10,000 円／30 分〜</p>
            </div>
        </li>                          ※「プラン1」ここまで
        <li class="plan-item">
            （省略）                          ─── プラン 2
        </li>
        <li class="plan-item">
            （省略）                          ─── プラン 3
        </li>
    </ul>
    <button type="button" onclick="location.href='#'"
class="btn btn-reserve">Web 予約はこちら </button>
    </div>                          Web 予約ボタン
</section>
```

memo

「サービス」と「ご利用プラン」は、flexboxを使用した同じようなレイアウトですが、HTMLの構造に若干の違いがあります。モバイル用のレイアウトで見ていきます。「サービス」（267ページの**図4**）では、サービス内容を横に2つ並べています。「<div class="inner">」に内包すると余白の関係で1つのサービスの幅が狭く、文字の折返しが多くなり、可読性に欠けてしまいます。そのため「<div class="inner">」と<ul>を並列にしています。一方、「ご利用プラン」は、1列での配置ですので、「<div class="inner">」に<ul>を内包してレイアウトしています。

モバイル用の CSS

次に、モバイル用のCSSを見ていきます**図9**。

図8で解説したHTMLの構造では、プラン情報を<ul>と3つの<li>でマークアップしていました。<ul>の「.plan-content」は、flexbox（親要素）の指定とflex-direction（並び方向）のスタイルを指定しています。「flex-direction: column;」で3つのプラン（<li>）を垂直方向（縦並び）に配置します。

<li>では「.plan-item」は、「画像・見出し・サマリー・内容リスト・価格」を1組としてグルーピングしています。内容リストの部分は<li>〜</li>の中に、さらに<ul>〜</ul>を入れてリストを作成しています。このリストでは、疑似要素の「::before」を使って🖊️リストマーカー（画像）を表示しています。

図9 「プラン」のモバイル表示

```
CSS（次ページへ続く）

/* section のスタイル */
.plan-area {
  background-color: #f0f0f0;
}

/* プランリスト (ul) */
.plan-content {
  display: flex;
  flex-direction: column;        ─ 3つのプランを垂直方向に並べる
}
```

!POINT

「内容リスト」のリストマーカーには、::before疑似要素を使って背景画像（list-marker.svg）として読み込み、幅や高さを指定しています。::before疑似要素の使い方については238ページ、**Lesson7-03**も参照してください。

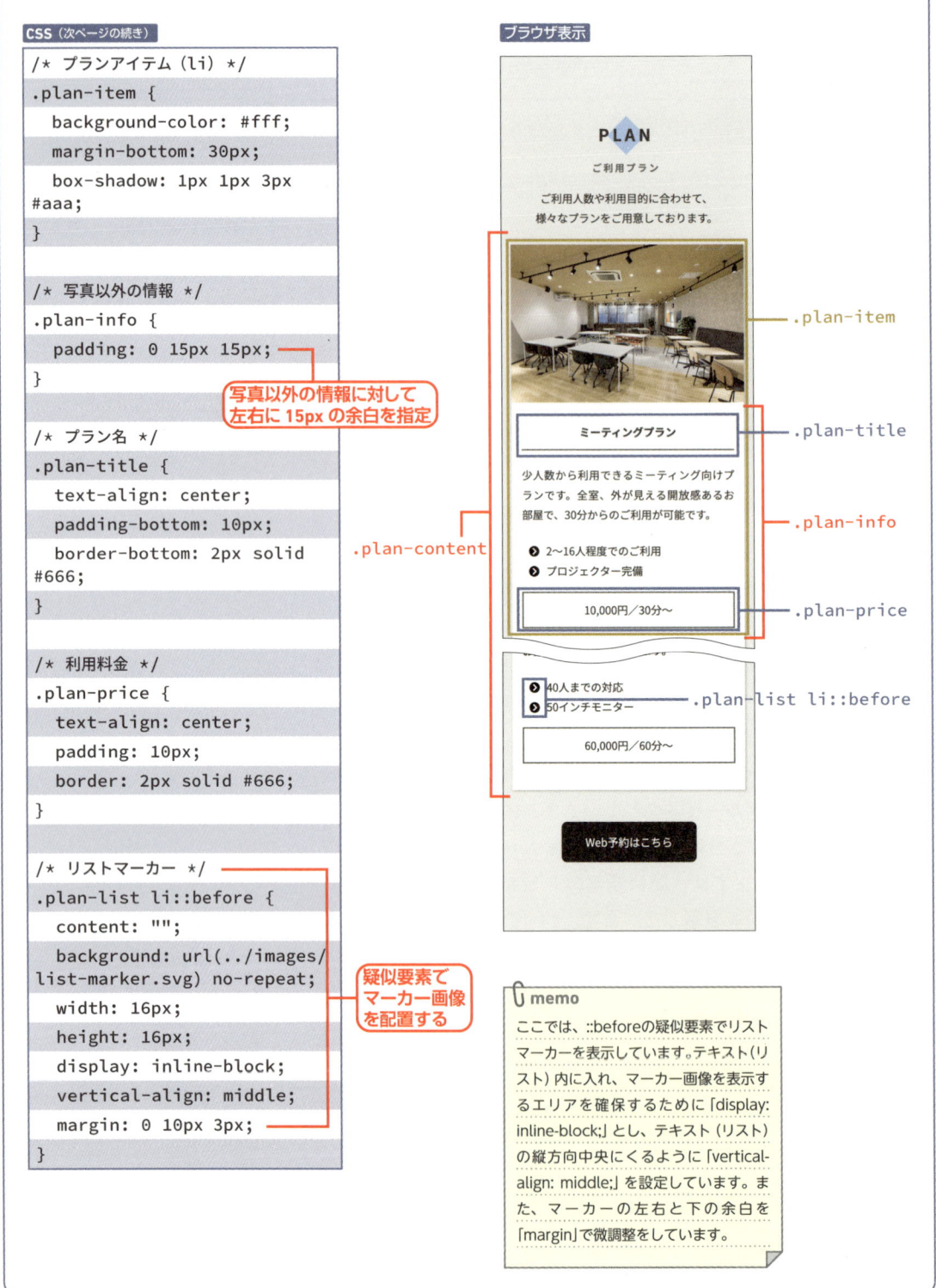

CSS（次ページの続き）

```css
/* プランアイテム (li) */
.plan-item {
  background-color: #fff;
  margin-bottom: 30px;
  box-shadow: 1px 1px 3px
#aaa;
}


/* 写真以外の情報 */
.plan-info {
  padding: 0 15px 15px;
}
```

写真以外の情報に対して
左右に 15px の余白を指定

```css
/* プラン名 */
.plan-title {
  text-align: center;
  padding-bottom: 10px;
  border-bottom: 2px solid
#666;
}


/* 利用料金 */
.plan-price {
  text-align: center;
  padding: 10px;
  border: 2px solid #666;
}


/* リストマーカー */
.plan-list li::before {
  content: "";
  background: url(../images/
list-marker.svg) no-repeat;
  width: 16px;
  height: 16px;
  display: inline-block;
  vertical-align: middle;
  margin: 0 10px 3px;
}
```

疑似要素で
マーカー画像
を配置する

ブラウザ表示

.plan-item

.plan-title

.plan-content

.plan-info

.plan-price

.plan-list li::before

memo

ここでは、::beforeの疑似要素でリストマーカーを表示しています。テキスト（リスト）内に入れ、マーカー画像を表示するエリアを確保するために「display: inline-block;」とし、テキスト（リスト）の縦方向中央にくるように「vertical-align: middle;」を設定しています。また、マーカーの左右と下の余白を「margin」で微調整をしています。

PC用のCSS

続いて、PC用のCSSを見ていきます 図10 。モバイル用のスタイルに対して上書きする点は、次のスタイル指定になります。

セレクタ「.plan-content」

- **flex-direction: row;**：並び方向を垂直方向→水平方向に変更

セレクタ「.plan-item」（見出し、紹介文）

- **flex:calc(100% / 3);**：アイテムの割合を均等に指定する
- **margin**：3つのプランそれぞれの間隔を調整する

図10 「プラン」のPC表示

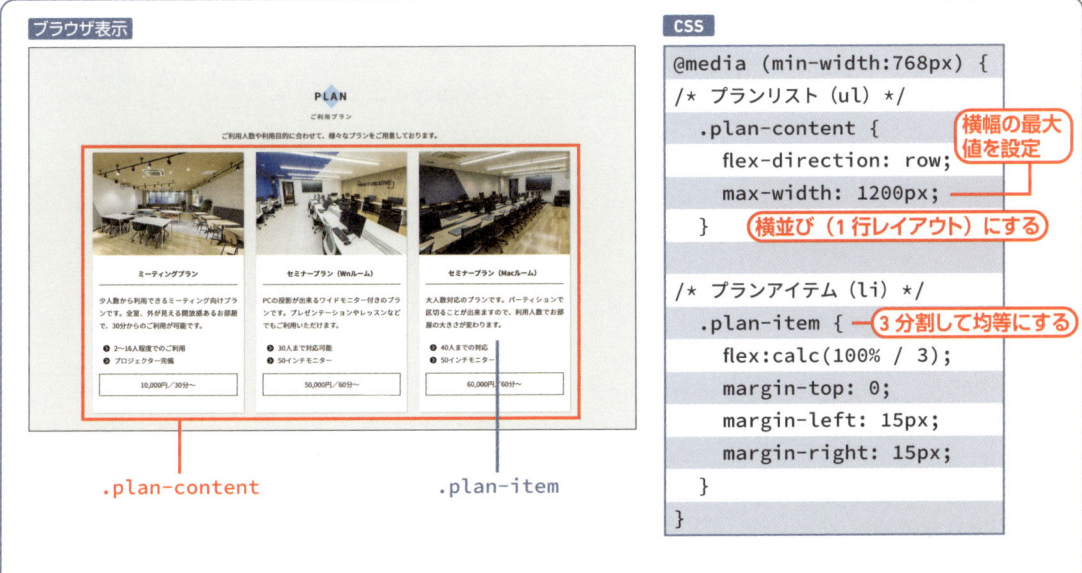

「アクセス」を作り込むポイント

「アクセス」のブロックでは、画像のレイアウトとGoogleマップ（埋め込み）を表示する方法を中心に見ていきます。

このブロックは、「見出し」「アクセス情報のテキスト」「画像」「Googleマップ」で構成されています。モバイル表示では縦1列（1カラム）、PCでは横1列（2カラム）にレイアウトしています 図11 。作成時のポイントは、次の2つです。

- 角版画像を丸く表示する
- Googleマップを設置する

図11 「アクセス」の完成イメージ（左：モバイル表示、右：PC表示）

HTMLの構造

「アクセス」のHTMLを見ていきます。

　<section> 〜 </section> 内のHTMLの構造については、**図12** **図13** のようになります。このブロックは、これまでと違い <section>（Googleマップ）下の余白を設けないデザインです。ブロック全体をマークアップしている <section id="access" class="access-area"> の「.access-area」には、<section> 共通で設定している余白のスタイルを消すために、後述するCSSで「padding-bottom: 0;」を指定します。

図12　「アクセス」の構造

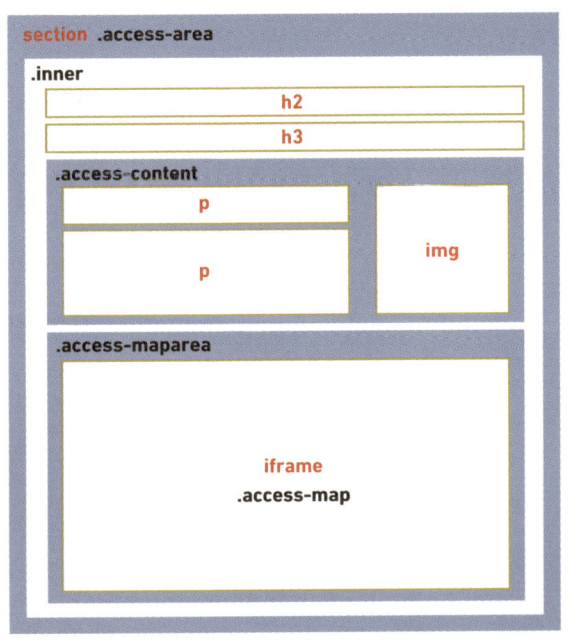

図13　「アクセス」のHTML

```
<section id="access" class="access-area">
  <div class="inner">
    <h2 class="h2-title">Access</h2>
    <h3> アクセス </h3>
    <div class="access-content">
      <div>
        <p class="txt-lead"> 電車でお越しの場合 </p>
        <p> 神保町駅　徒歩 5 分 <br>
          神保ビルの 3F が受付になります。 <br>
          北口から商店街をまっすぐ抜け、市役所を左折。徒歩 5 分。</p>
      </div>
      <img src="images/img-access.jpg" alt=" 神保ビル ">
    </div>
  </div>
  <!--GoogleMap-->
  <div class="access-maparea">
    <iframe src="https://www.google.com/maps/embed?pb=!1m18!1m12!1m3!1d32
40.2991058333905!2d139.7580929152592!3d35.69425648019131!2m3!1f0!2f0!3f0!
3m2!1i1024!2i768!4f13.1!3m3!1m2!1s0x60188c1049646ffb%3A0x7abe3f67bddf1a86
!2z44CSMTAxLTAwNTEg5p2x5Lqs6YO95Y2D5Luj55Sw5Yy656We55Sw56We5L-d55S677yR5L
iB55uu77yR77yQ77yV!5e0!3m2!1sja!2sjp!4v1571363870983!5m2!1sja!2sjp"
width="800" height="400" frameborder="0" style="border:0;"
allowfullscreen="" class="access-map"></iframe>
  </div>
  <!--/GoogleMap-->
</section>
```

アクセス情報

Google マップの埋め込みタグ

マップ情報

Google マップのリンクは、Google のサービス上で生成される `<iframe>` のコードを使用していますが、生成されるコードそのままではモバイル表示とPC表示でマップのサイズ調整などができません。そこで、`<iframe>` ～ `</iframe>` を `<div class="access-maparea">` で囲み、さらに `<iframe>` には「class="access-map"」を追記して、後述するCSSで「幅と高さ」を指定していきます。

memo

サンプルサイトのGoogleマップは、共有リンクを取得して埋め込むサービス（無料版）を利用しています。Googleマップの共有リンクを取得する方法などは、下記を参照してください。
- Google マップのルートを共有、送信、印刷する（Googleマップ ヘルプ）
https://support.google.com/maps/answer/144361

モバイル用の CSS

次に、モバイル用のCSSを見ていきます 図14。

図14 「アクセス」のモバイル用のCSS

```
/* section のスタイル */
.access-area {
  padding-bottom: 0;
  text-align: center;
}

.access-content {
  margin-top: 50px;
  margin-bottom: 50px;
}

/* 写真のスタイル */
.access-area img {
  width: 300px;       ← 画像の横幅の指定
  height: 300px;      ← 画像の高さの指定
```

```
  object-fit: cover;      ← エリア内に画像の比率を変えずに配置
  border-radius: 50%;     ← 角版画像を丸くする
  margin: 0 auto;         ← 左右中央に配置する
}

/* マップの表示枠の指定 */
.access-maparea {
  height: 400px;          ← Google Map の高さを指定
}

/* Google マップに追加 */
.access-map {
  width: 100%;            ← 「access-maparea」内の横幅 100%
  height: 100%;           ← 「access-maparea」内の高さ 100%
}
```

memo

共通スタイルを指定する際、`<section>` に対して「padding: 100px 0;」として、上下に100pxの余白を設けていました（237ページ、Lesson7-03 参照）。「アクセス」ではこの設定を打ち消すために、「.access-area」に対して「padding-bottom: 0;」を指定しています。

画像は、子孫セレクタ「.access-area img」（class「access-area」の下の階層にある `<img>`）を使って、次のようなスタイルを指定し、角版（四角）の素材写真を丸く表示しています 図15。

セレクタ「.access-area img」

- **width: 300px;** ／ **height: 300px;**：幅と高さを指定して正方形にする
- **object-fit: cover;**：画像の比率を変えずにエリア内に表示する
- **border-radius: 50%;**：角丸を指定する

「.access-maparea」（`<iframe>` を囲む `<div>`）に対しては表示するマップの幅は自動的に横幅100%になるため、高さのみを指定します。さらに、`<iframe>` に追記したclass「.access-map」では、「.access-maparea」内で100%になるように「width: 100%;」「height: 100%;」と指定しました 図16。

memo

「.access-area img」では、画像の比率を変えずに配置するように幅と高さを設定した上で、「object-fit: cover;」を指定しました。画像の縦横比を変えずにブロック内全体を埋めるよう自動的に拡大・縮小されます。

! POINT

「.access-maparea」（`<iframe>`の親要素`<div>`）に対し表示エリアのサイズを指定した上で、「.access-map」（`<iframe>`）を「width:100%;」「height:100%;」として、親要素内でいっぱいに表示するようにしています。

図15 1点の角版画像を丸く見せる

図16 Googleマップの表示調整

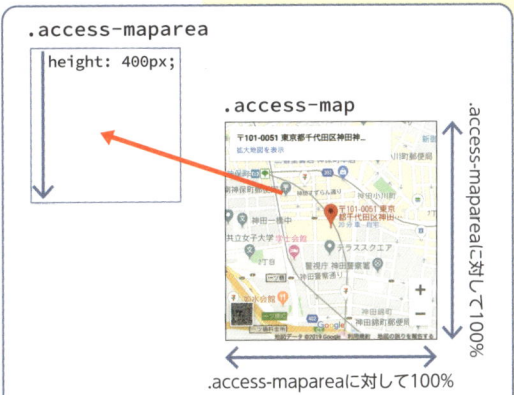

PC 用の CSS

PC 用の CSS は **図17** のようになります。モバイル用のスタイルに上書きしているのは、次の変更点となります。

セレクタ「.access-content」
- **display: flex;**：flexbox でのレイアウト
- **flex-direction: row;**：「アクセス情報」と「画像」を横並びに配置

セレクタ「.access-maparea」
- **height: 500px;**：マップの表示する高さを、400px → 500px に変更

図17「アクセス」のPC表示

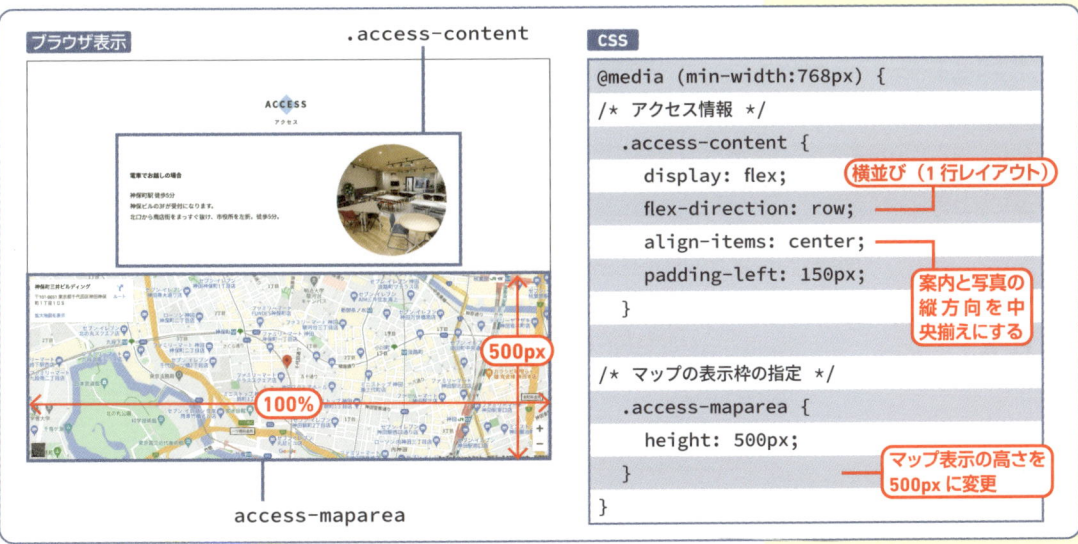

ブラウザ表示　　.access-content

access-maparea

```
@media (min-width:768px) {
/* アクセス情報 */
  .access-content {
    display: flex;
    flex-direction: row;        横並び（1行レイアウト）
    align-items: center;
    padding-left: 150px;        案内と写真の
  }                             縦方向を中
                                央揃えにする
/* マップの表示枠の指定 */
  .access-maparea {
    height: 500px;
  }                             マップ表示の高さを
}                               500px に変更
```

500px

100%

「ページトップ」のリンクを作成する

　メインコンテンツの最後に、ページの下から「ページトップ」に戻るためのリンクを作成します。

　シングルページのページ下部からページ上部に戻るリンクは、リンク先に「#header」を設定することも多いのですが、このサンプルのヘッダーは、ページ上部に固定表示される仕様です➡。そのためこのリンク指定では意味をなさないため、**リンク先には「#top」とすることで最上部まで戻る**ように作成します図18。

➡ 245ページ、Lesson7-04参照。

図18 「ページトップ」のHTML

```
<div class="pagetop">
  <a href="#top"> ページトップ </a>         ← ページ最上部に戻る指定
</div>
```

! POINT

href属性値「#top」はHTML内に「id="top"」の記述がなくてもページ上部まで戻るリンク指定です。

「ページトップ」のCSS

　CSSは図19のようになります。

　疑似要素「::after」を使って、画像（リストマーカー）を表示しています。画像の矢印の向きを上にするために「transform: rotate(-90deg);」で反時計回りに90度回転させ、「margin」でテキストとの位置調整を行っています。また、背景に下のフッターと同じ色を適用することで、デザイン的にマップ下の隙間がない状態を表現しています。

memo

リストマーカーについては、ナビゲーションのメニュー項目と同様にFont Awesomeを使用してアイコンフォントで表示することも可能ですが、ここでは「transform: rotate」の練習としてSVG画像で表示する方法にしています。

図19 完成イメージとスタイル指定

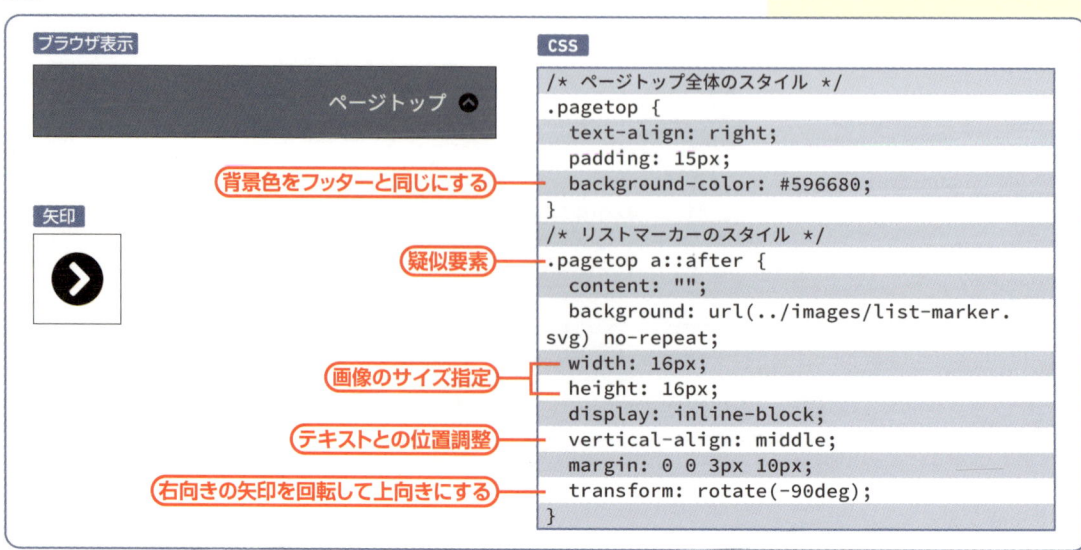

```css
/* ページトップ全体のスタイル */
.pagetop {
    text-align: right;
    padding: 15px;
    background-color: #596680;
}
/* リストマーカーのスタイル */
.pagetop a::after {
    content: "";
    background: url(../images/list-marker.
svg) no-repeat;
    width: 16px;
    height: 16px;
    display: inline-block;
    vertical-align: middle;
    margin: 0 0 3px 10px;
    transform: rotate(-90deg);
}
```

背景色をフッターと同じにする
疑似要素
画像のサイズ指定
テキストとの位置調整
右向きの矢印を回転して上向きにする

フッターを作り込む

THEME テーマ

ページの最下部に表示される「フッター」を作り込んでいきます。メインコンテンツで解説したモバイルとPCでのレイアウト変更などに比べると、フッターはHTML・CSSともにシンプルなものになっています。

「フッター」の構造を確認する

「フッター」ブロックは、「ロゴ」「メッセージ」「電話番号」「著作権表示」の5項目で構成されます。モバイル表示とPC表示で同じレイアウトになり、どちらもHTMLの順に表示されます 図1。

このブロックでは電話番号のリンク方法がポイントになります。

図1 「フッター」の完成イメージ（左：モバイル表示、右：PC表示）

「フッター」のHTMLとCSS

フッターのHTMLとCSSは 図2 図3 のようになります。大枠のブロックである <footer class="foot-area"> の「.foot-area」にはフッター全体のスタイルを指定しています。

ポイントとなる電話番号のリンクは、<a href="tel:電話番号">電話番号</a> とし、モバイル表示では電話番号の ❗テキストリンクをタップすると通話発信できるようにします。

この仕組みはスマートフォンなどでは便利ですが、そのままではPC表示でも動作してしまうため、PC表示では電話番号のクリックイベントを無効化します。

> **❗ POINT**
>
> 一部のブラウザでは、電話番号に似た数字の羅列に自動的にリンクがついてしまいます。これを回避するためにHTMLの<head>内 に、「<meta name="format-detection" content="telephone=no">」を記述しています。234ページ、**Lesson7-02** 参照。

図2 「フッター」のHTML

```html
<footer id="contact" class="foot-area">
  <div class="inner">
    <div class="logo-area foot-logo">                          ← ロゴ画像
      <img src="images/site-logo-w.svg" alt="rental space MdN">
    </div>
    <p class="txt-center"> 見学やセミナーのご相談など <br class="sp-only"> お気軽にご連
絡ください。</p>                                                  ← モバイル表示だけ改行
    <address class="text-phone">
      TEL：<a href="tel:00-1234-5678">00-1234-5678</a>          ← 通話発信リンク
    </address>
    <ul>
      <li><a href="#"><i class="fa-brands fa-instagram"></i></a></li>
      <li><a href="#"><i class="fa-brands fa-square-x-twitter"></i></a></li>   ← SNS リンク
      <li><a href="#"><i class="fa-brands fa-youtube"></i></a></li>
    </ul>
  </div>
  <small class="foot-area_copy">&copy; MdN Corporation.</small>  ← 著作権表示
</footer>
```

図3 「フッター」のCSS

`CSS`

```css
/* footer 全体のスタイル */
.foot-area {
  color: #fff;
  text-align: center;
  padding-top: 40px;
  background-color: #596680;
}

/* ロゴ画像のスタイル */
.foot-logo {
  margin: 0 auto 20px;
}

/* 電話番号のスタイル */
.text-phone,
.text-phone a {
  color: #fff;
  font-size: 24px;
  font-weight: 700;
  letter-spacing: 0.1em;
  margin-bottom: 40px;
}
```

```css
/* 著作権表示のスタイル */
.foot-area_copy {
  color: #ccc;
  font-size: 12px;
  display: inline-block;
  width: 100%;
  padding: 10px;
  background-color: #333;
}
```

ブラウザ表示

.foot-area
.foot-logo
.text-phone
.foot-area_copy

SNS リンクのアイコンフォント

続いて「instagram」「X（旧twitter）」「YouTube」のSNSリンクを
Font Awesomeのアイコンフォントで実装していきます。すでに
Font Awesomeのコードは <script> タグで </body> 直前に設置 254ページ、**Lesson7-05**図7参照。
していますので、該当のアイコンフォントを検索してそれぞれの
コード<i class 〜 >をコピーして、<li> 〜 </li>内に記述（貼り付け）
していきます 図4。この部分はタップ（クリック）して、それぞれ
のSNSにリンクされる想定ですので、<a href="#"> 〜 </a>でリ
ンク先を仮の「#」としておきます。

図4 「Font Awesome」からアイコンフォントのコードをコピー

https://fontawesome.com/icons/
instagram?f=brands&s=solid

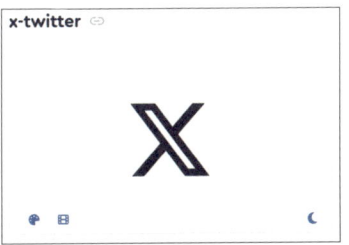

https://fontawesome.com/icons/
x-twitter?f=brands&s=solid

https://fontawesome.com/icons/
youtube?f=brands&s=solid

SNSリンクのCSSは 図5 になります。flexboxの指定方法として
は、<li> タグの親要素である <ul> を「display:flex;」にてSNSアイ
コンを横並びにします。バランス良く均等に配置するために
「justify-content: space-around;」とします。<ul> のwidthで横幅の
数値を変更しても均等に配置されるようになります。

図5 SNSリンクのCSS

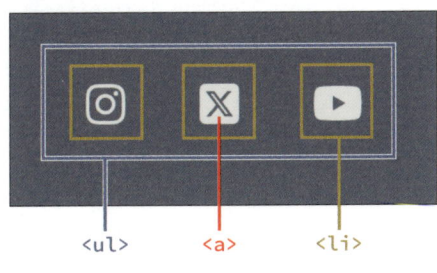

<ul>　<a>　<li>

```
footer ul {
    display: flex;              子要素の <li> を横並びに
    justify-content: space-around;
    width: 250px;               子要素を等間隔で配置
    margin: 0 auto 60px;
}
footer ul li a {
    color: #efefef;
    font-size: 32px;
}
```

PC表示のCSS

電話番号をタップすると通話発信できる仕組みはスマートフォンなどでは便利ですが、そのままではPC表示でも動作してしまうため、PC表示では電話番号のクリックイベントを無効化します 図6 。

またモバイル表示とPC表示では、<ul>の横幅とSNSアイコンの大きさが変化するようにしています。Font Awesomeのアイコンフォントでは、独自のサイズ指定方法があるのですが、こちらでは、フォント扱いとして「font-size」でサイズ変更を行っています。最後に著作権表示の文字サイズなどを調整します。

図6 PC表示のCSS

```
@media (min-width:768px) {
  a[href^="tel:"] {                    クリックイベントを無効にする
    pointer-events: none;             （PC では通話発信させない）
  }

  footer ul {
    width: 300px;                      ブロックの幅を指定
    margin: 0 auto 120px;
  }
  footer ul li a {
    font-size: 42px;                   アイコンのサイズを調整
  }
}
```

サンプルサイトはこれで完成となります。

<aside>
memo

a[href^="〜"]の^[="〜"]は「〜ではじまる」という指定方法になります。ほかにもa[hef*="〜"]は「〜を含む」。a[href$="〜"]は「〜で終わる」という指定ができます。
</aside>

CSS Gridを
取り入れる

レイアウトとページの一部にCSS Gridを使ったWebサイトを作成します。この章で行うGridレイアウトはCSS Grid以外の手法でも実現できますが、サンプルとなるサイトを通してCSS Gridの使い方に触れてみましょう。

読む　　練習　　制作

全体構造をつかんで実装方法を検討しよう

THEME テーマ

Lesson8ではサンプルとして、写真家のポートフォリオサイトをイメージした3ページ構成のWebサイトを作成します。複数ページのWebサイトを制作する際には、サイトの全体像を把握した上で、事前の設計を行うことが重要です。

Webサイトの全体像をつかむ

サンプルサイトは写真家のポートフォリオサイトを模したものです。トップページと「Profile」「Works」の計3ページで構成されます。

トップページには、Webサイトの顔になるキービジュアル（背景写真）とサイト名を掲載しています。「Profile」ページには簡単なプロフィール文を掲載し、「Works」ページには「display: grid;」（CSS grid）を使って写真をタイル状に並べつつ、個々の写真を拡大表示する**モーダルウィンドウ**を実装します。

サンプルサイトはモバイルファーストの手法で制作しますので、モバイル表示（スマートフォン表示）から先に作成していきます。完成イメージを確認するとともに、サイト全体に共通する部分とページ固有の部分を把握しましょう 図1 。

WORD　モーダルウィンドウ

19ページ、Lesson1-04参照。

memo

ナビゲーションにはトップページ以外に「Profile」「Works」「Contact」の3項目が並んでいますが、サンプルでは「Contact」ページを作成していないため、トップページ＋下層2ページの、合計3ページ構成となっています。

図1　完成イメージ（モバイル表示：768px未満）

トップページ

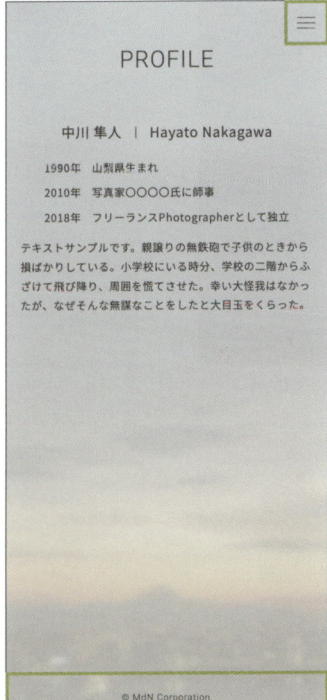

「Profile」ページ

「Works」ページ

　メニューとフッター（**図1**の枠で囲んだ部分）はサイト全体で共通する部分ですので、個々のページ固有の要素とは切り分けた上で、設計・実装を行う必要があります。

ブレイクポイントの設計

　このサンプルでは、モバイル表示とPC表示が切り替わるブレイクポイントを768pxに設定します**図2**。

　昨今はスマートフォンやタブレットの種類が増え、ディスプレイの解像度も広がる中で、設定するブレイクポイントの数も増える傾向にあります。ブレイクポイントには絶対的な正解がないため、どの端末のどの向きからという考え方をするより、完成形としてイメージしているデザインのレイアウトに対して、どの程度のサイズまでなら横に伸びて見づらくならないかを考える必要があります。一般的によく使用されるブレイクポイントは640px、768px、1024pxです。

図2 完成イメージ（PC表示：768px以上）

トップページ（モバイル表示と同様、ヘッダーとフッターは共通）

「Profile」ページ

「Works」ページ

メディアクエリの記述

　サンプルサイトは現在主流となっているレスポンシブWebデザイン⊕に対応したサイトをモバイルファーストで作成していきます。🔥モバイルファーストの考えでCSSを記述することで、モバイル表示（ここでは表示幅768px未満）では必要のないCSSの読み込みを省くことができ、ページの高速化につながります 図3。

25ページ、**Lesson1-06**参照。

> **! POINT**
>
> メディアクエリを使用して「min-width: 768px」と記述すると、画面解像度が768px以上の場合の記述となるため、768pxに満たない解像度の端末の場合は中身の記述は無視される形となります。

図3 768pxをブレイクポイントにしたメディアクエリの記述（CSS）

```css
body {
  display: grid;
  grid-template-rows: 1fr auto;
  font-family: "Noto Sans JP", sans-serif;
  font-size: 14px;
  line-height: 1.8;
  color: #333;
  letter-spacing: 0.06em;
}
```

```
/* 以下の記述は表示幅 768px 以上の場合だけ読み込まれる */
@media screen and (min-width: 768px) {
  body {
    font-size: 16px;
  }
}
```

Webサイトのディレクトリ構成を設計

次にサイトのページ構成をもとに、どのファイルをどのように格納するか、サイトのディレクトリ構成を設計しましょう。

一般的なディレクトリの構成は大きく分けて2通りあります。1つは、CSSや画像などHTML以外のファイルを、HTMLと同一のフォルダ内に格納する方法 図4 です。もう1つは、最上位のフォルダ（この場合は「Lesson8_sample」フォルダ）の直下に、imgフォルダやcssフォルダにまとめて格納する方法 図5 です。

memo

最上位フォルダの直下のフォルダを「ルート直下」と表現することがあります。ルートは「根」を意味し、枝分かれする「根っこ」の部分を指します。

図4 CSSや画像ファイルをHTMLと同一フォルダに格納した構成

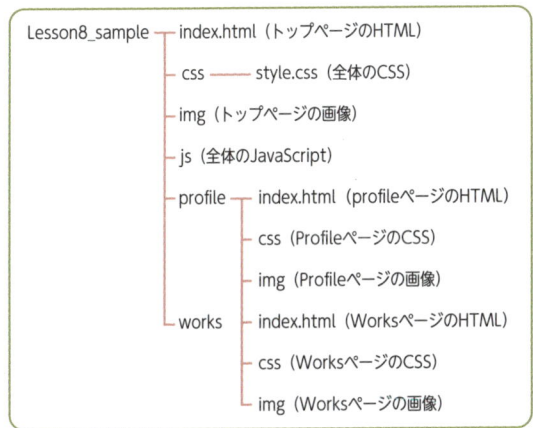

図5 CSSや画像ファイルを、最上位フォルダの直下にまとめて格納した構成

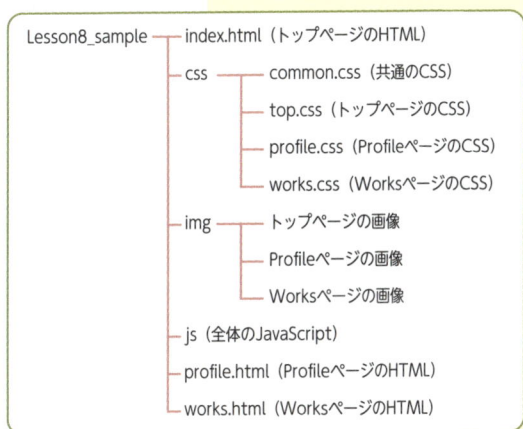

図4 のディレクトリ構成は、「Profile」や「Works」など、ページごとのフォルダに必要なファイルが分けられているため、ページ（フォルダ）構成に沿ってファイルを管理しやすくなります。それに対して、図5 の構成は、CSSや画像などの種別でフォルダが分けられているため、HTMLファイルに依存することなくメディアファイルを管理することが可能になります。このサンプルでは、ページや画像が比較的少なくページごとにまとめて管理するメリットはそれほどないため、図5 の構成を採用します。

POINT

ページ（HTMLのファイル数）や画像の数が多い中規模〜大規模なWebサイトでは、図4 のディレクトリ構成では目的の画像やCSSを探すためにサイト全体のディレクトリを探す可能性が出てきます。ディレクトリ構成は画像やCSSなどの「データ整理の仕方」でもありますので、公開後の運用・更新のことも視野に入れながら、メディアの量やサイトの規模に応じて検討しましょう。

ファイル名の命名規則の指針

画像などのファイル群はPCの中で原則として、ファイルの「名前順」に並びます。大量の画像が名前順に格納された場合に「どのような命名規則にしておけば、目的の画像を迷わずに探しやすくできるか」を考えることが最適な設計につながります 図6 。

図6 ファイル名の付け方の例

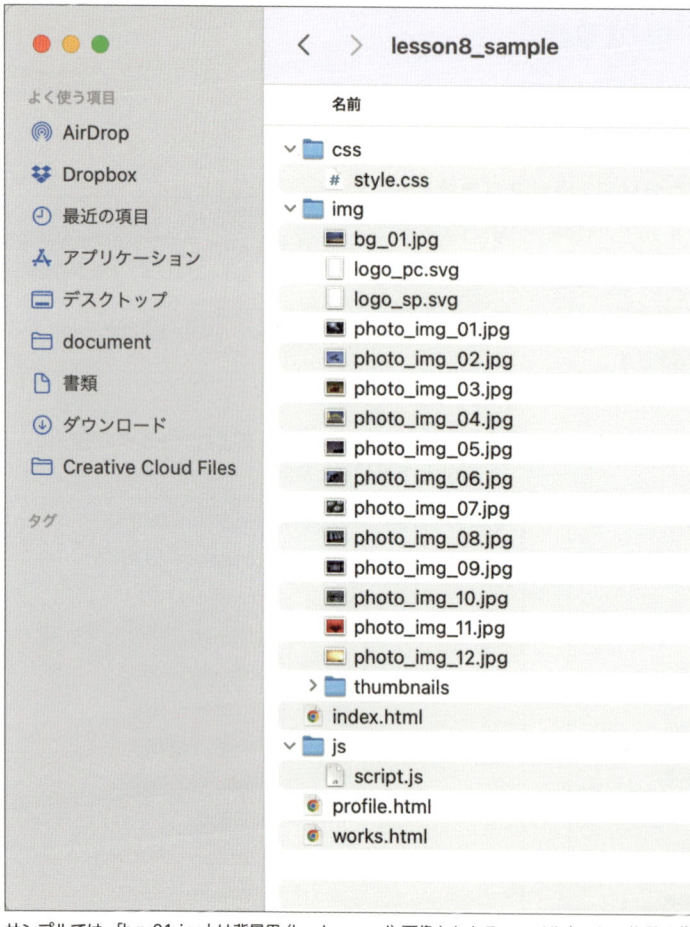

サンプルでは、「bg_01.jpg」は背景用 (background) 画像とわかるファイル名にし、複数の作品画像は「photo_img ＋連番」で管理している

Lesson8
02

全体共通のHTML・CSS①
ページの大枠とCSS Grid

THEME テーマ　サンプルサイトの全体構造を把握したら、全ページで共通する部分のマークアップからはじめていきます。この時点でHTMLのベースとなるテンプレートを作成して、同じようなHTMLを何度も記述する手間を省きましょう。

HTMLのテンプレートを作成する

Webサイト全体で使用する<head>～</head>などを含めたソースコードを、大元のテンプレート（HTMLファイル）として作成します 図1 。テンプレート化する要素は次の通りです。

- <head> 内 の <title> や <meta>、<link>（CSS や JavaScript、Google Fonts や jQuery の読み込み）
- <body>内のヘッダー（ナビゲーション）：**Lesson8-03** で解説
- <body>内のフッター（コピーライト）：**Lesson8-04** で解説

> **memo**
> jQueryはCDNで読み込んでいます。jQueryの記述は **Lesson8-03** で扱います。JavaScriptはWorksページで使用するため、**Lesson8-07** で扱います。

図1 HTMLファイルのテンプレート

```
<!DOCTYPE html>
<html lang="ja">
<head>
  <meta charset="UTF-8">
  <meta name="viewport" content="width=device-width">
  <title>Photographer Hayato Nakagawa</title>
  <link rel="preconnect" href="https://fonts.googleapis.com">
  <link rel="preconnect" href="https://fonts.gstatic.com"
crossorigin>
  <link href="https://fonts.googleapis.com/css2?family=Noto+
Sans+JP:wght@100..900&family=Roboto:ital,wght@0,100;0,300;0,
400;0,500;0,700;0,900;1,100;1,300;1,400;1,500;1,700;1,900&di
splay=swap" rel="stylesheet">
  <link rel="stylesheet" href="css/style.css">
  <script src="https://code.jquery.com/jquery-3.7.1.min.js"
integrity="sha256-/JqT3SQfawRcv/BIHPThkBvs0OEvtFFmqPF/lYI/
Cxo=" crossorigin="anonymous"></script>
  <script src="js/script.js"></script>
</head>
```

- レスポンシブ対応の記述
- ページタイトル
- Google Fonts の読み込み
- ① CSS ファイルの読み込み
- jQuery の読み込み
- JS ファイルの読み込み

※次ページへ続く

```
<body>
<header class="header">
  （共通のヘッダーを記述）
</header>
<main class="main">
  （メインコンテンツを記述）
</main>
<footer class="footer">
  （共通のフッターを記述）
</footer>
</body>
</html>
```

CSSをリセットする記述

　次に、<head> 内の <link> で読み込んでいる「style.css」（図1-①）について、詳しく見ていきます。

　「style.css」の冒頭では、Web ブラウザが HTML に対して自動で適用している CSS のリセットを行います。CSS のリセットについては、インターネット上で配布されているリセット CSS を利用する手法もありますが、ここで作成するサンプルサイトは HTML のページ数が少なく、余分な CSS は必要ないため、style.css 内で最小限のリセットのみ行っています 図2。

図2　CSSをリセットする記述(style.css)

```
*,
*::before,
*::after {
  box-sizing: border-box;   ← ボックスモデルのリセット
  margin: 0;                ← マージンの削除
  border: none;             ← 枠線の削除
  padding: 0;               ← パディングの削除
  font: inherit;            ← フォントのリセット
}


html,
body {
  height: 100%;             ← ページの高さを画面いっぱいに設定
}
```

ブラウザにデフォルトで適用されるCSSをリセットした上で、個別のスタイル指定を記述していく

<aside>
memo

図2 のCSSのリセットでは、すべての要素が対象になる全称セレクタ「*」以外に、「*::before」「*::after」をセレクタとして記述しています。サンプルのstyle.cssの中では::before疑似要素と::after疑似要素を用いたスタイリングを行っているためです。疑似要素は全称セレクタの対象外のため、このように記述しています。
</aside>

<body>にCSS Gridを使用する

<body>内のメインコンテンツ部分は各ページによって内容やコンテンツの量が異なりますが、サンプルサイトではメインコンテンツの内容にかかわらず、フッターは最下部に固定します 図3 。そこで、<body>に対して「display: grid;」を設定して、<body>の子要素である <main> と <footer> を CSS Grid でレイアウトします 図4 。

CSS Grid を使った Grid レイアウトでは、float や flex ⬇ と異なり、列（縦軸）と行（横軸）という 2 次元での指定を行う必要があります。ここではアイテムの行の指定を行う grid-template-rows プロパティを使って、「grid-template-rows: 1fr auto;」と指定しています。grid-template-rows の値を半角スペースで区切ると、区切った数だけ行が増える仕組みです。ここでは❗️値を「1fr auto」としているため、1fr と auto の割合で 2 行に分割しています。<main> 部分に割り当てられた 1fr は <body> 全体の中で最大の割合を、<footer> に割り当てられた auto は取れる範囲の中で最小の割合を自動的に割り当てる指定になります 図5 。

📖 memo

<header>のレイアウトについては次節で後述しますが「position: fixed;」で配置するため、Gridレイアウトの対象には含まれません。

➡ 100ページ、**Lesson4-01**参照。

❗ POINT

1frとautoはそれぞれCSS Gridでよく使う指定です。単位「fr」はfraction（比率）の意味となります。アイテムの列の指定を行う場合はgrid-template-columnsプロパティを使用します。139ページ、**Lesson4-10** 参照。

図3 <body>内の<main>と<footer>をGridレイアウトを適用

PC表示の場合

モバイル表示の場合

図4 <body>内の構造

```
<body>
<header class="header">
    (共通のヘッダーを記述)
</header>
<main class="main">
    (メインコンテンツを記述)
</main>
<footer class="footer">
    (共通のフッターを記述)
</footer>
</body>
```

図5 <body>内にGridレイアウトを設定(CSS)

```
body {
    display: grid;          ← CSS Grid を使用
    grid-template-rows: 1fr auto;   ← グリッドの行の割合を設定
    font-family: "Noto Sans JP", sans-serif;
    font-size: 14px;
    line-height: 1.8;
    color: #333;
    letter-spacing: 0.06em;
}
```

CSS Gridの指定以外に、<body>内の要素に共通で適用するフォントや文字色の指定を記述している

そのほかの共有するスタイル指定

全ページに共通するスタイル指定としては、前述した以外に図6のような記述をしています。

- 表示幅768px以上でフォントサイズを変更
- リンクテキストのスタイル指定

図6 <body>内に共通するスタイル指定(CSS)

```
@media screen and (min-width: 768px) {
  body {
    font-size: 16px;        ← 768px 以上で <body> の文字サイズを 16px に変更
  }
}


a {
  color: #333;
  transition: opacity 0.3s ease;
}

a:hover {
  opacity: 0.7;
}
```

全体共通のHTML・CSS②
ヘッダーとナビゲーション

THEME テーマ

前節では`<body>`にCSS Gridを設定し、ページの大枠のレイアウトを行いました。次に、ヘッダー部分のHTMLとCSSを見ていきます。ヘッダーもサンプルサイトの全ページで共通する要素で、ヘッダーの中身にはナビゲーションが入ります。

ヘッダーの構造

サンプルサイトの全ページ共通となるヘッダー部分は 図1 図2 です。モバイル表示では、右上のボタンをタップすることでナビゲーションの表示・非表示が切り替わります。PC表示では、ページの上部にナビゲーションが常時表示されます。

図1 ヘッダー（モバイル表示）

 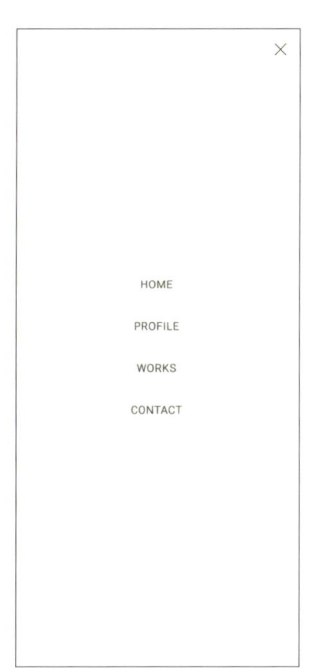

ナビゲーションが閉じた状態　　ナビゲーションが開いた状態

図2 ヘッダー（PC表示）

ヘッダーのHTMLとCSS

HTMLでは\<body\>内に\<header\>〜\</header\>でマークアップし、その内側に\<ul\>・\<li\>を使ってナビゲーションを記述します 図3。

CSSでは、ハンバーガーメニューのボタンが右揃えになるよう、.header に対して「display: flex;」🔵を指定してFlexレイアウトを有効にし、「justify-content: flex-end;」を指定して右揃え（Flexの終わり）に配置しました 図4。また、 ✏️ヘッダーはページを上下にスクロールした場合でもスクロールに追従し、常時ページの上部に固定表示されるよう「position: fixed;」🔵としています。なお、前節で \<body\> をグリッドコンテナとして \<main\> と \<footer\> を CSS Grid でレイアウトしていますが、\<header\> は「position: fixed;」で配置しているため、Grid の対象には含まれません。

また、PC 表示時には上下左右の内余白（padding）を 30px に増やしました。

102ページ、**Lesson4-01**参照。

106ページ、**Lesson4-02**参照。

> **！ POINT**
>
> トップページやProfileページはコンテンツの量が少ないため、上下にスクロールの必要はありませんが、Worksページは上下にスクロールしないと表示できません。

> **📎 memo**
>
> サンプルではContactページは作成しません。リンク先を\<a href="#"\>としているため、ナビゲーションのContactをクリックしてもページは遷移しません。

図3 ヘッダーのHTML

```
<header class="header">
  <ul>
    <li><a href="index.html">Home</a></li>
    <li><a href="profile.html">Profile</a></li>
    <li><a href="works.html">Works</a></li>
    <li><a href="#">Contact</a></li>
  </ul>
</header>
```

\<ul\>・\<li\>にclass属性を加える前の状態

図4 ヘッダーのCSS

```
.header {
  position: fixed;
  inset: 0 0 auto 0;        ←── マージンの一括指定
  z-index: 20;
  display: flex;
  justify-content: flex-end;   ←── ハンバーガーメニューを右揃えにする
  width: 100%;
}

@media screen and (min-width: 768px) {
  .header {
    padding: 30px;           ←── PC 表示時に内余白の調整
  }
}
```

ハンバーガーメニューのボタンを作成

　次に、モバイル表示でナビゲーションの表示・非表示を切り替えるハンバーガーメニューのボタンを作成します。メニューボタンは図5のように、3本の線で構成され、メニューを閉じる際のボタンは上下の線を回転して交差させることで表現しています。

図5　メニューボタンの構造

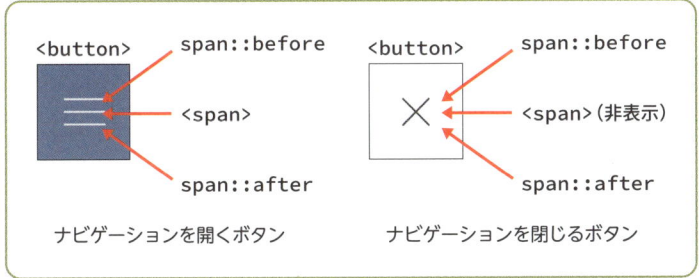

<button>　span::before　span::before
<span>　<span>（非表示）
span::after　span::after
ナビゲーションを開くボタン　ナビゲーションを閉じるボタン

　このサンプルでは、ボタンを切り替えるときの動き（アニメーション）をつけたいので、線を画像ではなく<span>に背景色をつけてボタンを表現しています図6。また、<span>タグを3つ記述する必要はなく、CSS側でspan要素の::beforeと::afterの疑似要素を使って3本線を作成しています。

図6　メニューボタンのHTML

```
<button class="header__button">
  <span></span>
</button>
```

　CSSは図7のようになります。ボタンの3本線のエリアだけをタップ可能な領域にすると、狭すぎて操作性が悪くなってしまうため、幅と高さを60pxとしています。その中で2本目の線が起点となるため、「display: flex;」を使って垂直方向・水平方向の中央に配置しています。

　1本目と3本目の線は<span>（2本目の線）を起点にして「position: absolute;」を使って配置し、2本目の線からの位置を調整します。ボタンが（⊠）印に切り替わる際、アニメーションが適用されるようtransitionを「0.3s（0.3秒）」に設定しました。最後に、表示幅が768px以上になった際にはメニューボタンを非表示にしたいため、「display: none;」で非表示にしています。

295

図7 ハンバーガーメニューボタンのCSS

```
.header__button {
  position: relative;
  display: flex;
  align-items: center;          上下左右中央に配置
  justify-content: center;
  width: 60px;
  height: 60px;
  border: none;
  background-color: transparent;
}

@media screen and (min-width: 768px) {
  .header__button {
    display: none;              ボタンを非表示にする
  }
}

.header__button span {          2本目の線が対象
  position: relative;           絶対配置の基準となる
  display: block;               ブロックボックスとして扱う
  width: 24px;
  height: 1px;
  margin-inline: auto;
  background-color: #333;
}

.header__button span::before,
.header__button span::after {
  display: block;
  position: absolute;
  left: 0;
  width: 100%;                  2本目の線を基準に位置を指定
  height: 1px;
  content: "";                  疑似要素を生成
  background-color: inherit;
  transition: all 0.3s ease;    ボタンが切り替わるアニメーション
}

.header__button span::before {  1本目の線が対象
  top: -7px;                     2本目の線を基準に位置指定
}

.header__button span::after {   3本目の線が対象
  top: 7px;                      2本目の線を基準に位置指定
}
```

> **memo**
> ::before疑似要素や::after疑似要素絵
> は、必ずcontentプロパティを指定す
> る必要があります。content内の値に
> 挿入したいテキストや記号を記述しま
> すが、テキストや記号以外の要素や画
> 像を挿入したい場合はcontentを空
> (content: "";) と記述しま
> す。Lesson3-08 (92ページ)、162ページの
> Column も参照してください。

ハンバーガーメニューが開いたときの挙動

ハンバーガーメニューのボタンをタップした際に必要になる動きは、次の2つです。

- ボタンを（☰）から（☒）に切り替える／再び（☰）に切り替える
- ナビゲーションの表示／非表示の切り替え

サンプルでは、この2つの動きを同時に行うためにjQuery➡を用いています。⚠ボタンをタップしたら、<body>に自動的にclassが付与されたり外れたりするように、jQueryでJavaScriptを記述します。ボタン自体ではなく<body>にclassを付与することで、後述するナビゲーションも同様のclassで制御できるようになります。

ここではハンバーガーメニューのボタン「.js-menu」をタップ（click）した場合に、⚠<body>に対して「is-open」というclassを付けたり外したりする「toggleClass」という設定を行いました。同じく<button>についているclass「.header__button」を対象にして直接設定することも可能ですが、CSSでの装飾とJavaScriptの機能を切り分けて管理する意図から、ここではJavaScript専用のclassを用意しています 図8 図9 。

21ページ、**Lesson1-04**
118ページ、**Lesson4-05**参照。

> **! POINT**
>
> <body>に付与するclass「is-open」はHTML内に記述してあるものではなく、ボタンやナビゲーションの切り替えを行うためにJavaScriptで自動的に書き出されるものです。JavaScriptは「script.js」に記述し、HTMLの<head>内で読み込んでいます。

> **! POINT**
>
> 後述する 図10 のCSSでは「body.is-open」として、<body>にclassが付与された状態、つまり（☰）がタップされて（☒）に切り替わった状態のスタイルを指定していきます。

図8 <body>と<header>のHTML

```
<body>
<header class="header">
  <button class="header__button js-menu">
    <span></span>
  </button>
  <ul>
    (省略)
  </ul>
</header>
```

図9 jQueryの記述(script.js)

```
jQuery(function ($) {
  $('.js-menu').on('click', function () {
    $('body').toggleClass('is-open');
  });
});
```

ボタンがタップ(click)されたときに、<body>にclass「is-open」を付けたり外したりする設定

メニューボタンは■の状態でタップされると、2本目の線が非表示となり、1本目と3本目の線はそれぞれ45度ずつ回転することで、⊠が表示される仕組みです。また、ボタンは後述するナビゲーションのメニューが表示された際に、メニューより上のレイヤーに配置されていなければタップできないため、z-indexを使って並び順を調整します図10。

図10 メニューボタンの表示を切り替えるCSS

```
body.is-open .header__button {
  z-index: 30;
}


body.is-open .header__button span {          2本目の線が対象
  background-color: transparent;             透明にして見えなくする
}


body.is-open .header__button span::before,
body.is-open .header__button span::after {
  top: 0;                                    回転に合わせて位置を調整
  background-color: #333;
}


body.is-open .header__button span::before {  1本目の線が対象
  transform: rotate(45deg);                  45度回転させる


}
body.is-open .header__button span::after {   3本目の線が対象
  transform: rotate(-45deg);                 45度逆回転させる
}
```

■ ナビゲーションの作成（768px未満）

次に、ナビゲーションを作成します。ナビゲーションは、モバイル表示では■をタップすると画面の右側から出てくる仕組み図11ですが、表示幅768px以上のPC表示では横並びで常時表示されるレイアウトに変わります。

HTMLでは\<ul\>や\<li\>にCSSを適用するためのclassを追記します図12。

図11 ナビゲーションの切り替わり（768px未満）

ボタンをタップするとナビゲーションが右側から出てくる

ボタンをタップするとナビゲーションが閉じる

図12 ナビゲーションのHTML

```html
<header class="header">
    <button class="header__button js-menu"><span></span></button>
    <ul class="navigation">
      <li class="navigation__item"><a href="index.html" class="navigation__link">
Home</a></li>
        <li class="navigation__item"><a href="profile.html" class="navigation__link">
Profile</a></li>
        <li class="navigation__item"><a href="works.html" class="navigation__link">
Works</a></li>
        <li class="navigation__item"><a href="#" class="navigation__link">Contact</a></li>
    </ul>
  </header>
```

図3の状態からCSSを適用するために<ul>や<li>にclassを追加している

　CSSでは、まず「position: fixed;」と「inset: 0;」で配置したのち、画面全体に表示されるように幅（width）と高さ（height）を100％に設定します図13。次にボタンと同様に「display: flex;」で上下左右中央に配置することで、ナビゲーションの項目が増えても中央になるようにしています。次に、「flex-direction: column;」で縦並びになるよう変更し、「gap: 2em;」で<li>間の余白を調整します。

　また、ナビゲーションはページの右側から表示されるため、モバイル表示でナビゲーションが非表示になる際には「transform: translateX(100%);」で画面の右側に隠れるように設定しました。

最後に、transitionプロパティの対象をtransform、時間を0.3秒、加速度をeaseとしてアニメーションを設定します。

さらに、ボタンが▤の状態でタップされ、<body>にclass「is-open」が付与されたら、先ほどの「transform: translateX」を「0」にし、右側から元の位置に戻します図14。

図13 ナビゲーションのCSS

```
.navigation {                              ← <ul> の直下が対象
  position: fixed;                         ← 表示位置を固定
  inset: 0;                                ← 画面いっぱいに表示する
  z-index: 10;
  display: flex;                           ← 上下左右中央に表示する
  flex-direction: column;                  ← flex を縦並びにする
  gap: 2em;                                ← リスト間の余白を指定
  align-items: center;
  justify-content: center;                 ← 上下左右中央に表示する
  width: 100%;
  height: 100%;                            ← 画面いっぱいに表示する
  font-family: "Roboto", sans-serif;
  font-size: 16px;
  font-weight: 300;
  list-style: none;
  background-color: #fff;                  ← 背景色を指定
  transition: transform 0.3s ease;         ← アニメーションを指定
  transform: translateX(100%);             ← X方向（左右）の移動距離を指定し、画面の右側に隠している
}

.navigation__item {                        ← <li> の中身が対象
  text-transform: uppercase;               ← 文字列を大文字で表示
}

.navigation__link {
  text-decoration: none;
}
```

図14 ナビゲーションを開いたときのCSS

```
body.is-open .navigation {
  transform: translateX(0);                ← 元に位置に戻す（ナビゲーションを表示）
}
```

> **memo**
>
> insetプロパティはtop・right・bottom・leftの各プロパティのショートハンド（一括指定）で、数値の並び順はmarginやpaddingの一括指定と同様です。

PC表示（768px以上）のスタイル指定

表示幅 768px 以上では、ナビゲーションが常時表示されるレイアウトに変わるため、768px 未満のスタイル指定を上書きします 図15。

図15 768px以上で上書きするスタイル指定

```
@media screen and (min-width: 768px) {
  .navigation {
    position: static;            デフォルトの位置に配置
    flex-direction: row;         子要素を横並びにして配置
    width: auto;
    height: auto;
    background-color: transparent;
    transform: none;             アニメーションをなしに
  }
}
```

モバイル表示（768px 未満）ではナビゲーションの位置を「position: fixed;」としていましたが、768px 以上では「position: static;」として上書きしています。position プロパティは「static」が初期値で、要素を通常の配置に戻す指定になります。

また背景色は不要になるため「background- color: transparent;」と指定します。最後に、横並びになるため「flex-direction: row;」に変更して、水平方向に並ぶように設定します。

全体共通のHTML・CSS③ フッター

Lesson8
04
45 min

ヘッダーと同様に、サンプルサイトで全ページに共通するフッターのHTMLとCSSを作成します。フッターはモバイル表示・PC表示共にページ下部に固定表示します。フッターの中身にはコピーライト表記が入ります。

フッターのHTMLとCSS

Lesson8-02 で解説したように、親要素である \<body> に対して「display: grid;」を設定し、\<main> と \<footer> を Grid レイアウトで配置して、フッターを常に画面の下部に表示しています **図1**。

291ページ、**Lesson8-02**参照。

図1 サンプルのフッター

© MdN Corporation.

モバイル表示

© MdN Corporation

PC表示

フッターの HTML と CSS の記述は **図2** **図3** の通りです。フッターの要素はコピーライト表記のみになるため、文字サイズの指定を行い、「text-align:center;」で水平方向中央に配置しています。

図2 フッターのHTML

```html
<footer class="footer">
  <p class="footer__text">&copy; MdN
Corporation.</p>
</footer>
```

図3 フッターのCSS

```css
.footer {
  width: 100%;                            ← フッターの幅
  padding-block: 1em;
}

.footer__text {
  font-family: "Roboto", sans-serif;
  font-size: 12px;                        ← 文字サイズの指定
  font-weight: 300;
  text-align: center;                     ← 水平方向中央に配置
}
```

Lesson8

05

トップページ固有の HTML・CSS

THEME テーマ　全ページで共通する部分を作成した後は、各ページ個別となるメインコンテンツなどを作り込んでいきます。トップページでは、メインイメージを背景画像として全画面表示にし、見出しを<main>内の上下左右中央に配置します。

トップページ固有の構成要素

トップページの固有部分は次のブロックで構成されます 図1。

- メインイメージ（<body> の背景画像として全画面表示）
- 見出し（<main>内のサイト名のSVG画像）

図1 トップページのHTML構造

<body>（メインイメージ）

<main>

<h1>（見出し）

<body>の背景画像やスタイル指定

　トップページとProfileページは背景に同一の写真を使用しています。<body>にbackgroudプロパティを使用して写真を背景画像として読み込みつつ、💡CSSでそれぞれのページで文字色を指定できるよう、<body>要素にclassを指定します図2。

　セレクタ「body.top .header__button span」はトップページのハンバーガーメニューのボタンが対象です。トップページのメニューボタン☰は白い3本線になっていますが、CSSで<span>要素の背景色を変えて白くしています。また、トップページのみ全体の文字色が白になり768px以上のPC表示ではテキストに影がついているため、colorとtext-shadowを指定します図3。

! POINT

トップページの文字色は白、Profileページでは黒のため、トップページでは「class="top"」、Profileページでは「class="profile"」を<body>に付与して、別々の文字色を指定します。

図2 <body>にclass名をつける

```
<body class="top">
```

図3 <body>のスタイル指定

```
body.top,
body.profile {
  background: url("../img/bg_01.jpg") no-repeat center center / cover;    背景画像の指定
}


body.top {                                          トップページの <body> が対象
  color: #fff;                                      文字色の指定
}


body.top .header__button span {                     トップページのメニューボタンが対象
  background-color: #fff;                            ボタンの色を白に変更
}


@media screen and (min-width: 768px) {
  body.top .navigation__link {
    color: #fff;                                     文字色の指定
    text-shadow: 0 0 6px rgba(0, 0, 0, 0.7);         PC 表示のみ文字に影を表示
  }
}
```

見出しのマークアップとスタイル

　サイト名はSVG画像です。<main> ～ <main> 内に <h1> 見出しでマークアップし、<img> でモバイル用の SVG 画像（logo_sp.svg）、PC用のSVG画像（logo_pc.svg"）を読み込んでいます **図4** **図5** 。

　ブレイクポイントの768pxで境に表示が切り替わるため、768px未満ではPC用のSVG画像が、768px以上ではモバイル用のSVG画像を非表示になるように、CSSにスタイルを追加しています **図6** 。

図4 SVG画像（左：モバイル表示用、右：PC表示用）

誌面上は背景をグレーにしているが、サンプルサイトで実際に使用しているものは文字色が白で背景が透明になっている

図5 メインコンテンツ内のHTML

```
<main class="main">
  <div class="main__inner">
    <h1 class="topTitle">
      <img src="img/logo_sp.svg" alt="Photographer
Hayato Nakagawa" width="184" height="117"
class="topTitle__image hide-pc">        ── PC 表示時は非表示にする
      <img src="img/logo_pc.svg" alt="Photographer
Hayato Nakagawa" width="480" height="110"
class="topTitle__image hide-sp">        ── SP 表示時は非表示にする
    </h1>
  </div>
</main>
```

図6 SVG画像を非表示にするスタイル指定（style.css）

```
@media screen and (max-width: 767px) {
  .hide-sp {                          ── PC 用の SVG 画像が対象
    display: none !important;         ── 768px 未満で非表示にする
  }
}

@media screen and (min-width: 768px) {
  .hide-pc {                          ── SP 用の SVG 画像が対象
    display: none !important;         ── 768px 以上て非表示にする
  }
}
```

全ページに共通するスタイル指定になるため、CSSファイル上では全体共通のCSSとして記述している

> **memo**
>
> **図6** の「.hide-sp」や「.hide-pc」のような単独で役割を持たせるclassについては、同じ適用対象に指定されているスタイルを確実に上書きできるようにするため、!importantを付与しています。!importantについては186ページの **Column** 参照。

SVG 画像の配置

　サイト名のSVG画像は画面の上下左右中央に配置するため、CSSでは「position: absolute;」と「inset: 50% auto auto 50%;」を指定し、画面中央から見出しが始まるように指定を行います 図7。その後、「transform: translate(-50%, -50%);」を指定して「画像の幅と高さの-50%（半分）」をそれぞれの方向に移動することで、常に画面の中央に配置されるようになります。

図7 SVG画像の配置指定

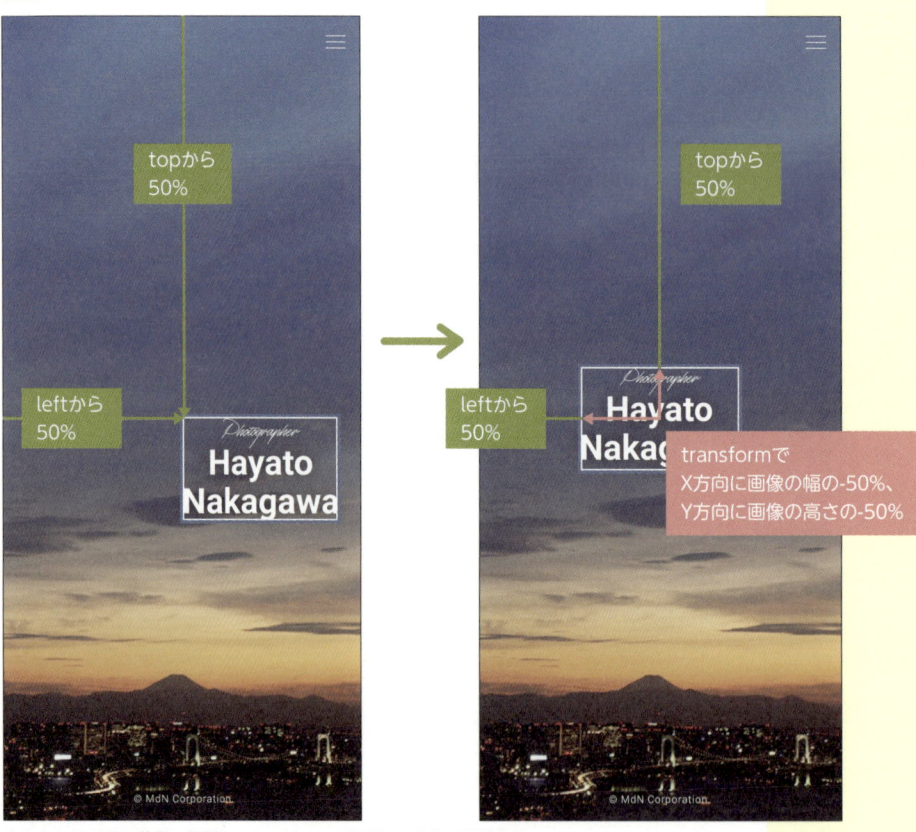

top から
50%

top から
50%

left から
50%

left から
50%

transform で
X方向に画像の幅の-50%、
Y方向に画像の高さの-50%

Photographer
Hayato Nakagawa

Photographer
Hayato Nakagawa

© MdN Corporation

© MdN Corporation

上と左から50%の位置に配置し、transformで移動して中央に配置する

　見出しの画像サイズについては、20vmax（Viewport Maximum）と設定し（図8-①）、画面サイズが拡大縮小された場合に画像サイズも拡大縮小されるように設定することで端末の表示サイズを問わずに最適な文字サイズで表示されるように指定します 図9。

　ただし、20vmaxのままだとPCだと小さくなりすぎてしまうため、768px以上は40vmin（Viewport Minimum）として画像の最大サイズを調整しています（図8-②）。vmaxはWebブラウザの表示画面で縦横サイズのうち大きいほうを基準とし、vminは小さいほうを基準として割合を指定するものです。

図8 <h1>の見出しに対するスタイル指定

```
.topTitle {
  position: absolute;          ← 絶対配置
  inset: 50% auto auto 50%;    ← top と left から 50%
  transform: translate(-50%, -50%);  ← X と Y 方向にそれぞれ -50%
}
.topTitle__image {
  width: 20vmax;               ← ①
  height: auto;
  filter: drop-shadow(0 0 10px rgba(0, 0, 0, 0.7));
}
@media screen and (min-width: 768px) {
  .topTitle__image {
    width: 40vmin;             ← ②
  }
}
```

図9 表示サイズに応じてSVG画像が拡大・縮小する

表示サイズを大きくするとSVG画像も拡大する（右画像は表示幅630pxに広げたところ）

Lesson8 06

90 min

Profileページ固有の HTML・CSS

THEME テーマ

Profileページで固有となるHTMLとCSSを詳しく見ていきます。プロフィール文は見出しの他にリスト(`<dl>`、`<dt>`、`<dd>`)と本文でマークアップし、`<main>`内の上下左右中央に配置しています。

Profileページの構造

Profileページのコンテンツは、次のブロックで構成されています。

- 背景イメージ(`<body>`の背景画像として全画面表示)
- プロフィール(見出し、リスト、本文)

図1 ProfileページのHTML構造

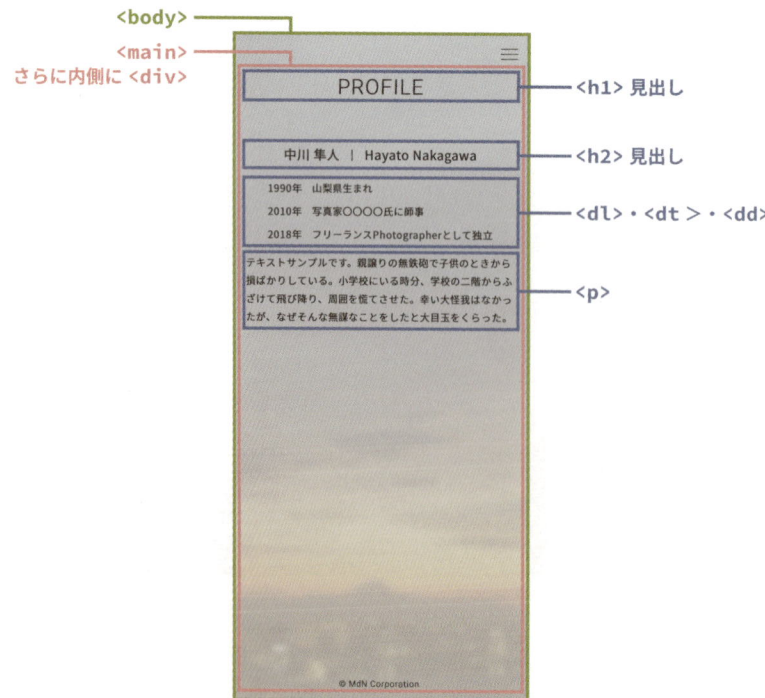

背景イメージとSVG画像の色を設定

Profileページはトップページと同様に\<body\>に背景画像を設定し、全画面で表示します。背景画像はトップページのCSSで共通のスタイル指定➡が済んでいますが、Profileページの背景画像に個別のスタイルを適用するため、\<body\>にclass「profile」を付与します**図2**。

304ページ、**Lesson8-05**図3参照。

図2 \<body\>にclass名をつける

```
<body class="profile">
```

Profileページでは背景画像の上に白くぼかした半透明レイヤーを重ねて表示しています。\<body\>の疑似要素::beforeに対して「position: absolute;」で絶対配置し、上下左右の開始位置をinsetで0に指定して表示領域いっぱいに広げたうえで、「z-index: -1;」で\<main\>要素の裏側に配置します。

また、透明度を指定できるrgbaを使って背景色を「background-color: rgba(229, 229, 229, 0.8);」と指定したうえで、背景画像を少しぼかすために「backdrop-filter: blur(4px);」とブラー（ぼかし）で白背景を設定します**図3**。

図3 SVG画像の色の指定

```
body.profile::before {
  position: absolute;        ── 絶対配置を指定
  inset: 0;                  ── 全画面表示を指定
  z-index: -1;               ── <main> 要素の裏側に配置
  display: block;            ┐
  content: "";               ┘── before 要素を作成
  background-color: rgba(229, 229, 229, 0.8);  ── 半透明の白背景を指定
  backdrop-filter: blur(4px);  ── 背景をぼかす
}
```

メインコンテンツの作り込み

プロフィール部分のHTMLは**図4**の構造です。

\<div class="main__inner"\>に「max-width: 430px;」と最大幅を設定することで、テキストが横に広がりすぎてしまうことを防いでいます。プロフィールのリスト部分（年表）は、全体を\<dl\>でマークアップし、年（\<dt\>）と内容（\<dd\>）が対になっています**図5**。

CSS では <dl class="profile__list"> に「display: grid;」と「grid-template-columns: 4em 1fr;」を指定し、年（<dt>）を全角4文字分に、内容（<dd>）が残りの成り行きの幅になるように設定します。グリッド内の余白は行の隙間を指定する「row-gap」と列の隙間を指定する「column-gap」で設定しますが、サンプルサイトでは一括指定できる「gap: 0.5em」で全角0.5文字分の余白を設けています 図6。最後に、次の <p> 要素への margin-bottom を設定します。

図4 メインコンテンツのHTML構造

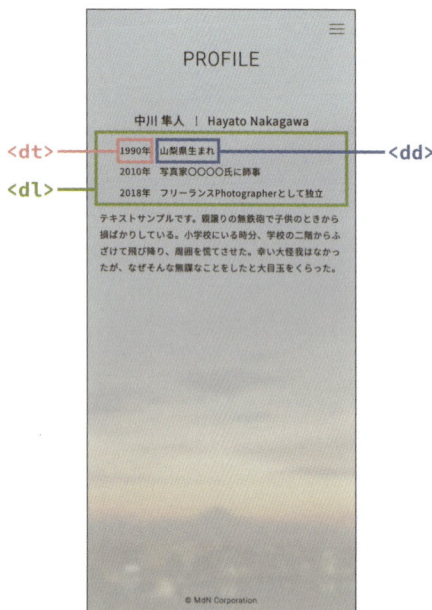

図6のCSSで<dl>にCSS Gridを用い、<dt>と<dd>を横並びに配置している

図5 メインコンテンツのHTML

```
<main class="main">
  <div class="main__inner">
    <h1 class="main__title">PROFILE</h1>
    <h2 class="main__subTitle"> 中川 隼人 <span>Hayato
Nakagawa</span></h2>
    <dl class="profile__list">
      <dt>1990 年 </dt>
      <dd> 山梨県生まれ </dd>
      <dt>2010 年 </dt>
      <dd> 写真家〇〇〇〇氏に師事 </dd>
      <dt>2018 年 </dt>
      <dd> フリーランス Photographer として独立 </dd>
    </dl>
    <p> テキストサンプルです。親譲りの無鉄砲で (省略) </p>
  </div>
</main>
```

図6 メインコンテンツのCSS

```
.profile .main__inner {
  max-width: 430px;          最大幅を指定
}


.profile__list {              <dl> の子要素が対象
  display: grid;              CSS Grid の指定
  grid-template-columns: 4em 1fr;    グリッド列の割合
  gap: 0.5em;                グリッド内の余白
  margin-bottom: 1em;        次の要素への余白
}
```

Worksページ固有の HTML・CSS

Lesson8
07
180 min

THEME テーマ

Worksページでは写真をグリッド状に配置し、個々の写真をクリックすると拡大画像がモーダル表示されるように設定します。CSS Gridを使ったGridレイアウトと、jQueryプラグインを利用したモーダル表示の仕組みがポイントです。

Worksページの完成イメージ

Worksページはメインコンテンツは次のブロックで構成されています。ギャラリー部分は写真のサムネイルをグリッド状に配置しており、個々のサムネイル画像をタップ（クリック）すると、拡大画像が**モーダルウィンドウ**で表示されます 図1。

WORD ▶ モーダルウィンドウ

19ページ、Lesson1-04参照。

- 見出し
- ギャラリー

図1 WorkページのHTML構造

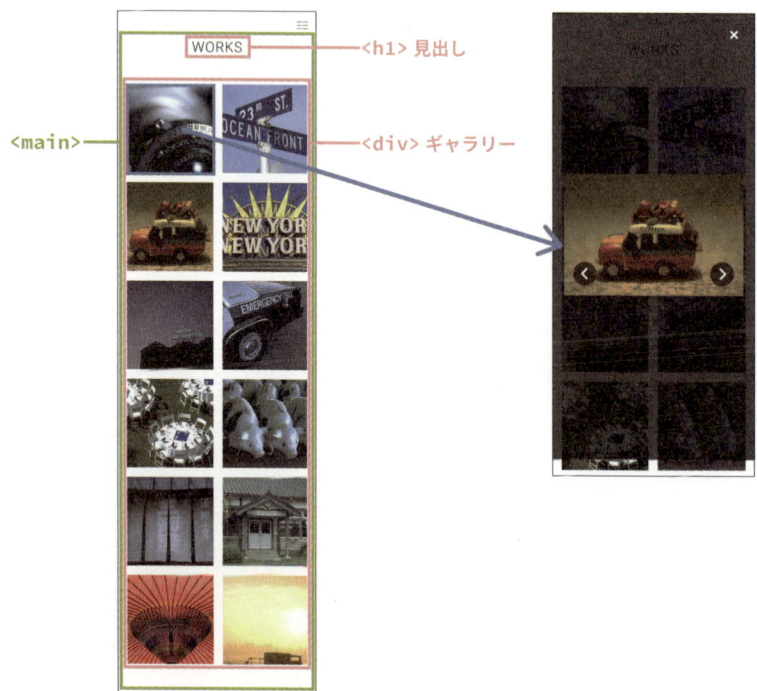

`<h1>` 見出し

`<main>`

`<div>` ギャラリー

メインコンテンツのHTML

<main>内のHTMLは 図2 です。ページ名を<h1>とし、ギャラリーは全体を<div> 〜 </div>で囲み、その中にグリッド状に配置する12点の写真を<a> 〜 </a>でマークアップしています。aタグ内の<img>タグにはalt属性が必須ですが、ここで使用しているものは特別意味がある写真ではないため中身は空にしてあります。

memo
それぞれの写真を<a>でマークアップし、12点並べますが、図2 では一部の<a><img>を省略しています。

図2　メインコンテンツのHTML

```
<main class="main">
  <div class="main__inner">
    <h1 class="main__title">Works</h1>
    <div class="works__gallery">         ← サムネイル画像            ← 拡大表示する画像
      <a href="img/photo_img_01.jpg"><img src="img/thumbnails/photo-thumb_01.jpg"
alt=""></a>
      <a href="img/photo_img_02.jpg" ><img src="img/thumbnails/photo-thumb_02.jpg"
alt=""></a>
      (省略)
      <a href="img/photo_img_11.jpg"><img src="img/thumbnails/photo-thumb_11.jpg"
alt=""></a>
      <a href="img/photo_img_12.jpg"><img src="img/thumbnails/photo-thumb_12.jpg"
alt=""></a>
    </div>
  </div>
</main>
```

写真は1つにつきサイズの違う2点を用意しており、<a>タグでリンクしているのはモーダル表示する拡大画像のほう、<img>でマークアップしているのがサイズの小さいサムネイル画像です。サムネイル画像をクリックすると、<a>でリンクしている拡大画像がモーダル表示される仕組みになっています。

Grid レイアウト用の <div> を追加

次に、<main>内の<h1>と<div>（ギャラリー）を<div> 〜 </div>で囲み、class「works__gallery」をつけます。この追加した<div>を使って、サムネイル画像にGridレイアウトを適用します。ギャラリー部分はCSSのfloatやflexでレイアウトすることも可能ですが、サンプルでは新しいCSSプロパティである「display: grid;」を使っています（CSSについては後述します）。

また、<a>タグと<img>タグにも、それぞれCSSを適用するためのclassを追加します。

図3 <h1>と<div>を囲む<div>を追加する

```html
<main class="main">
  <div class="main__inner">
    <h1 class="main__title">Works</h1>
    <div class="works__gallery">
      <a href="img/photo_img_01.jpg" class="works__link"><img src="img/thumbnails/
photo-thumb_01.jpg" class="works__image" alt=""></a>
      <a href="img/photo_img_02.jpg" class="works__link"><img src="img/thumbnails/
photo-thumb_02.jpg" class="works__image" alt=""></a>
      (省略)
      <a href="img/photo_img_11.jpg"  class="works__link"><img src="img/thumbnails/
photo-thumb_11.jpg" class="works__image" alt=""></a>
      <a href="img/photo_img_12.jpg"  class="works__link"><img src="img/thumbnails/
photo-thumb_12.jpg" class="works__image" alt=""></a>
    </div>
  </div>
</main>
```

メインコンテンツのCSS

図3 で追加した <div class="works__gallery"> を対象に、CSSで
は「display: grid;」図4-① を指定し、「grid-template-columns」図4-②
で列のセルの幅を指定します。

サンプルのモバイル表示のレイアウトでは、写真のサムネイル
画像を行内に左右2列で表示にしつつ、幅については端末の成り
行きで表示したいため、「grid-template-columns: repeat(2, 1fr);」
と指定しています。「repeat(2, 1fr)」は、行内を2分割し、1frの
サイズに分割する指定です。

セル同士の行・列の間隔はgapプロパティで「gap: 20px;」として、
一括で指定しています図4-③ 。

図4 見出しとギャラリーに適用するCSS

```css
.works__gallery {
  display: grid;                              ①子要素に CSS Grid を使用
  grid-template-columns: repeat(2, 1fr);      ②グリッドの列の割合
  gap: 20px;                                  ③グリッド内の余白を設定
  margin-inline: auto;
  list-style: none;
}

.works__link {                                <a> が対象
  display: block;                             ブロック要素として扱う
}
```

POINT

図3 でgrid-template-columnsプロパ
ティに使われているrepeat( )関数は、
グリッドの列内・行内の繰り返しを指
定できるもので、grid-template-
columnsとgrid-template-rowsで 使
用できます。「grid-template-columns:
repeat(2, 20px 1fr);」とした場合、行
内でトラックの幅を20pxと1frに分割し
たものを2回繰り返す (repeat) という
指定になります。

memo

ここではgapプロパティでまとめて指定
していますが、行間を設定する「row-
gap」と列の間を設定する「column-
gap」で、個別に指定することも可能で
す。

```
.works__image {                    <img> が対象
  display: block;                  行間の発生を無効化
  width: 100%;                     グリッドに対して幅 100% に
  aspect-ratio: 1/1;               横×縦のアスペクト比を 1:1 に
}
```

　a要素はCSS Girdのアイテムとなり左右横並びにするため、本来インラインであるa要素に「display: block;」を指定し、ブロックレベル性質を持つ要素として扱うようにします。

　img要素（.works__image）にも「display: block;」を設定しているのは、画像の下に行間が発生してしまうのを防ぐためです。また、サンプルのようにimg要素にwidth属性とheight属性が未設定だと、画像読み込み完了時にコンテンツが下にずれるレイアウトシフト（Cumulative Layout Shift）が発生してしまいます。このサンプルではサムネイルの画像サイズがすべて同一なため、「width: 100%;」と「aspect-ratio: 1/1;」を指定してwidth属性、height属性を設定するのと同様の指定を行っています。

768px 以上のスタイル指定

　768px以上の表示では、サムネイル画像が3列表示になるように「grid-template-columns: repeat(3, 1fr);」のスタイルを上書き指定し、「gap: 30px;」で余白を調整しています 図5 図6。

　さらに、1024px以上では4列表示になるように「grid-template-columns: repeat(4, 1fr);」を設定し、際限なくコンテンツが広がってしまうことを防ぐため「max-width: 900px;」を設定しました 図7。

図5 表示幅768〜1023pxのギャラリー

図6 768px以上のグリッドの指定

```
@media screen and (min-width: 768px) {
  .works__gallery {
    grid-template-columns: repeat(3, 1fr);
    gap: 30px;
  }
}
```

図7 1024px以上のグリッドの指定

```
@media screen and (min-width: 1024px) {
  .works__gallery {
    grid-template-columns: repeat(4, 1fr);
    max-width: 900px;
  }
}
```

写真のモーダル表示を設定する

　次に、写真画像に対してモーダル表示の設定を行います。サンプルでは「Modaal」というjQueryプラグインを使用します。GitHubで**CDN**の配布がされているので、アクセスしてCSSとJavaScriptのソースコードをコピーします 図8 。そして、works.htmlの<head>内に貼り付けて読み込みます 図9 。

WORD　CDN

118ページ、Lesson4-05参照。

図8 「Modaal」のソースコードをコピーする（GitHub内）

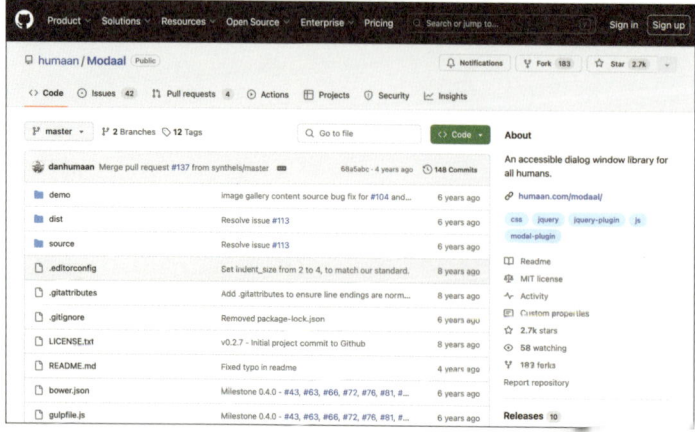

①ダウンロードページにアクセスする　https://github.com/humaan/Modaal

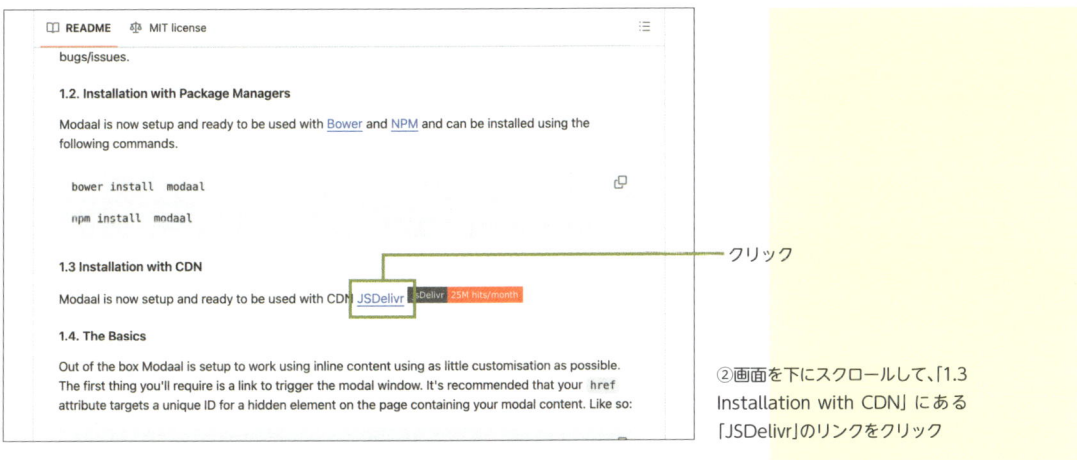

クリック

②画面を下にスクロールして、「1.3 Installation with CDN」にある「JSDelivr」のリンクをクリック

クリック（JSファイルのリンクをコピー）

クリック（CSSファイルのリンクをコピー）

③JavaScriptファイルとCSSファイルを読み込むソースコードを、それぞれコピーしてHTMLにペースト。コピーのタイプは「Copy HTML」を選択

図9 **図8** でコピーしたソースを<head>内に貼り付ける（works.html）

```
<head>
  <meta charset="UTF-8">
  <meta name="viewport" content="width=device-width">
  <title>Works - Photographer Hayato Nakagawa</title>
  <link rel="preconnect" href="https://fonts.
googleapis.com">
  <link rel="preconnect" href="https://fonts.gstatic.
com" crossorigin>
  <link rel="stylesheet" href="https://fonts.
googleapis.com/css2?family=Noto+Sans+JP:wght@100..900&f
amily=Roboto:ital,wght@0,100;0,300;0,400;0,500;0,700;0,
900;1,100;1,300;1,400;1,500;1,700;1,900&display=swap">
  <link rel="stylesheet" href="https://cdn.jsdelivr.
net/npm/modaal@0.4.4/dist/css/modaal.min.css">
  <link rel="stylesheet" href="css/style.css">
  <script src="https://code.jquery.com/jquery-
3.7.1.min.js" integrity="sha256-/JqT3SQfawRcv/
BIHPThkBvs0OEvtFFmqPF/lYI/Cxo="
crossorigin="anonymous"></script>
  <script src="https://cdn.jsdelivr.net/npm/
modaal@0.4.4/dist/js/modaal.min.js" defer></script>
  <script src="js/script.js" defer></script>
</head>
```

CSS ファイルのリンク

JS ファイルのリンク

モーダル表示のHTML

　HTMLのギャラリー部分は、サムネイル画像を <a>、拡大画像を <img> でマークアップしていました。ここで <a> タグにモーダルで拡大表示するためのclass「js-modal」を追加します**図10**。また、モーダルをギャラリーとしてグルーピングして表示させるため、Modaal の Image Gallery のサンプルに従って、<a> 内に「data-group="gallery"」も記述します。

図10 拡大表示するためのclassやdata-group属性を追記

```
<a href="img/photo_img_01.jpg" class="works__link">
  <img src="img/thumbnails/photo-thumb_01.jpg" class="works__image" alt="">
</a>
```

```
<a href="img/photo_img_01.jpg" data-group="gallery" class="works__link js-modal">
  <img src="img/thumbnails/photo-thumb_01.jpg" class="works__image" alt="">
</a>
```

モーダルウィンドウを閉じるボタン

　サムネイル画像をクリックしたときに表示されるモーダルウィンドウには、JavaScriptで閉じるボタンを設置します**図11**。

　ナビゲーションのハンバーガーメニューのボタンを設定●したJSファイル「script.js」にモーダルの設定を追加します**図12**。先ほど、<a> に追加した class「js-modal」に対して JavaScript で「modaal」という処理を実行します。表示方法のオプションは「type: 'image'」という設定となります。

　ただし、JSファイル「script.js」はWorks.htmlだけでなくすべてのページで読み込んでいるため、Modaalのサンプルコード通りに記述すると、「class="js-modal"」が存在しないトップページとProfileページでは**図13**のようなエラーが表示されてしまいます。そのため、このサンプルではjQueryの「each」を使用して「js-modal」というclassがあった場合のみ処理を実行するという記述に変更しました。

● 297ページ、**Lesson8-03図9**参照。

> **memo**
> 「Modaal」はjQueryのプラグインで、GitHub内の以下で配布されています。ここでは、そのソースをカスタマイズして使用しています。
> https://github.com/humaan/Modaal

図11 モーダルウィンドウに閉じるボタンを設置する

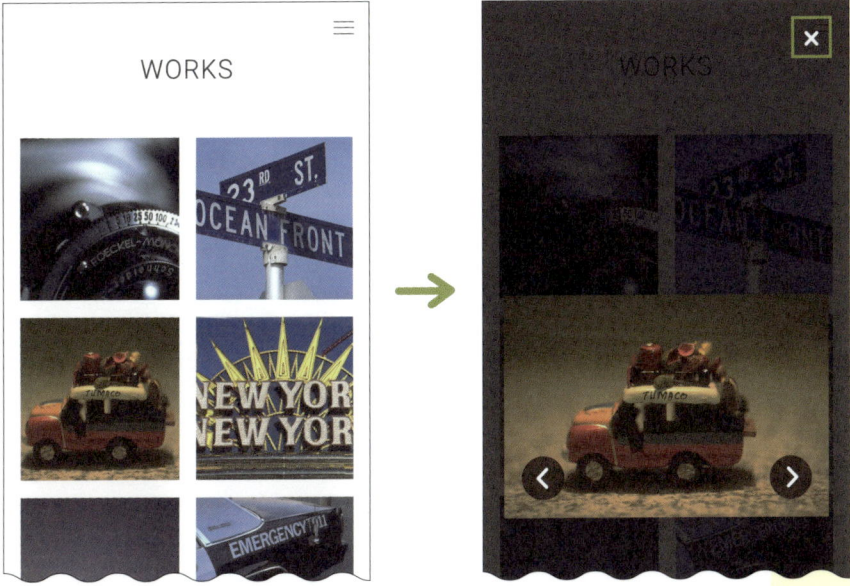

図12 「modaal」の処理の記述(script.js)

```
jQuery(function ($) {
  $('.js-menu').on('click', function () {
    $('body').toggleClass('is-open');
  });

  $('.js-modal').modaal({
    type: 'image'
  });
});
```

赤字部分がModaalのサンプルコード通りの記述。そのままではエラーになってしまう

```
jQuery(function ($) {
  $('.js-menu').on('click', function () {
    $('body').toggleClass('is-open');
  });
  $('.js-modal').each(function () {
    $(this).modaal({
      type: 'image'
    });
  });
});
```

サンプルコードをカスタマイズして、赤字部分を加えている

図13 JavaScriptのエラー表示(ブラウザのエラーログ画面)

```
⚠ ▶ jQuery.Deferred exception: $(...).modaal is not a function          jquery-3.7.1.min.js:2
     TypeError: $(...).modaal is not a function
         at HTMLAnchorElement.<anonymous> (http://localhost:3002/js/script.js:11:15)
         at Function.each (https://code.jquery.com/jquery-3.7.1.min.js:2:3129)
         at ce.fn.init.each (https://code.jquery.com/jquery-3.7.1.min.js:2:1594)
         at HTMLDocument.<anonymous> (http://localhost:3002/js/script.js:10:20)
         at e (https://code.jquery.com/jquery-3.7.1.min.js:2:27028)
         at t (https://code.jquery.com/jquery-3.7.1.min.js:2:27330) undefined
```

\<head\> 内に defer 属性を追記する

　HTMLの\<head\>内にJavaScriptファイルのリンクを記述すると、\<head\>内のリンクをすべて読み込むまで\<body\>内の読み込みが止まってしまいます。**図14**のように、defer属性をつけると、\<body\>内の読み込みを止めずにJSファイルの読み込みが可能となるため、表示の高速化につながります**図15**。

図14 JavaScriptファイルのリンクにdefer属性を追記

```
<script src="https://code.jquery.com/jquery-3.7.1.min.js" integrity="（省略）"
crossorigin="anonymous" defer></script>
<script src="https://cdn.jsdelivr.net/npm/modaal@0.4.4/dist/js/modaal.min.js"
defer></script>
<script src="js/script.js" defer></script>
```

　通常 <head> ～ </head> 内に書かれた <script> タグは、読み込みが完了次第即座に実行されます。ただし、通信状況などによって HTML の読み込みより先に JavaScript が実行されてしまった場合に、エラーとなってしまい JavaScript が動作しない場合があります 図15。

　よく使われる回避手段の1つが「<script> タグの記述を、終了タグ </body> の直前に記述する」と方法ですが、defer 属性を付与することでそれと同様の結果を得ることが可能です。

図15 実行タイミングによりエラーとなってしまったケース

```
⊗ ▶ Uncaught                                           jquery-3.7.1.min.js:2
  TypeError: $(...).modaal is not a function
      at HTMLAnchorElement.<anonymous> (script.js:8:13)
      at Function.each (jquery-3.7.1.min.js:2:3129)
      at ce.fn.init.each (jquery-3.7.1.min.js:2:1594)
      at HTMLDocument.<anonymous> (script.js:7:18)
      at e (jquery-3.7.1.min.js:2:27028)
      at t (jquery-3.7.1.min.js:2:27330)
```

工数を計算する

・・

　プロとして業務でコーディングを行う際に最も大切なことのひとつが、「工数計算をする」ことになります。どんなに良いソースコードを書いても、それが納期に間に合わなければ何の意味もありません。また、上長やクライアントから「この作業はどれくらいで終わりそう？」と聞かれることも多々あります。

　そのため、コーディングを行う前に「このページはどのくらいの時間で作れそうか？」ということを常に考えつつ、仮に作業が大幅に予想時間を超えてしまった場合は、何が原因だったのかをきちんと振り返ることが大切です。1ページ丸ごとだと工数がイメージしづらいこともあるため、例えばヘッダーは1時間、フッターは0.5時間、中身は1時間、チェックと調整を0.5時間で合計3時間くらいで作れそうだなと切り分けると工数のイメージがしやすくなります。

Index 用語索引

アルファベット

A

a要素／<a>タグ ･････････････････････ 71, 85
action属性 ･･･････････････････････ 144, 175
<address>タグ ･･････････････････ 124, 177
Adobe Fonts ･･･････････････････････････ 23
alt属性 ･･･････････････････････････ 78, 199
animationプロパティ ･･･････････ 155, 157
<aside>タグ ･････････････････････ 65, 185
AVI ･････････････････････････････････････ 15

B

backgroundプロパティ ･･････ 87, 92, 104, 108
background-colorプロパティ ･････････ 69, 104
background-sizeプロパティ ･･････････ 105, 109
background-size: cover ･･･････ 105, 109, 213, 258
<body>タグ ････････････････････････ 61, 63
borderプロパティ ･･････････････････････ 73
border-radiusプロパティ ･･ 88, 154, 211, 276
box-sizingプロパティ ･･･････････････ 72, 237
box-sizing: border-box ･･･････････ 72, 237
br要素／
タグ ･･･････････････ 177, 198
Brackets ･････････････････････････････ 43
button要素／<button>タグ
･･････････････ 70, 88, 115, 239, 257, 295

C

Cascading Style Sheet ･････････････ 18, 66
CDN ･････････････････ 118, 236, 253, 316
checkbox ･････････････････････････ 145, 246
classセレクタ ･･････ 67, 86, 186, 205, 240
collapse属性 ･･･････････････････････ 136
content属性 ･･･････････････ 27, 63, 170
contentプロパティ ･･････････ 92, 162, 296
CSS ･････････････････････････ 15, 18, 66
CSS3 ･････････････････････････････ 23, 31

CSS Grid ･･････････････ 32, 138, 158, 289
Cyberduck ･････････････････････････ 58

D

date ･･････････････････････････････ 145
<dd>タグ ･･････････････････ 100, 148, 200
defer属性 ･････････････････････････ 319
description ･････････････････････ 63, 170
display:flex ･････ 102, 113, 160, 248, 262, 277, 294
display:inline-block ･･････････ 71, 125, 211, 272, 315
displayプロパティ ･･･････ 31, 71, 116, 315
div要素／<div>タグ ･････ 101, 171, 185, 215
<dl>タグ ･･･････････････････ 100, 148, 200
DNSサーバー ･･･････････････････････ 55
DOC TYPE宣言 ･･････････････････････ 61
DOM ･････････････････････････････ 17
DOMツリービュー ･･･････････････････ 52
Dreamweaver ･････････････････････ 43
<dt>タグ ･･････････････････ 100, 148, 200

E

Elementsパネル ･･････････････････････ 52
em ･････････････････････････････ 79
<em>タグ ･････････････････････････ 75
email ･･･････････････････････････ 145
EUC-JP ･･･････････････････････････ 15

F

<figure>タグ ･･･････････････････ 80
Figma ･･･････････････････････ 166
FileZilla ･･････････････････････ 58
Firefox ･････････････････････ 18, 38
Flexbox ･･･････ 31, 100, 158, 245, 256, 265, 271
flex-directionプロパティ
･･････････ 117, 248, 260, 269, 299
flex-wrapプロパティ ･･･････････ 160, 266
floatレイアウト ･･････････････････ 31, 32

Index 用語索引

floatプロパティ ……………………… 31, 291, 313
font-familyプロパティ
………………… 180, 205, 237, 286, 292, 300, 302
footer要素／<footer>タグ
……… 64, 65, 123, 168, 171, 195, 202, 215. 291, 302
<form>タグ ……………………………… 144, 175
FTPクライアント …………………………… 58

G

GIF……………………………………………… 15
Git ………………………………………… 34, 44
GitHub …………………………………… 34, 44
Google Chrome………………… 18, 38, 50, 63
Google Fonts………………… 23, 230, 236, 289
gapプロパティ …………………………… 139, 314
grid-template-columnsプロパティ ‥ 139, 161, 314
grid-template-rowsプロパティ ……… 139, 291, 314
Gridレイアウト ………………… 32, 291, 313
Grunt ……………………………………… 36
Gulp………………………………………… 36

H

h1要素／<h1>タグ……… 64, 67, 172, 197, 206, 219
head要素／<head>タグ
……………… 61, 62, 119, 170, 204, 234, 289, 316, 319
<header>タグ………… 65, 172, 235, 242, 244, 294
height属性 ………………………… 81, 96, 197, 315
heightプロパティ ……72, 78, 87, 215, 259, 276, 299
href属性……………………………… 85, 86, 278
HTML………………… 15, 17, 38, 40, 43, 60
<html>タグ ……………………………… 79, 94, 207
HTML5…………………………………………70
Hyper Text Markup Language …………… 40, 60

I

idセレクタ ………………………… 67, 88, 186

img要素／<img>タグ
……………… 71, 78, 85, 172, 197, 199, 206, 313,315
<input>タグ ………………… 145, 151, 176, 246
Internet Explorer………………… 12, 18, 31, 38
IPアドレス ………………………………… 56
ISBNコード………………………………… 193
ISP………………………………………………13

J

JavaScript ……… 15, 19, 36, 63, 118, 297, 319
JPEG……………………………………………15

L

<label>タグ ………………… 146, 148, 176, 246
lang属性………………………………………… 95
<li>タグ
…… 89, 97, 113, 116, 173, 200, 246, 266, 280, 294
list-style-typeプロパティ ……………………… 90
list-style-positionプロパティ ………………… 90

M

<main>タグ ……… 65, 171, 194, 235, 305, 310, 313
marginプロパティ
………………… 72, 78, 103, 126, 180, 208, 267, 300
margin-bottomプロパティ ………… 91, 93, 208, 213
margin-inlineプロパティ …………………… 125, 126
margin-leftプロパティ …………………… 73, 183, 262
margin-rightプロパティ …………………… 73, 255
margin-topプロパティ …………………… 73, 259
max-widthプロパティ
………………… 28, 79, 83, 141, 160, 267, 309, 315
meta要素／<meta>タグ ……… 26, 62, 193, 204
method属性………………………………… 144, 175
Microsoft Edge ………………………… 18, 38
min-widthプロパティ ………… 28, 79, 206, 218, 286
mixin …………………………………………… 35
Modaal ……………………………………… 316, 318

MOV ···15
MP3／MP4 ··15

N

name属性 ···························· 26, 63, 146, 176
Netscape Navigator ···························· 12
normalize.css···················· 77, 179, 236, 253

O

<ol>タグ···································· 89, 173
<option>タグ ································· 146
overflow: hidden ···························· 276
OS ··12

P

<p>タグ····· 64, 66, 69, 72, 75, 85, 96, 127, 129, 186
paddingプロパティ
·················· 72, 73, 78, 87, 92, 109, 160, 294, 300
padding-bottomプロパティ ············· 93, 274
password ··································· 145
<picture>タグ ······························· 80
PNG ······························· 15, 158, 241
position: absolute
················· 107, 111, 117, 130, 238, 306, 309
position: fixed··········· 117, 245, 248, 294, 299
position: relative ····················· 106, 111
positionプロパティ ············· 106, 111, 301
post ··· 144
px ·······································15, 78
Python··· 44

R

radio··· 145
rem·································· 79, 160, 207
RGB ··· 16
rgba··· 245

rowspan属性 ······························· 136

S

Safari ································· 18, 38
Sass ··································· 35
screen and (適用範囲) ··············· 83
<script>タグ ········· 20, 63, 119, 253, 281, 320
SCSS ··································· 35
section要素／<section>タグ
············· 75, 169, 171, 173, 194, 235, 256, 265, 274
<select>タグ ························· 146
SEO······································· 23
Shift_JIS ····························· 15
<small>タグ ·························· 124
src属性······························ 78, 85
srcset属性 ··························· 80
<source>タグ ······················· 80
SSL ··································· 144
<strong>タグ ······················· 124
submit ···················· 145, 149, 176
Subversion ························· 34
SVG········· 15, 16, 241, 253, 269, 278, 303, 306, 309

T

<table>タグ ····················· 132, 174
<td>タグ ······················· 132, 174
tel ··································· 145
text ································· 145
text-alignプロパティ ··············· 126
text-align: center··········· 126, 183, 207, 211, 302
text-shadowプロパティ ········· 258, 304
<th>タグ ························ 132, 174
<title>タグ ·············· 63, 95, 170
<tr>タグ ······················ 132, 174
transformプロパティ
············· 122, 131, 243, 249, 278, 299, 306
transitionプロパティ ········· 153, 157, 300
Transmit ······················· 58

Index 用語索引

TypeSquare ……………………………………… 23
type属性 …………………………… 68, 145, 246

U

ul要素／<ul>タグ
…… 89, 97, 113, 116, 173, 200, 246, 266, 280, 294
UTF-8 ……………………………… 15, 62, 177

V

value属性 ………………………………… 146
vh ……………………………… 79, 215, 259
Visual Studio Code（VS Code）……………… 43, 94
vw …………………………………… 79, 259

W

W3C …………………………………… 17
WebM …………………………………… 15
WebStorm …………………………… 43
Webフォント …………………………… 23
Webブラウザ ……… 12, 14, 17, 19, 22, 26, 31, 38
WHATWG …………………………… 17
WinSCP ………………………………… 58
width属性 …………………… 81, 96, 197, 315
widthプロパティ
………72, 78, 87, 126, 209, 220, 259, 276, 281, 299
WMV …………………………………… 15

X・Y・Z

XD …………………………………… 166
YouTube ……………………………… 15
z-indexプロパティ ………… 117, 245, 298, 309

五十音

あ行

アイコンフォント ……………… 230, 251, 253, 281
イージング ……………………………… 153
入れ子構造 ………………………………… 75
インタラクティブ・コンテンツ …………………… 70
インライン ……………………… 70, 85, 315
インライン性質 ……………… 73, 127, 128, 248
インラインブロック ………………… 71, 128
エンベディッド・コンテンツ …………………… 70
親要素 ………………………………… 71, 75

か行

開始タグ ……………………………… 51, 60
解像度 ………………………… 15, 197, 286
外部ファイルの読み込み ………………… 63
拡張子 …………………… 15, 20, 41, 60
カラム …… 30, 100, 149, 188, 260, 264, 268, 273
カルーセル ……………………………… 19
疑似クラス …… 87, 88, 93, 162, 212, 230, 249, 250
疑似要素
…… 90, 120, 162, 238, 266, 271, 278, 290, 295, 309
兄弟要素 ……………………… 128, 162
クライアント …………………………… 55, 58
クライアント(依頼主)………… 165, 184, 193, 320
グリッドアイテム ……………………… 141
グリッドカラム ……………………… 141
グリッドコンテナ ……………………… 141
グリッドレイアウト ……………… 29, 30, 32
グリッドロウ ……………………… 141
グローバルナビゲーション ……… 65, 112, 115
クローラー ……………………………… 23
クロスブラウザ ……………………… 31
クロスブラウザ対応 ……………… 236
コード(ソースコード)……………………… 20
コーディング…… 35, 43, 54, 58, 159, 164, 167, 184
子要素 ……… 75, 80, 103, 107, 111, 130, 141

コンテンツモデル ……………………………… 70

さ行

サーバー ……………… 55, 76, 98, 118, 143, 191, 236
最小幅 ……………………………………………… 79
最大幅 ………………… 79, 206, 247, 267, 309
サマリー ……………………………………… 268
子孫セレクタ ……… 67, 88, 186, 228, 263, 276
終了タグ …………………………………… 51, 60
シングルカラムレイアウト ……………… 29, 30
シンタックスカラー ……………………… 49
シンタックスハイライト機能 ………… 43
スキューモーフィズム ………………… 12
セクショニング・コンテンツ ………… 70, 126
セクション ……… 74, 168, 171, 173, 181, 198, 206
絶対パス …………………………………… 68, 76
セレクタ ……… 66, 67, 88, 162, 186, 228
セレクトボックス …………………………… 146
全称セレクタ ……………… 67, 68, 186, 290
専有サーバー …………………………………… 57
相対パス …………………………………… 68, 76
属性セレクタ …………………………… 68, 150

た行

タグ ………………………………… 40, 51, 60
タスクランナー …………………………… 36
端末 ………………………………………… 22
チェックボックス …… 145, 146, 153, 246, 249
ディスクリプション ………………………… 63
ディレクトリ ……… 41, 167, 190, 233, 287
テーブルレイアウト …………………… 31, 32
テキストリンク …………… 85, 87, 211, 279
デザインカンプ（カンプ） … 94, 158, 164, 166
デベロッパーツール …………………………… 50
統合開発環境 ……………………………… 43
ドメイン ………………………………… 56, 98
トラック（グリッドトラック） ………… 141

は行

バージョン管理システム ……………… 34
番号付きリスト ………………………… 92, 173
ハンバーガーメニュー
……………… 112, 115, 230, 241, 246, 295, 297
ビューポート ……………… 26, 62, 205, 215
ヒーローイメージ …………………… 108, 256
フォーム ……… 68, 143, 145, 148, 168, 176, 182
フォント …………………………………… 22, 180
フォントサイズ ……… 79, 109, 207, 292
複数セレクタ …………………………… 67, 228
フッター
…… 29, 65, 123, 177, 183, 201, 215, 279, 291, 302
フラットデザイン ……………………………… 12
フルスクリーンレイアウト ……………… 29, 30
ブレイクポイント
………… 27, 83, 140, 160, 188, 218, 230, 285, 305
フレックスアイテム ……………………… 103
フレックスコンテナ ……………………… 103
フレージング・コンテンツ …………… 70, 127
フレームワーク ………………………………… 21
ブロックレベル ……………………………… 70
ブロックレベル性質 ……… 70, 81, 126, 315
フロー・コンテンツ ……………………… 70
プロトタイプ ………………………… 164, 166
ページタイトル ……………………………… 63
ページフッター ……………………………… 65
ヘッディング・コンテンツ …………… 70, 126
ベンダープレフィックス ……………………… 18
ボタンリンク ……………………………… 87, 88
ボックスモデル …………………………… 72
ホバー …………………… 87, 153, 157, 162

ま行

マークアップ ………………… 40, 60, 63, 94
マークアップ言語 …………………… 40, 66
マテリアルデザイン ………………………… 13
マルチカラムレイアウト ……………… 29, 30
見出し ……………………… 40, 64, 70, 75, 80

メインビジュアル ……… 19, 108, 172, 197, 206, 219
メタ情報 ………………………………… 61, 62, 167
メタデータ・コンテンツ ……………………………70
メディアクエリ ……… 27, 83, 188, 218, 230, 286
メディアタイプ ………………………………… 83
モーダルウィンドウ ……… 19, 118, 284, 312, 318
文字コード ………………… 15, 62, 69, 124, 177
モバイルファースト ……………………… 188, 230, 284

や行

要素 ………………………………………………51
要素セレクタ …………………………… 67, 88, 186
予測変換機能 ………………………………… 43

ら行

ライブラリ ………………………………… 21, 118
ラジオボタン ………… 145, 146, 151, 153, 176
リスト ……………… 89, 100, 173, 200, 271, 308
リストマーカー ………………… 90, 269, 271, 278
リセットCSS ………………………… 118, 204, 236
レスポンシブWebデザイン
……………………… 25, 79, 188, 218, 230, 286
レンダリング ………………………………… 38
レンタルサーバー ……………………… 57, 98, 144

わ行

ワークフロー …………………………………… 164
ワイヤーフレーム ……………………… 164, 233

記号

% ……………………………………………… 79
© ………………………………… 124, 177
  ……………………………………… 133
@keyframes ……………………………… 155
@media ……………………… 27, 28, 83
:active ……………………………………… 87
:checked ……………………… 153, 157, 249
:focus ……………………………………… 87
:hover ……………… 87, 153, 162, 222
:last-of-type ……………………………… 93
:nth-of-type(n) ……………………… 93, 162
:visited ……………………………………… 87
::after ……… 90, 120, 162, 211, 278, 290, 295
::before
………… 90, 120, 162, 238, 266, 271, 290, 295, 309
::first-letter ……………………………… 162
::first-line ………………………………… 162

栗谷 幸助 （くりや・こうすけ） Lesson 1・6執筆

福岡県久留米市生まれ。「人と人とを繋ぐ道具」としてのWebの魅力に触れ、1990年代後半にWeb業界へ。Webデザインユニットを結成し、Webの企画・デザイン・サイト運営などを手掛けながら、各地でWeb関連の講師を担当。その後、デジタルハリウッドに所属し、現在はデジタルハリウッド大学・教授として教育・研究活動を行う。

栗谷 幸助 教授｜デジタルハリウッド大学【DHU】
https://www.dhw.ac.jp/feature/teacher/kuriya/

相原 典佳 （あいはら・のりよし） Lesson 2・3・4執筆

1984年群馬県生まれ。2006年よりDTP、Web制作に携わる。Webアシスタントディレクター業務を経たのち、2010年にフリーランスとして独立。また、デジタルハリウッドなどでWeb制作の講師としても活躍。デザインからフロントエンド構築まで、一貫したWebサイト制作を提供している。

X（Twitter）：@noir44_aihara

塩谷 正樹 （しおたに・まさき） Lesson 7執筆

福岡県出身。'95年3DCGに憧れてデジタルハリウッド・スクールへ。CGや映像制作を経てWebの世界に。各種Webサイトや広告制作を経験し、現在はWebを中心に活動しながら、大学・専門学校ほか、社会人向けのスクールや地域の教育、人材育成活動にも従事。さいたまIT・WEB専門学校で非常勤講師も務める。

塩谷 正樹 特任准教授｜デジタルハリウッド大学【DHU】
https://www.dhw.ac.jp/feature/teacher/shiotani/

中川 隼人 （なかがわ・はやと） Lesson 5・8執筆

制作会社で15年コーダー／ディレクターとして勤務し、その後、個人事業主として独立して活動中。大規模サイト設計を得意とし、誰にでも、わかりやすく生産性の高いテンプレート設計を得意とする。教育・マネジメントも得意としており、丸一日かけて行う「ライブコーディング」も行っている。

●制作スタッフ

[装丁]	西垂水 敦(krran)
[カバーイラスト]	山内庸資
[本文デザイン]	加藤万琴
[編集・DTP]	芹川 宏
[執筆協力]	おのれいこ

[編集長]	後藤憲司
[担当編集]	熊谷千春

初心者からちゃんとしたプロになる

HTML+CSS標準入門 改訂2版

2024年 9月21日 初版第1刷発行

[著 者]	栗谷幸助　相原典佳　塩谷正樹　中川隼人
[発行人]	諸田泰明
[発 行]	株式会社エムディエヌコーポレーション 〒101-0051　東京都千代田区神田神保町一丁目105番地 https://books.MdN.co.jp/
[発 売]	株式会社インプレス 〒101-0051　東京都千代田区神田神保町一丁目105番地
[印刷・製本]	中央精版印刷株式会社

Printed in Japan

【カスタマーセンター】
造本には万全を期しておりますが、万一、落丁・乱丁などがございましたら、送料小社負担にて
お取り替えいたします。お手数ですが、カスタマーセンターまでご返送ください。

落丁・乱丁本などのご返送先
〒101-0051　東京都千代田区神田神保町一丁目105番地
株式会社エムディエヌコーポレーション カスタマーセンター
TEL：03-4334-2915

書店・販売店のご注文受付
株式会社インプレス　受注センター
TEL：048-449-8040／FAX：048-449-8041

【 内容に関するお問い合わせ先 】

株式会社エムディエヌコーポレーション
カスタマーセンター メール窓口

info@MdN.co.jp

本書の内容に関するご質問は、Eメールのみの受付となります。メールの件名は「HTML+CSS標準入門　改訂2版
質問係」、本文にはお使いのマシン環境（OSとWebブラウザの種類・バージョンなど）をお書き添えください。電話や
FAX、郵便でのご質問にはお答えできません。ご質問の内容によりましては、しばらくお時間をいただく場合がござい
ます。また、本書の範囲を超えるご質問に関しましてはお答えいたしかねますので、あらかじめご了承ください。

ISBN978-4-295-20674-3　C3055